环境科技项目创新与绩效评估

——“十一五”水专项科技创新贡献核算

周北海 李 楠 韩茹茹 黄远奕 等编著

化学工业出版社
·北京·

本书在对国家重大科技项目投入产出分析基础上，以“十一五”水专项为例，通过构建量化方法模型，对科技项目的绩效及科技创新贡献进行评估。此外，在对控源减排与水质改善贡献方面，基于灰水足迹构建流域污染程度核算模型（GWF-PAM），以太湖流域和辽河流域为例进行了核算。

本书具有较强的针对性和参考性，可供生态环境领域工程技术人员、科研人员和管理人员参考，也可供高等学校相关专业师生参阅。

图书在版编目（CIP）数据

环境科技项目创新与绩效评估："十一五"水专项科技创新贡献核算/周北海等编著. —北京：化学工业出版社，2019.2

ISBN 978-7-122-33545-6

Ⅰ.①环…　Ⅱ.①周…　Ⅲ.①水污染防治-技术革新-研究　Ⅳ.①X52

中国版本图书馆CIP数据核字（2019）第000267号

责任编辑：刘兴春　刘兰妹　　　文字编辑：汲永臻
责任校对：边　涛　　　装帧设计：刘丽华

出版发行：化学工业出版社（北京市东城区青年湖南街13号　邮政编码100011）
印　　装：三河市延风印装有限公司
787mm×1092mm　1/16　印张13½　字数305千字　2019年6月北京第1版第1次印刷

购书咨询：010-64518888　售后服务：010-64518899
网　　址：http://www.cip.com.cn
凡购买本书，如有缺损质量问题，本社销售中心负责调换。

定　　价：85.00元

前言

FOREWORD

习近平总书记指出，“创新始终是推动一个国家、一个民族向前发展的重要力量”。

2006年，国务院发布了《国家中长期科学和技术发展规划纲要（2006—2020年）》，坚持自主创新、重点跨越、支撑发展、引领未来的科学技术发展指导方针。为此，国家设立了水污染防治与治理科技重大专项（简称水专项）等16个重大专项。科技创新评估对于技术的转化、推广和应用具有重要的价值，是促进科学技术资源优化配置，提高科学技术管理水平的重要手段和保障。如何客观、科学、公正地对科技项目进行科技创新评估是科技项目管理工作的难点之一。

本书在对国家重大科技项目投入产出分析基础上，以“十一五”水专项为例，通过构建量化方法模型，对科技项目的绩效及科技创新贡献进行评估。评估包括以下2个方面内容。

① 水专项课题绩效评估。“十一五”水专项课题分为工程技术类课题和管理技术类课题，通过构建基于数据包络分析法的半监督式科技项目绩效评估模型分别进行评估。

② 水专项实施对国家科技创新贡献评估。通过构建以文献计量学为基础的科技创新贡献评估方法，包括知识创新、技术创新、人才培养、法规及政策标准制定4个方面，对水专项实施的贡献进行评估。

此外，在对控源减排与水质改善贡献方面，基于灰水足迹构建流域污染程度核算模型（GWF-PAM），以太湖流域和辽河流域为例进行了核算。

本书总体框架由周北海审定，全书由周北海、李楠、韩茹茹、黄远奕等编著，具体编著分工如下：第1章～第3章由周北海、韩茹茹负责；第4章由李楠、韩茹茹负责；第5章和第6章由李楠、米乐、韩茹茹负责；第7章由黄远奕、曹宝负责；第8章由黄远奕、李楠负责。书中相关信息平台研发由北京易维清信息技术股份有限公司负责。全书最后由周北海统稿、定稿。

本书由水专项“流域水体污染控制与治理技术集成及效益评估”课题“水专项组织实施效益评估”（2014ZX07510-001-04）提供经费支持，在资料搜集过程中得到了水专项管理办公室的大力支持。另外，课题相关参与单位为本书的部分内容提供了帮助。

尽管编著者竭尽全力，但书中不当或疏漏之处在所难免，敬请读者批评指正！

编著者

2018年10月

目录
CONTENTS

第1章 绪论

第2章 环境科技创新

第3章 我国重大科技项目分析

第 4 章 科技创新与绩效评估研究

第 5 章 水专项实施绩效评估研究

第6章 水专项科技创新贡献评估

第7章 水专项对流域控源减排与水质改善贡献

第 8 章　水专项实施绩效评估支持平台

附　录

第1章 绪论

在知识驱动的全球经济中，科技创新能力已成为经济增长和社会发展的基本动力以及保持和提高国家长期竞争力的关键因素。20世纪以来，科技创新已经提升到各国或地区的战略层面，各国或地区纷纷出台各有侧重点的科技创新战略。我国一直实施科教兴国战略和人才强国战略，把科技进步和创新作为经济社会发展的重要推动力，把发展教育和培育德才兼备的高素质人才摆在更加突出的战略位置；着力构建以企业为主体、市场为导向、产学研相结合的技术创新体系，完善知识创新体系，强化基础研究、前沿技术研究、社会公益技术研究，提高科学研究水平和成果转化能力，加强技术集成和商业模式创新，抢占科技发展战略制高点。

1.1 科技创新的概念

“创新”最早由经济学家熊彼得（Joseph A. Schumpeter）在The Theory of Economic Development中提出，Schumpeter认为创新就是“建立一种新的生产函数”，并将创新归纳为产品创新、工艺创新、市场创新、原料创新和管理创新[1]。在Schumpeter研究基础上，Holt认为创新是指一种创造和采用新知识的过程，周光召将创新定义为探究事物运动客观规律以获取知识，传播和运用知识以提取新的经济效益、社会效益和提高人类认识世界水平的过程。

创新包括原始创新、跟随创新、集成创新、引进消化吸收再创新等形式。原始创新是指开拓新领域、引领新方向和孕育新学科的科学创新活动和产生新方法、新工艺、新产品的技术创新活动。跟随创新指在已有成熟技术的基础之上，沿着已经明确的技术道路进行的技术创新活动。集成创新指利用各种信息技术、管理技术与工具等，对各个创新要素和创新内容进行选择、集成和优化，形成优势互补的有机整体的动态创新活动。引进消化吸收再创新指在引进国内外先进技术、设备的基础上，形成具有自主知识产权的新技术、新产品的二次创新活动。引进消化吸收再创新注重对外部知识的学习，在学习过程中不断增强自我的消化吸收能力，将外部知识转化为内在的创新积累及创新能力提升。

科技创新是原创性科学研究和技术创新的总称，是促进科学技术资源优化配置，提高科学技术管理水平的重要手段和保障[2]。“科技创新”指科技系统的革新和变革，是将科学发现和技术发明应用到生产体系，创造新价值的过程，包括技术创新、管理创新和知识创新。科技创新涉及政府、企业、科研院所、高等院校等多个主体，包括人才、资金、科技基础等多个要素，是科学研究、技术进步与应用创新协同演进下的一种复杂涌现，是一类开放的复杂系统[3]。

1.1.1 知识创新

知识创新是指通过科学研究，包括基础研究和应用研究，获得新的基础科学和技术科学知识的过程。知识创新的核心是科学研究，是新的思想观念和公理体系的产生，其直接结果是新的概念范畴和理论学说的产生，为人类认识世界和改造世界提供新的世界观和方法论。知识创新系统是国家创新系统的核心部分，该系统由与知识的生产、扩散和转移相关的机构和组织机构构成。知识创新过程则是知识创新系统中的关键过程和环节。Heisig[4] 提出知识创新过程包括知识产生、知识储存、知识传播和知识运用四部分。知识创新过程的现状可以通过系统产出、系统效率、对外影响（3E 指标）等表达。通常以文献计量学指标标识产出类数据，通过数据挖掘探索效率和系统对外影响的效果。知识创新过程的绩效通常是指系统相对战略目标的成就、相关举措以及对将来的影响。基于知识创新过程的状态和绩效，可以对其异常产生的原因进行深入的定量分析，研究知识创新过程中高绩效创新团队的统计特征、顶尖人才成长统计规律等[5]。

1.1.2 技术创新

技术创新是指创新主体通过对创新信息和知识的应用，利用新技术、新工艺和新的生产方式，开发生产新型产品，或使产品质量提高，或完善提供的服务，并占据市场、实现市场价值的技术活动[6]。技术创新的核心内容是科学技术的发明与创造和价值实现，其直接结果是推动技术进步与应用创新的双螺旋互动，提高社会生产力的发展水平，进而促进社会经济的增长。

在概念的外延上，技术创新不仅包括新产品、新工艺，也可以包括对产品、工艺的改进。在实现方式上，可以是在研究开发获得新知识、新技术的基础上实现技术创新，也可以将已有技术进行新的组合（没有新知识和新技术的产生）以实现技术创新。

技术创新与技术发明、技术成果转化、技术进步既有不同之处，又有相通之处。技术创新是指由技术的新构想，经过研究开发或技术组合，到获得实际应用，并产生经济效益、社会效益的商业化全过程的活动。而技术发明常指在技术上有较大突破，但仅指技术活动，只考察技术的变动性，不考察是否应用和产生经济效益。技术成果转化则一般是指将研究开发形成的技术原型进行扩大实验，并投入实际应用，生产出产品推向市场或转化为成熟工艺投入应用的活动，侧重于技术活动的后端。技术进步一般用来表示社会技术经济活动的结果，但实现技术进步的根本途径则是技术创新，也可以说技术创新是手段，技术进步是结果。

1.1.3 管理创新

20 世纪 80 年代起，美国学者 Stata[7] 明确提出了管理创新问题，主要针对企业管理创新。Damanpour[8] 将管理创新定义为组织实施团队生产、供应链管理或质量管理系统等新管理实践或理念而产生的组织架构或过程变化。Birkinshaw 等将管理创新定义为发明和实施一种全新的管理方法、过程、结构或技能以更好地实现组织目标的过程。Abrahamson[9] 将创新分为技术产品创新、技术性服务创新、技术性工艺创新和非技术性工艺创新，其中非技术性工艺创新即管理创新。管理创新包括宏观管理层面上的创新——制度创新，也包括微观管理层面上的创新。制度表现形式有计划、政策、法律、法规等[10]。科技政策是国家为实现一定历史时期的科技任务而规定的基本行动准则，是确定科技事业发展方向，指导整个科技事业的战略和策略原则。科技政策的核心是为知识创新和技术创新服务，提升知识创新和技术创新的效果。2005 年，美国政府提出发展科技政策方法论的倡议，发布了《科技政策方法论发展路线图》，致力于提供和发展科技政策研究的定量科学依据。

管理创新的核心内容是科技引领的管理变革，其直接结果是激发人们的创造性和积极性，促使所有社会资源的合理配置，最终推动社会的进步。Lundvall[11] 认为科技创新不但包括生产技术创新和产品创新，还应该包括新的组织形式和制度创新。我国学者李燚[12] 认为管理创新不止是一种在现有结构中降低成本的方法，还可能是对现有资源整合范式本身的改变，这种改变不仅体现为原有绩效的渐进改善，而且可能获得绩效突破式的成长，是资源整合范式的飞跃。常修泽[13] 将管理创新看作组织创新在经营层次上的辐射，把管理创新界定为对新的管理方式方法的引入，把降低交易费用视为管理创新的目标。

1.1.4 科技成果

当今科学技术活动蓬勃开展，科学研究结果频繁出现。这些成果，有一些为科学技术的发展和进步做出了极大贡献，而有一些则属于一般性收获。“科技成果”是我国科技管理工作的专门术语，泛指科学技术研究中取得的成功结果或者成就。一般认为，科技成果是指对某一科学技术研究课题，运用系统分析方法，通过调查考察、实验研究、设计试制和辩证思维活动，所取得的具有一定学术意义或实用价值的创造性研究结果。它包括科学发现、技术发明、技术改进以及其他推动科技进步的成果。科技成果必须具备以下基本条件：a. 创新性，要求科技成果必须有独创之处，是前所未有的或是在原有知识、技术的基础之上增添了新的内容；b. 先进性，要求科技成果必须比现有的知识、技术超前一步，有显而易见的提高；c. 实用性，要求科技成果必须具有一定的经济效益、社会效益或学术价值。

(1) 科学研究理论成果

科学研究理论成果是在认识客观世界的过程中所取得的发现，阐明自然现象、特性或规律，对科学技术的发展或国民经济建设具有指导意义的研究成果，其中包括基础研究理论成果和应用基础研究理论成果。

某些重要基础资料、数据（如自然环境、水文、气象、地质、生态领域）的收集、分析、研究工作，虽然不一定带来对物质运动规律的突破性认识，但对人类知识宝库同样是一种贡献，也属于科学理论研究成果的范畴。

（2）应用技术成果

应用技术成果是在改造客观世界的过程中，为解决生产建设与社会发展中的科学技术问题所取得的具有一定实用价值的研究成果，包括新技术、新工艺、新产品、新材料、新物质、新设备、新方法，以及为社会公益服务的标准、计量、科技情报、科技档案等技术基础工作。

（3）软科学成果

运用系统、信息、控制论原理及方法，为决策科学化和管理化而进行的创造性研究，对促进科技、经济与社会协调发展起到重大作用，在有关战略、政策、规划、评价、预测、科技立法以及有关管理科学与政策科学的研究中，做出创造性贡献，能够取得显著的社会效益和经济效益。

1.1.5 科技创新文献

科技创新文献指关于创造和应用新知识、新技术、新工艺，采用新的生产方式和经营管理模式的文献资料。从出版形式上可分为图书、连续出版物（如期刊、报纸、年度出版物等）和特种文献（如政府出版物、档案资料、专利文献等）。科技论文是一个国家或地区基础研究的重要产出形式，在一定程度上可以反映基础研究的表现情况。科技创新文献是伴随科学技术的不断发展，科技革命的出现以及在此基础之上各项技术创新理论的提出应运而生的；同时，计量创新成果、度量人力资源和专利指标的测度方法也在不断地发展。

（1）科学引文索引（science citation index，SCI）

科学引文索引是由美国情报研究所（Institute for Scientific Information，ISI）于1961年编辑出版的一部期刊文献检索双月刊，出版形式包括印刷版期刊、Web版、光盘版及联机数据库。该数据库以S. 布拉德福文献离散率理论和加菲尔德引文分析理论为主要基础，通过论文被引用频次的统计，对学术期刊和科研成果进行多方位的评价研究，从而评判一个国家或地区、科研单位、个人的科研产出绩效，来反映其在国际上的学术水平。期刊收录文献类型主要为期刊，同时兼收重要专著、专利文献、会议论文、科技报告等。所涉学科包括生命科学、农业、工程技术、行为科学、临床医学、数理科学和化学等方面，主要侧重于基础学科，是一种综合性的检索刊物。

（2）工程索引（engineering index，EI）

EI论文是指世界知名数据库提供商Elsevier旗下的Engineering Village中收录检索的文献，主要可以作为工程类的科研产出的评价指标。工程索引数据库是世界上最全面的工程领域文摘数据库，也是目前最常用的文摘数据库之一。该数据库包含1970年以来的超过700万条的工程类期刊、会议论文和技术报告的题录，每年新增25万条工程类文献，数据来自175个学科的5100多种工程类期刊、会议论文和技术报告，其中2600余种有文摘，数据每周更新。该数据库侧重于工程技术领域文献的报道，涉及核技术、生物工程、交通运输、化学和工艺工程、照明和光学技术、农业工程和食品技术、计算机和数据处理、应用物理、电子和通信、控制工程、土木工程、机械工程、材料工程、石油、宇航、汽车工程以及这些领域的子学科。

(3) 中国科学引文数据库（chinese science citation database，CSCD）

中国科学引文数据库是我国第一个引文数据库，由中国科学院文献情报中心创建于1989年，收录我国数学、物理、化学、天文学、地学、生物学、农林科学、医药卫生、工程技术、环境科学和管理科学等领域出版的中英文科技核心期刊和优秀期刊千余种。中国科学引文数据库内容丰富、结构科学、数据准确。系统除具备一般的检索功能外，还提供新型的索引关系——引文索引。使用该功能，用户可迅速从数百万条引文中查询到某篇科技文献被引用的详细情况，还可以从一篇早期的重要文献或著者姓名入手，检索到一批近期发表的相关文献，对交叉学科和新学科的发展研究具有十分重要的参考价值。中国科学引文数据库还提供数据链接机制，支持用户获取全文。

中国科学引文数据库是分析国内科学技术活动的整体状况，帮助科教决策部门科学地评价我国科学活动的宏观水平和微观绩效，帮助科学家客观地了解自身学术影响力的得力工具。

(4)《Nature》

《Nature》是一份在世界学术界权威的综合性科学周刊，由英国自然出版集团（Nature Publishing Group，NPG）出版，由天文学家和氦的发现者J.洛克耶爵士于1869年创办。

《Nature》杂志每周发表经过同行评审的研究，同时也提供及时、具权威性和有深度的新闻，以及对科学界、科学家和大众有影响力的专题与未来趋势分析。该期刊编辑收录论文的原则是基于论文的独创性、重要性、跨学科性、及时性、易理解性和结论性等。在为数众多的综合性科学期刊中，《Nature》杂志被引用的次数名列世界前列。

(5)《Science》

《Science》是世界学术界权威的自然领域跨学科学术周刊，由纽约新闻记者J.迈克尔斯于1880年创办，由美国科学促进会出版。该期刊主要关注重要的原创性科学研究、科研综述和分析当前研究和科学政策的同行评议。《Science》杂志发表的论文涉及所有科学学科，特别是物理学、生命科学、化学、材料科学和医学中最重要的研究进展。

1.1.6 创新型人才

创新科技人才是科技创新系统中最基础的构成主体。王通讯等[14]将人才定义为为了社会发展和人类进步进行创造性劳动，在某一领域、某一行业或者某一工作上做出较大贡献的人。叶忠海[15]将人才定义为在一定的社会条件下，能够以其创造性的劳动，对社会或社会某个方面的发展，做出某种较大贡献的人。赵恒平[16]提出人才是指具有良好的素质，在一定的社会历史条件下，以其创造性劳动，对社会发展和人类进步做出积极贡献的人。创新型人才指那些具备较高的科研素质，能够突破原有的理论、观点、方法和技术而取得独创性成果，并通过其创造性的科研成果促进科学和技术进步，为社会发展和人类进步做出较大贡献的人才[17]。培养创新人才是改革与进步的必要手段，对提高国家的整体创新能力至关重要[18]。廖志豪、王秀丽等[17,19]展开高校创新型人才培养研究，并指出高等教育作为创新型国家建设重要主体，承担着人才培养、科学研究和社会服务三大基本职能。

1.2 中国科技发展规划及科技项目

1.2.1 中国科技发展规划

中国科技发展规划，指中国政府为指导国家中长期科学技术研究与开发而制定的一系列战略规划。中国的科技发展规划可以按其所规划的时间长短分为长期规划和中期规划。长期规划一般是8～15年，是一种指导性的科技规划；中期规划一般为5年，常与国家经济和社会发展五年计划或规划并行。

1956年以来，中国先后编制了10个科技中长期战略规划。《1956—1967年科学技术发展远景规划》是新中国成立以来第一个科技规划，从13个方面提出了57项重大科学技术任务、616个中心问题，从中进一步综合提出了12个重点任务。规划的制定和实施对我国科学技术的发展起了重要推动作用，也对我国科研机构的设置和布局、高等院校学科和专业的调整、科技队伍的培养方向和使用方式、科技管理体系和方法以及我国科技体制的形成起了决定性的作用。《1963—1972年科学技术发展规划》的执行为“两弹一星”做出了重大贡献。《1978—1985年全国科学技术发展规划》确定了8个重点发展领域和108个重点研究项目，以“六五”国家科技攻关计划的形式实施。《1986—2000年全国科学技术发展规划》贯彻“科学技术必须面向经济建设，经济建设必须依靠科学技术”的基本方针。规划强调科技与经济结合，推动了科技体制改革；技术政策的颁布实施，促进了科技成果迅速广泛地应用于生产。国家相继出台高新技术研究发展计划（“863计划”）、推动高新技术产业化的火炬计划、面向农村的星火计划、支持基础研究的国家自然科学基金等科技计划，也保证了计划的实施。

《国家中长期科学和技术发展规划纲领（2006—2020年）》突出“科学技术是第一生产力”，阐明了中长期科技发展的战略目标、方针、政策和发展重点。《国家中长期科学和技术发展规划纲要（2006—2020年）》以增强自主创新能力为主线，以建设创新型国家为奋斗目标，提出“自主创新，支撑发展，重点跨越，引领未来”的指导方针，确定了11个重点领域、68项优先主题、4个重大科学研究计划、8个技术领域的27项前沿技术、18个基础科学问题、9大政策措施、16个重大专项。《国家“十一五”科学技术发展规划》落实了《国家中长期科学和技术发展规划纲要（2006—2020年）》确定的各项重点任务，规划继承和发展了纲要的方针，提出“一条主线、五项突破、六个统筹”的总体思路。《国家“十二五”科学和技术发展规划》部署了五年科技发展和自主创新战略任务，突出加快实施的重点包括：国家科技重大专项，大力培育和发展战略性新兴产业，推进重点领域核心关键技术突破，前瞻部署基础研究和前言技术研究，加强科技创新基地和平台建设，大力培养造就创新型科技人才，提升科技开放与合作水平等。

1.2.2 国家重点基础研究发展计划

国家重点基础研究发展计划（“973 计划”）是以自由探索和国家需求导向“双力驱动”的基础研究资助体系，自 1998 年开始实施，旨在解决国家战略需求中的重大科学问题，提升我国基础研究自主创新能力，为国民经济和社会可持续发展提供科学基础，为未来高新技术的形成提供创新源头。“973 计划”主要围绕农业、能源、信息、资源环境、人口与健康、材料、综合交叉与重要科学前沿等领域进行战略部署。

“十五”期间，“973 计划”农业领域主要围绕促进农业可持续发展、提高我国未来农产品竞争力以及农业生态安全面临的重大科学问题进行统筹部署；能源领域针对能源结构、能源消耗引起的环境污染问题部署基础研究，并探索可大规模利用的可再生能源；信息领域则主要面向数学机械化、高性能科学计算、互联网、量子信息等基础研究领域；针对我国自然资源短缺、生态环境恶化以及自然灾害等问题，在矿产资源、水资源、海洋资源、生态环境及重大灾害方面进行重点部署；人口与健康领域则针对重大疾病治疗措施与药物研发方面面临的严峻挑战，开展多种重大疾病发病机理、创新药物、基因治疗等多项专项研究；材料领域主要围绕从“材料大国”向“材料强国”转化和建立新材料产业等目标，部署纳米材料等高新技术材料的研究。

“十一五”期间，“973 计划”在农业、能源、信息、资源环境、人口与健康、材料、综合交叉与重要科学前沿领域的战略部署及研究重点如表 1-1 所列。

表 1-1 “973 计划”部署及研究重点

领域	战略部署	“十一五”研究重点
农业领域	(1)农业可持续发展和提高我国未来农产品竞争力等目标中的重大科学问题； (2)我国农业生态安全面临的重大问题； (3)保障食物安全供给、瞄准世界农业科学发展的前沿	(1)农业资源(土壤资源、水资源和养分资源)高效利用的科学基础； (2)农业生物基因资源发掘和重要性状的功能基因组研究； (3)农业战略性结构调整及区域农业布局的基础科学问题； (4)农业可持续发展中的环境和生态问题； (5)农业生物灾害(农业病虫草鼠害、农业动物重大疫病)预测、控制与生物安全； (6)农产品(粮食、果蔬、畜禽水产品)营养品质、农产品储藏和安全的基础科学问题
能源	(1)油气藏勘探、开发和利用； (2)提高能源技术系统效率、降低污染和保障安全； (3)突破能源新系统创建,探索非化石能源规模化利用	(1)深部煤炭资源分布、安全开发和煤层气开发的有关基础研究； (2)煤炭洁净高效利用的基础研究； (3)石油、天然气资源高效开采和利用的新理论和新方法； (4)与我国大型电力系统有关的重大科学问题； (5)氢能规模、无污染制备、输运和高密度存储的关键科学问题； (6)探索大规模发展新能源(天然气水合物等)和可再生能源(太阳能、生物质能、风能等)途径的研究； (7)探索大规模发展核裂变能的途径及相关科学问题、发展核聚变能的基础问题； (8)提高能源利用效率的关键科学问题研究

续表

领域	战略部署	“十一五”研究重点
信息领域	(1)新一代互联网； (2)量子信息技术； (3)信息获取、处理、传输、存储、再现、安全、利用，信息系统的基础元器件、信息处理环境、科学计算、人工智能、控制理论等方面的深入研究	(1)微纳集成电路、光电子器件和集成微系统的基础研究； (2)信息处理环境及科学计算的基础研究； (3)下一代信息网络的基础研究； (4)信息获取的基础研究； (5)高可信、高效率软件的基础研究； (6)智能信息处理、和谐人机交互的基础研究； (7)海量信息处理、存储及应用的基础研究； (8)量子通信的基础研究； (9)信息安全的基础研究
资源环境	从战略上寻求可持续发展所面临的根本性、战略性资源和环境问题，建立适应全面建设小康社会需求的资源环境科技体系，在矿产资源、水资源、海洋环境、生态环境、重大灾害方面进行部署，为解决资源短缺、灾害频发、环境污染和生态退化等经济社会发展中的关键问题提供科技支撑	(1)固体矿产资源勘查评价的重大科学问题； (2)矿产资源集约利用的新理论、新技术和新方法； (3)化石能源勘探开发利用的基础科学问题； (4)全球变化与区域响应和适应； (5)人类活动与生态系统变化及其可持续发展； (6)区域环境质量演变和污染控制； (7)区域水循环与水资源高效利用； (8)特殊资源高质高效利用的基础研究； (9)中国近海及海洋生态、环境演变和海洋安全； (10)重大自然灾害形成机理与预测； (11)地球各圈层相互作用及其资源环境效应
人口与健康	以提高人口素质、防治危害我国人民健康的严重传染病和高发的重大非传染性疾病为主攻方向。在重大疾病发病机理、基因及遗传、创新药物等方面进行研究部署，降低重大疾病对人民健康的危害，以逐步达到促进国民健康、带动科学发展、加速社会进步的战略目标	(1)重大传染病防控与诊疗的基础研究； (2)重大非传染性疾病发病机制、诊疗与预防的基础研究； (3)生殖与发育的基础研究 (4)脑科学与认知科学； (5)环境有害物质对健康影响的研究与生物安全； (6)中医理论与中药现代化基础研究； (7)新药创制的基础研究； (8)重大疾病诊疗新技术的基础研究； (9)人体正常生命活动的基础研究
材料领域	围绕促进我国从“材料大国”向“材料强国”转化和建立新材料产业等目标，重点部署纳米材料、高新技术材料、复合材料等高性能材料基础科学研究	(1)基础材料改性优化的科学技术基础； (2)新一代结构材料的结构与成型控制科学基础； (3)信息功能材料及相关元器件的科学基础； (4)新型储能和清洁高效能量转换材料的科学基础； (5)纳米材料的重大科学问题； (6)生物医用材料、环境净化材料与仿生材料的科学基础； (7)材料的服役行为及与环境的相互作用； (8)材料设计和新材料探索、表征与评价
综合交叉与重要科学前沿领域	(1)对先进制造、城市化进程中的生态环境问题、生命科学和信息科学同相关学科领域的交叉研究； (2)对脑科学与认知科学、非线性科学、超强超短激光、非编码RNA、大陆科学钻探、新型人工电磁介质的理论等重大前沿科学问题	(1)极端环境条件下制造的科学基础； (2)城市化进程中的生态环境、交通与物流、社会安全相关科学问题； (3)数学与其他领域的交叉； (4)复杂系统、灾变形成及其预测控制； (5)空间探测和对地观测相关基础研究； (6)重大装备与重大工程中的基础科学问题； (7)防灾减灾的基础研究； (8)典型地区、行业循环经济系统的基本结构和功能； (9)二氧化碳及硫、磷、氮、金属等重要元素的减排、分解与资源化的基础研究； (10)科学实验与观测方法、技术和设备的创新

1.2.3 国家高技术研究发展计划

国家高技术研究发展计划（863 计划）是以政府为主导的国家性计划，已于 1986 年 3 月启动实施，旨在提高我国自主创新能力，坚持战略性、前沿性和前瞻性，以前沿技术研究发展为重点，统筹部署高技术的集成应用和产业化示范，充分发挥高技术引领未来发展的先导作用。863 计划涉及领域包括生物技术、航天技术、信息技术、激光技术、自动化技术、能源技术、新材料技术、海洋技术等。

“十一五”期间，863 计划以信息技术、生物和医药技术、新材料技术、先进制造技术、先进能源技术、资源环境技术、海洋技术、现代农业技术、现代交通技术和地球观测与导航技术等关键高技术领域为重点，按照专题和项目两种方式，组织开展对技术的研究开发。专题是将探索性强、代表世界高技术发展方向、对国家未来新兴产业的形成和发展具有引领作用，并有望获得原始性创新成果的前沿技术作为研究开发任务。以增强原始性创新能力和获取自主知识产权为目标，支持科研人员在确定的前沿技术方向，进行新概念、新方法以及概念模型和原理样机的探索研究。项目是以集成性强、有望形成未来战略产品和技术系统、可以进行应用示范、有利于产业技术更新换代并具备较好的人才队伍和研究开发基础的高技术作为研究开发任务，以增强集成创新能力和形成战略产品原型或技术系统为目标，以国家战略需求为背景，进行组织实施。

经过几十年的研究，863 计划研究出计算机集成制造系统（CIMS），实现了企业的资源优化配置，提高了企业的竞争力，并于 1994 年和 1995 年相继获得美国制造工程师学会的“大学领先奖”“工业领先奖”以及联合国工业发展组织的“可持续工业发展奖”。通过与俄罗斯合作，研制出 6000 米水下机器人，使中国成为少数几个拥有 6000 米水下机器人的国家。该机器人可到达世界上除海沟之外的全部海洋深度，即全部有经济前景的海底，占海洋面积的 98%。在信息领域，也取得了瞩目的成就：a. 曙光一号全对称多处理机服务器系列；b. 曙光 1000 大规模并行计算机系统；c. 智能化应用系统；d. 掺铒光纤应用系统及掺铒光纤放大器；e. 量子阱半导体光电子器件；f. 星载合成孔径雷达技术；g. 自适应光学望远镜系统；h. 红外焦平面器件；i. 高速光纤传输系统；j. 光纤分插复用系统；k. 通信智能网系统；l. ISDN 交换机；m. 中国数字无绳电话；n. 码分多址通信技术；o. ATM 交换设备；p. 航空遥感事实传输系统等。在新材料领域，镍氢电池、高性能低温烧结陶瓷电容器、光电子材料及制备技术、双层辉光离子渗金属改性锯条及负载型钴锰复合氧化物臭氧辅助催化降解低浓度甲醛的性能得以实现。

1.2.4 国家科技支撑计划

国家科技支撑计划是以重大公益技术及产业共性技术研究开发与应用示范为重点，结合重大工程建设和重大装备开发，加强集成创新和引进消化吸收再创新，重点解决涉及全局性、跨行业、跨地区的重大技术问题，着力攻克一批关键技术，突破瓶颈制约，提升产业竞争力，为我国经济社会协调发展提供支撑。“十一五”期间，科技支撑计划项目的实施围绕能源、资源、环境保护、现代农业、材料、制造、信息、国民健康、公共安全、城镇化与城市发展、交通运输等领域，突破多项重大关键技术，有效支撑了三峡工程、青藏铁路、京沪高铁、西气东输、南水北调等重大工程建设和北京奥运会、上海世博会的成功举办。

1.2.5 政策引导类计划

政策引导类计划通过积极营造政策环境，增强自主创新能力，推动企业成为技术创新主体，促进产学研结合，推进科技成果的应用示范、辐射推广和产业化发展，加速高新技术产业化，营造促进地方和区域可持续发展的政策环境，包括星火计划、火炬计划、技术创新引导工程、国家重点新产品计划、区域可持续发展促进行动以及国家软科学研究计划等。

(1) 星火计划

星火计划是1986年批准实施的依靠科技进步，振兴农村经济，普及科学技术，带动农民致富的指导性科技计划。1986～2000年星火计划的实施极大地促进了农村先进适用技术的传播和推广，促进了乡镇企业的科技进步，为我国农业和农村经济发展起到了巨大的推动作用。15年来，星火计划共实施示范项目10万多个，其中国家级项目1万多个，覆盖了全国85%以上的县（市），极大地促进了农村经济总量的增加和生产方式的转变。“九五”期间，累计创利2810多亿元，产生了巨大的经济效益和社会效益。同时，建立了一批星火技术密集区和区域性支柱产业，营造了科技与经济结合的良好环境，促进了区域经济的发展。扶持了一批龙头企业，促进了乡镇企业的快速发展，推动了农村工业化进程。普及了科学技术知识，共建立了5000多个培训基地，其中国家级培训基地42个，培训了农村星火技术人才6000多万名，提高了广大农民的科技文化素质，促进了农村两个文明建设。国际合作与交流的广泛开展，增强了星火企业的国际竞争能力，开拓了国际市场。

“十五”期间，星火计划通过扶持星火龙头企业，促进了农村科技整体创新能力的提高，研究制定启动全国星火110信息共享和服务平台建设方案，启动平台建设工作，提高了我国农村信息化水平。同时，星火计划坚持开发式扶贫，在老区和贫困地区农民依靠科技脱贫致富方面发挥了重要作用，促进了区域协调发展；坚持以市场化为导向，引导发展多元化的农村科技服务组织，逐步建立起多种服务主体并存的新型农村科技服务体系。国家级星火计划项目总投资1103亿元，项目完成后新增产值4828亿元，新增利税1048亿元，节创汇174亿美元，有力地促进了农民增收、农业增效和农村经济发展，有效地促进了农业和农村经济增长方式的转变。

新时期，星火计划从技术示范、基地建设、人才开发、能力提升四个层次对相关涉农科技资源进行统筹布局：强化技术示范，促进解决制约农业农村发展的关键技术转化和应用；强化基地建设，促进农村科技集成转移和扩散；强化人才开发，聚集农村实用科技人才资源；强化能力提升，营造农村基层科技发展环境。“十一五”期间，中央财政累计投入星火计划引导资金8.4亿元，引导各级各类投入1939亿元，国家级星火项目立项7144个。支持建设国家级科技特派员农村科技创业链173个、国家农业科技园区65个、国家级星火产业带15个，培育了云南花卉、陕西苹果、福建食用菌等一大批区域支柱产业，吸收劳动力9000万人，培训农民（工）5000万人次。一大批星火科技骨干和星火带头人成为振兴农村经济的生力军。支持13个省（区、市）开展了星火科技12396信息服务试点，193个村、镇开展了社会主义新农村建设科技示范。星火计划将先进适用技术引入农村，有力促进了现代农业和区域经济的发展，为农村发展注入了新的活力，取得了“有目共睹、有口皆碑”的成效。

(2) 火炬计划

火炬计划是一项发展中国高新技术产业的指导性计划，自1988年开始由科学技术部组织实施，旨在实施科教兴国战略，贯彻执行改革开放的总方针，发挥我国科技力量的优势和潜力，以市场为导向，促进高新技术成果商品化、高新技术商品产业化和高新技术产业国际化。其项目包括面上项目和重大项目：面上项目分为产业化环境建设、产业化示范两个方向；重大项目分为创新型产业集群和科技服务体系两个方向。火炬计划主要内容包括创造适合高新技术产业发展的环境，建设和发展高新技术产业开发区和高新技术创业服务中心，推动高新技术产业国际化以及人力资源开发，培养一大批懂技术、善管理、会经营、勇于创新、敢于在市场竞争中奋力拼搏的科技管理人才和科技实业人才。重点发展领域包括：a. 电子信息；b. 生物技术；c. 新材料；d. 光机电一体化；e. 新能源；f. 高效节能与环保。

(3) 技术创新引导工程

技术创新引导工程是以促进企业成为技术创新的主体，提升企业核心竞争力，增强国家自主创新能力，为建设创新型国家提供有力支撑的国家政策引导类计划，于2006年开始实施。该计划主要目标为引导形成拥有自主知识产权、自主品牌和持续创新能力的创新型企业，引导建立以企业为主体、市场为导向、产学研相结合的技术创新体系，引导增强战略产业的原始创新能力和重点领域的集成创新能力。重点研究内容包括：a. 开展创新型企业试点工作；b. 引导和支持若干重点领域形成产学研战略联盟；c. 优化资源配置，加大对企业技术创新的引导；d. 加强企业研究开发机构和产业化基地建设；e. 加强面向技术创新的公共服务平台建设；f. 激励广大职工为企业技术创新建功立业。

(4) 国家重点新产品计划

国家重点新产品计划是一项政策性扶持计划，旨在引导、推动企业和科研机构的科技进步和提高技术创新能力，实现产业结构的优化和产品结构的调整，通过国内自主开发与引进国外先进技术的消化吸收等方式，加速经济竞争力强、市场份额大的高新技术产品的开发和产业化。该计划支持的产品范围，包括高新技术产品、利用国家及省部级科技计划成果转化的新产品、具有自主知识产权的新产品、外贸出口创汇新产品以及采用国际标准或国外先进标准的新产品。

1.2.6 国家科技重大专项

《国家中长期科学技术发展规划纲要（2006—2020年）》（以下简称《纲要》）在重点领域中确定一批优先主题的同时，围绕国家目标，进一步突出重点，筛选出若干重大战略产品、关键共性技术或重大工程作为重大专项，充分发挥社会主义制度集中力量办大事的优势和市场机制的作用，力争取得突破，努力实现以科技发展的局部跃升带动生产力的跨越发展，并填补国家战略空白。《纲要》确定了核心电子器件、高端通用芯片及基础软件、极大规模集成电路制造技术及成套工艺、新一代宽带无线移动通信网、高档数控机床与基础制造技术、大型油气田及煤层气开发、大型先进压水堆及高温气冷堆核电站、水体污染控制与治理、转基因生物新品种培育、重大新药创制、艾滋病和病毒性肝炎等重大传染病防治、大型飞机、高分辨率对地观测系统、载人航天与探月工程等16个重大专项，涉及信息、生物等战略产业领域、能源资源环境和人民健康等重大紧迫问题，以及军民两用技术和国防技术。

16个重大专项主要研究内容及目标如表1-2所列。

表1-2　16个重大专项主要研究内容及目标

专项	研究内容及目标
核心电子器件、高端通用芯片及基础软件产品重大专项	简称核高基重大专项，主要目标是在芯片、软件和电子器件领域，追赶国际技术和产业的迅速发展。通过持续创新，攻克一批关键技术、研发一批战略核心产品。通过核高基重大专项的实施，到2020年，我国在高端通用芯片、基础软件和核心电子器件领域基本形成具有国际竞争力的高新技术研发与创新体系，并在全球电子信息技术与产业发展中发挥重要作用；我国信息技术创新与发展环境得到大幅优化，拥有一支国际化、高层次的人才队伍，形成比较完善的自主创新体系，为我国进入创新型国家行列做出重大贡献
极大规模集成电路制造技术及成套工艺专项	总体目标是开展极大规模集成电路制造技术、成套工艺和材料技术攻关，掌握制约产业发展的核心技术，形成自主知识产权；开发满足国家重大战略需求、具有市场竞争力的关键产品，批量进入生产线，改变制造装备、成套工艺和材料依赖进口的局面。在国际竞争中培育有条件的集成电路装备、制造和材料企业成为世界级企业，带动产业良性发展，产业综合实力和科技创新能力进入世界前列。支持一批有条件的科研院所和高校，着力开展微电子前沿技术研究，加强技术储备，引领我国微电子技术发展的未来
新一代宽带无线移动通信网专项	以时分同步码分多址(TD-SCDMA)后续演进为主线，完成时分同步码分多址长期演进技术(TD-LTE)研发和产业化，开展LTE演进(LTE-Advanced)和第四代移动通信(4G)关键技术研究，提升我国在国际标准制定中的地位。加快突破移动互联网、宽带集群系统、新一代无线局域网和物联网等核心技术，推动产业应用，促进运营服务创新和知识产权创造，增强产业核心竞争力
高档数控机床与基础制造技术专项	重点攻克数控系统、功能部件的核心关键技术，增强我国高档数控机床和基础制造技术的自主创新能力，实现主机与数控系统、功能部件协同发展，重型、超重型装备与精细装备统筹部署，打造完整产业链。国产高档数控系统国内市场占有率达到8%～10%。研制40种重大、精密、成套装备，数控机床主机可靠性提高60%以上，基本满足航天、船舶、汽车、发电设备制造等四个领域的重大需求
大型油气田及煤层气开发专项	以寻找大型油气田、提高采收率、打造具有国际竞争力的油田技术服务和非常规天然气战略性产业为主攻方向，加强油气资源勘探开发地质理论研究，攻克非常规天然气高效增产等13项重大技术，研制深水油田工程支持船等11项重大设备，建成8项示范工程，使老油田水驱采收率提高3%～5%，海上稠油油田聚驱采收率提高5%，勘探开发整体技术水平达到或接近国际大石油公司的水平
大型先进压水堆及高温气冷堆核电站专项	突破先进压水堆和高温气冷堆技术，完善标准体系，搭建技术平台，提升核电产业国际竞争力。依托装机容量为1000MW的先进非能动核电技术(AP1000)核电站建设项目，全面掌握AP1000核电关键设计技术和关键设备材料制造技术，自主完成内陆厂址标准设计。完成我国的装机容量为1400MW的先进非能动核电技术(CAP1400)标准体系设计并建设示范电站，2015年底具备倒送电和主控室部分投运条件。完成高温气冷堆关键技术研究，2013年前后示范电站建成并试运行。加强压水堆及高温气冷堆安全技术支撑和核电站乏燃料后处理科研攻关，保障核电安全

续表

专项	研究内容及目标
水体污染控制与治理专项	围绕"三河三湖一江一库"重点流域，重点攻克重污染行业废水全过程治理技术、重污染河流和富营养化湖泊综合治理技术、面源污染控制技术、适用于不同水源水质的净化技术、水环境风险评估与预警遥感监测等关键成套技术300项以上。重点研发监控预警设备、饮用水水质净化及输配管网检漏设备等80套以上，关键材料、设备国产化率达到70%以上，成本降低30%以上。在太湖、辽河等重点流域开展综合示范，示范流域水环境质量提高一个等级并消除劣Ⅴ类，基本建立流域水污染治理和水环境管理技术体系
转基因生物新品种培育专项	获得一批具有重要应用价值和自主知识产权的基因，培育一批抗病虫、抗逆、优质、高产、高效的重大转基因生物新品种，提高农业转基因生物研究和产业化整体水平，为我国农业可持续发展提供强有力的科技支撑
重大新药创制专项	针对满足人民群众基本用药需求和培育发展医药产业的需要，突破一批药物创制关键技术和生产工艺，研制30个创新药物，改造200个左右药物大品种，完善新药创制与中药现代化技术平台，建设一批医药产业技术创新战略联盟，基本形成具有中国特色的国家药物创新体系，增强医药企业自主研发能力和产业竞争力
艾滋病和病毒性肝炎等重大传染病防治专项	针对提高人口健康水平和保持社会和谐稳定的重大需求，重点围绕艾滋病、病毒性肝炎、结核病等重大传染病，突破检测诊断、监测预警、疫苗研发和临床救治等关键技术，研制150种诊断试剂，其中20种以上获得注册证书；10个以上新疫苗进入临床试验。到2015年，重大传染病的应急和综合防控能力显著提升，有效降低艾滋病、病毒性肝炎、结核病的新发感染率和病死率
大型飞机专项	以当代大型飞机关键技术需求为牵引，开展关键技术预研和论证。以国产大型飞机的系统集成、动力系统和试验系统的设计、开发和制造为重点，突破核心关键技术，为研制大型客机做好技术储备
高分辨率对地观测系统专项	重点发展基于卫星、飞机和平流层飞艇的高分辨率先进观测系统；形成时空协调、全天候、全天时的对地观测系统；建立对地观测数据中心等地面支撑和运行系统，提高我国空间数据自给率，形成空间信息产业链
载人航天与探月工程专项	突破航天员出舱活动以及空间飞行器交会对接等重大技术，建立具有一定应用规模的短期有人照料、长期在轨自主飞行的空间实验室。探月工程从绕月探测起步，研制月球探测卫星，突破月球探测的关键技术，为全面开展探月工程奠定基础

国家水体污染控制与治理科技重大专项（以下简称水专项）是根据《国家中长期科学和技术发展规划纲要（2006—2020年）》设立的16个重大科技专项之一[20]。按照"自主创新、重点跨越、支撑发展、引领未来"的科技指导方针，从理论创新、体制创新、机制创新和集成创新出发，立足中国水污染控制和治理关键科技问题的解决与突破，并选择典型流域开展水污染控制与水环境保护的综合示范[21]。

水专项由生态环境部和住房城乡建设部牵头组织，围绕水体污染治理和水环境管理的目标，设置湖泊富营养化控制、河流水环境整治、城市水环境综合整治、饮用水安全保障、水污染防治监控预警与管理和水污染控制战略与政策研究六大主题，并在"三河（辽河、淮河、海河）三湖（太湖、巢湖、滇池）一江（松花江）一库（三峡库区）"等重点流域和重点区域开展示范工程[22]。水专项分三个阶段进行组织实施：第一阶段目标主要突破水体"控源减排"关键技术；第二阶段目标主要突破水体"减负修复"关键技术；第三阶段目标主要是突破流域水环境"综合调控"成套关键技术[23]。

"十一五"期间水专项主要针对第一阶段"控源减排"目标，共设立33个项目238个课题（实际实施230个课题），总资金投入100多亿元，其中中央投入预算32.1亿元，涉及27个省、自治区和直辖市，数百家高等院校、科研单位和企业，近万名科研人员[24]。重点突破污染物控制与治理关键技术、水体污染负荷削减、生态修复关键技术、水质净化、安全输配、流域水生态功能分区与监控预警关键技术，通过专项的实施，初步形成国家水环境综合管理与决策、水体污染控制与治理技术研发平台。“十一五”水专项实施以来，突破了水污染治理、水环境管理和饮用水安全保障关键技术1000余项，并建设示范工程500余项，授权国内外专利1400余项，建成产学研开发平台和基地300余个，为我国水体污染控制与治理提供了有力的科技支撑。

“十二五”水专项重点目标过渡至重点突破流域“减负修复”关键技术，饮用水安全保障技术，流域水环境监控预警“业务化”运行技术，集成流域治理与管理整装成套技术；自主研发水污染治理、水生态监测和饮用水净化与输送成套工艺、技术与装备，引导和培育战略性新兴环保产业。水专项技术总体组提出以环境科技创新促进流域水质改善的目标，旨在通过提升环境科技基础研究和应用能力，深化已有成果，结合科技创新最新成果，大幅度提高水体污染治理效率[25]。

“十二五”水专项在任务布局上，以流域为统筹，以支撑重点流域水污染防治规划实施为导向，系统梳理和设计技术研发与工程示范任务。在“三河三湖一江一库”10个流域开展流域综合整治及水质改善技术研究与示范。改善我国水体形势严峻现状，要多措并举，以技术创新推动发展，引领水务行业的全面提升；并强化管理创新，建立水环境改善的长效机制[26]。

“十三五”水专项目标为突破流域水环境“综合调控”成套关键技术，建立国家水环境“监控预警平台”，保障我国流域水环境安全。建立系列化、规范化、标准化的流域（区域）水污染防治综合管理、水污染控制和饮用水安全保障技术体系；开展流域水环境修复研究，促使不同流域水环境质量得到明显改善，形成流域水环境监控、预警和综合管理业务化运行成套技术；形成一批世界一流的环境科研机构、具有国际竞争力的环保企业和研究开发机构，促进国家环境科技创新体系的完善。

第2章 环境科技创新

生态与环境是事关经济社会可持续发展和人民生活质量的重大问题。我国存在环境污染严重、生态系统退化加剧、污染物无害化处理能力低等问题。在要求整体环境状况有所好转的前提下实现经济的持续快速增长，对环境科技创新提出重大战略需求[20]。

2006年，国家环保总局（现生态环境部）发布的《关于增强环境科技创新能力的若干意见》（以下简称《意见》）指出，环境科技是环保工作的基础和建设环境友好型社会的重要支撑。在环境保护事业的快速发展时期，提高环境管理水平，必须依靠技术进步；解决结构性、复合型和压缩型环境问题，必须依靠自主创新；增强环境科技创新能力是实现环保工作跨越式发展的必要保障。该《意见》设定了实施环境科技创新、环保标准体系建设和环保技术管理体系建设三大工程的目标，并提出要在知识创新的关键研究领域取得重大突破，到2020年建立层次清晰、分工明确、运行高效、支撑有力的国家环境科技支撑体系[27]。“十一五”时期，我国首次将节能减排政策列入国家发展纲要，节能减排成为我国发展的强制性制度安排[28]。

2.1 我国环境质量状况

党的十八大以来，我国将生态文明建设纳入中国特色社会主义事业总体布局。党的十九大报告指出，要加快生态文明体制改革，建设美丽新中国，推进绿色发展，着力解决突出环境问题，加大生态系统保护力度，改革生态环境监管体制。如今，我国环境污染和生态破坏问题依然严峻。

2.1.1 水环境质量状况

中国是一个水资源短缺的国家，且时空分布不均，长江流域及其以南地区水资源相对丰富，淮河流域及其以北地区水资源缺乏严重。同时，由于工业化和城镇化速度的加快，用水量和废水排放量逐年升高。2000～2015年，废水排放总量由415.2亿吨/年增长到

735.3 亿吨/年，其中生活废水排放量变化最为显著，由 220.9 亿吨/年增长到 535.2 亿吨/年，工业废水则在 2007 年后呈现持续下降趋势，单位工业增加值用水量由 283 万立方米/万元降到 55 万立方米/万元（图 2-1）。同时，COD 和氨氮排放总量、工业源及生活源均呈现逐年降低趋势，如表 2-1 所列❶。

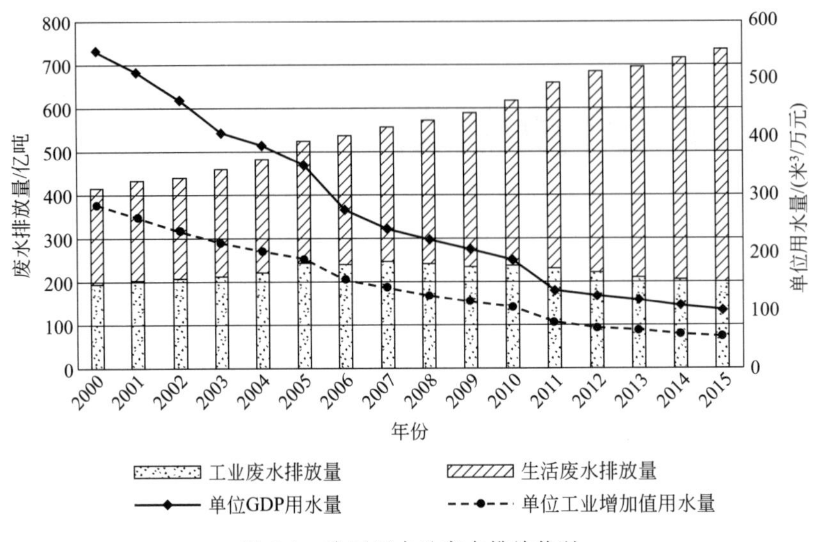

图 2-1 我国用水及废水排放状况

注：数据来源于中国环境统计年鉴。

表 2-1 2000～2015 年我国 COD 及氨氮排放量[①] 单位：万吨

年份	COD 排放总量	工业源 COD 排放量	生活源 COD 排放量	氨氮排放总量	工业源氨氮排放量	生活源氨氮排放量
2000 年	1445	704.5	740.5			
2001 年	1404.8	607.5	797.3	125.2	41.3	83.9
2002 年	1366.9	584	782.9	128.8	42.1	86.7
2003 年	1332.9	511.8	821.1	129.6	40.4	89.2
2004 年	1339.2	509.7	829.5	133	42.2	90.8
2005 年	1414.1	554.7	859.4	149.8	52.5	97.3
2006 年	1428.2	541.5	886.7	141.4	42.5	98.9
2007 年	1381.9	511.1	870.8	132.4	34.1	98.3
2008 年	1320.7	457.6	863.1	127	29.7	97.3
2009 年	1277.6	439.7	837.9	122.7	27.4	95.3
2010 年	1238.1	434.8	803.3	120.3	27.3	93
2011 年	1294.6	354.8	939.8	175.8	28.1	147.7

❶ 2011 年环境保护部（现生态环境部）对统计制度中的指标体系、调查方法等进行了修订，统计范围扩展为工业源、农业源、城镇生活源、机动车、集中式污染治理设施 5 个部分。

续表

年份	COD 排放总量	工业源 COD 排放量	生活源 COD 排放量	氨氮排放总量	工业源氨氮排放量	生活源氨氮排放量
2012 年	1251.3	338.5	912.8	171	26.4	144.6
2013 年	1209.3	319.5	889.8	166	24.6	141.4
2014 年	1175.8	311.4	864.4	161.4	23.2	138.2
2015 年	1140.4	293.5	846.9	155.8	21.7	134.1

① 数据来源于中国环境统计年鉴。

2006～2015 年，地表水的环境质量呈现好转趋势，全国河流水质状况如表 2-2 所列。Ⅰ类、Ⅱ类的水体比例逐年升高，Ⅳ类、Ⅴ类及劣Ⅴ类的水体比例逐年下降。Ⅰ～Ⅲ类的水体所占比例由 2006 年的 58.3%提高到 2015 年的 74.2%，Ⅴ类水体比例由 6.5%下降至 4.2%，劣Ⅴ类水由 21.8%下降至 11.7%。珠江流域、东南诸河、西南诸河及长江干流的水质良好，松花江、黄河、淮河为中度污染，辽河、海河为中度污染。我国河流水体污染指标主要为高锰酸盐指数、化学需氧量、五日生化需氧量和总磷等。重点城市集中式饮用水源地总体水质良好，2006 年❶、2010 年❷和 2015 年❸饮用水源地水质达标率分别为 72.3%、76.5%和 97.1%，呈现明显好转趋势，主要超标指标为总磷、溶解氧和五日生化需氧量。

表 2-2 2006～2015 年全国河流水质状况① 单位：%

年份	Ⅰ类	Ⅱ类	Ⅲ类	Ⅳ类	Ⅴ类	劣Ⅴ类
2006 年	3.5	27.3	27.5	13.4	6.5	21.8
2007 年	4.1	28.2	27.2	13.5	5.3	21.7
2008 年	3.5	31.8	25.9	11.4	6.8	20.6
2009 年	4.6	31.1	23.2	14.4	7.4	19.3
2010 年	4.8	30	26.6	13.1	7.8	17.7
2011 年	4.6	35.6	24	12.9	5.7	17.2
2012 年	5.5	39.7	21.8	11.8	5.5	15.7
2013 年	4.8	42.5	21.3	10.8	5.7	14.9
2014 年	5.9	43.5	23.4	10.8	4.7	11.7
2015 年	8.1	44.3	21.8	9.9	4.2	11.7

① 数据来源于中国环境状况公报。

我国湖泊水体富营养化问题严重（见表 2-3），尤其是太湖、巢湖、滇池最为严重，多次发生蓝藻爆发事件。滇池水体污染最为严重，属于劣Ⅴ类水质，中度或重度富营养化状态。白洋淀同样为劣Ⅴ类水质，营养状态由重度富营养化转变为轻度富营养化状态。太湖水体 2006～2010 年属于劣Ⅴ类水质，中度富营养化状态，2011 年后水体有所好转，

❶ 2006 年中国环境状况公报。
❷ 2010 年中国环境状况公报。
❸ 2015 年中国环境状况公报。

表 2-3 我国主要湖泊水质及营养状态指数①

年份	太湖		滇池		巢湖		洱海		洞庭湖		鄱阳湖		南四湖		白洋淀	
	水质	营养状态	水质	营养状态	水质	营养状态	水质	营养状态	水质	营养状态	水质	营养状态	水质	营养状态	水质	营养状态
2006年	劣Ⅴ	中度	劣Ⅴ	草海重度 外海中度	Ⅴ类	中度	Ⅲ	中营养	Ⅴ	轻度	Ⅴ	中营养	劣Ⅴ	轻度	劣Ⅴ	重度
2007年	劣Ⅴ	中度	劣Ⅴ	草海重度 外海中度	Ⅴ类	中度	Ⅲ	中营养	Ⅳ	中营养	Ⅳ	中营养	Ⅴ	轻度	劣Ⅴ	重度
2008年	劣Ⅴ	中度	劣Ⅴ	草海重度 外海中度	Ⅴ类	中度	Ⅱ	中营养	Ⅴ	中营养	Ⅳ	中营养	Ⅳ	轻度	劣Ⅴ	中度
2009年	劣Ⅴ	轻度	劣Ⅴ	草海重度 外海中度	Ⅴ类	中度	Ⅲ	中营养	Ⅴ	中营养	Ⅳ	轻度	Ⅳ	中营养	劣Ⅴ	轻度
2010年	劣Ⅴ	轻度	劣Ⅴ	重度	Ⅴ类	轻度	Ⅲ	中营养	劣Ⅴ	轻度	Ⅴ	轻度	Ⅴ	轻度	劣Ⅴ	中度
2011年	Ⅳ	轻度	劣Ⅴ	中度	Ⅴ类	轻度	Ⅲ	中营养	Ⅳ	中营养	Ⅳ	中营养	Ⅴ	轻度	Ⅴ	轻度
2012年	Ⅳ	轻度	劣Ⅴ	中度	Ⅴ类	轻度	Ⅲ	中营养	Ⅳ	中营养	Ⅲ	中营养	Ⅳ	轻度	劣Ⅴ	中度
2013年	Ⅳ	轻度	Ⅳ	轻度	重度	中度	Ⅲ	中营养	Ⅳ	中营养	Ⅳ	中营养	Ⅲ	中营养	劣Ⅴ	轻度
2014年	Ⅳ	轻度	劣Ⅴ	中度	Ⅳ	轻度	Ⅱ	中营养	Ⅳ	中营养	Ⅳ	中营养	Ⅲ	中营养	劣Ⅴ	轻度
2015年	Ⅳ	轻度	劣Ⅴ	中度	Ⅴ类	轻度	Ⅱ	中营养	Ⅴ	中营养	Ⅳ	中营养	Ⅲ	中营养	劣Ⅴ	轻度

① 数据来源于中国环境状况公报、太湖健康状况公报。

整体为Ⅳ类水质，轻度富营养化状态。巢湖的营养状态也由中度富营养化转变为轻度富营养化状态。南四湖由2006年的劣Ⅴ类水质及轻度富营养化状态转化为Ⅲ类水质及中度营养化状态，洞庭湖和鄱阳湖水质也有所好转。洱海水质一直处于良好状态，营养状态为中度营养化状态。我国重要水库水质状况基本为优良，富营养化状态为中营养和贫营养状态。于桥水库和尼尔基水库的水质相对较差，属于轻度污染，同时于桥水库属于轻度富营养化状态。2015年全国31个省（自治区、直辖市）202个地市级行政区的5118个监测井（点）中，地下水水质9.1%为优良状态、25.0%为良好、4.6%为较好、42.5%为较差、18.8%为极差。中深层地下水水质略好于浅层地下水水质，主要超标指标为硬度、溶解性总固体、pH值、COD_{Mn}、亚硝酸盐氮、硝酸盐氮、氨氮、氯离子、硫酸盐、氟化物、锰、铁、砷等，个别水质监测点存在铅、六价铬、镉等重（类）金属超标现象❶。

2.1.2　生态环境质量状况

经济的高速发展和粗放式的发展模式给我国的生态环境和资源造成巨大压力。目前，我国的基本形势整体呈生态破坏与环境污染并存的状态，土地资源破坏、土地退化严重，包括水土流失、土地沙化、石漠化等；生态灾害频繁多样，包括洪涝干旱、泥石流、沙尘暴、地面沉降等；因资源的开发导致一系列的生态环境问题，如森林资源不足、水资源出现危机、矿产资源大量流失等[29,30]。

2012～2013年，全国2461个县域中，部分县域生态环境状况呈好转趋势，优/良等级的县域占比由61.0%增长到65.3%，部分县域生态环境状况变差，较差/差等级的县域由4.6%增长到8.6%。中度以上生态脆弱区域占全国陆地国土面积的55%，荒漠化和石漠化土地占国土面积的近20%。每年违法违规侵占林地约200万亩，全国森林单位面积蓄积量只有全球平均水平的78%。全国草原生态总体恶化局面尚未根本扭转，中度和重度退化草原面积仍占1/3以上，已恢复的草原生态系统较为脆弱。资源过度开发利用导致的生态破坏问题突出，生态空间不断被蚕食侵占，一些地区生态资源破坏严重，系统保护难度加大❷。

2000～2015年全国耕地面积如图2-2所示。2000～2008年，耕地面积逐渐缩小，从2000年到2008年耕地面积减少642.7万公顷。耕地质量总体偏低，退化趋势严重，存在土壤养分失衡、肥效下降、环境恶化等突出问题。由于调查标准及技术方法调整，2009年调查的耕地数据多出1358.7万公顷，2009～2015年耕地面积基本保持稳定。

根据2002年水利部公布的全国第二次遥感调查结果，中国水土流失面积为356万平方千米，其中水力侵蚀面积为165万平方千米，风力侵蚀面积191万平方千米，几乎所有的省、自治区、直辖市都存在不同程度的水土流失。2000年以来，我国启动实施了一批国家水土流失重点防治工程，改造坡耕地/坡改梯、沟滩地，进行封育保护，营造水土保

❶ 2015中国环境状况公报。

❷ “十三五”生态环境保护规划，国务院，2016年。

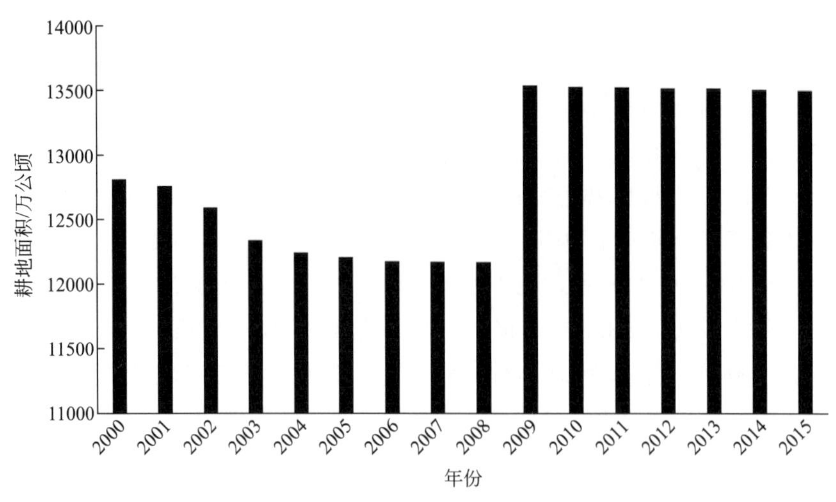

图 2-2 我国耕地面积

注：数据来源于中国环境统计年鉴。

持林草，兴建小型水利水土保持工程，建设淤地坝，启动生态修复等，有效控制了水土流失状况。水土流失面积减少，土壤侵蚀强度降低。2000～2015 年累计水土流失治理面积如图 2-3 所示。根据《第一次全国水利普查水土保持情况公报》，截至 2011 年 12 月 31 日，我国水土流失面积为 294.91 万平方千米❶。相比 10 年前，水土流失面积减少了 61 万平方千米，但目前形势依然严峻，全国水土流失依然严重，人为水土流失问题突出，水土流失防治投入尚不能满足生态建设需要。水土流失导致水土资源破坏，生态环境恶化，自然灾害加剧，是我国经济社会可持续发展的突出制约因素❷。

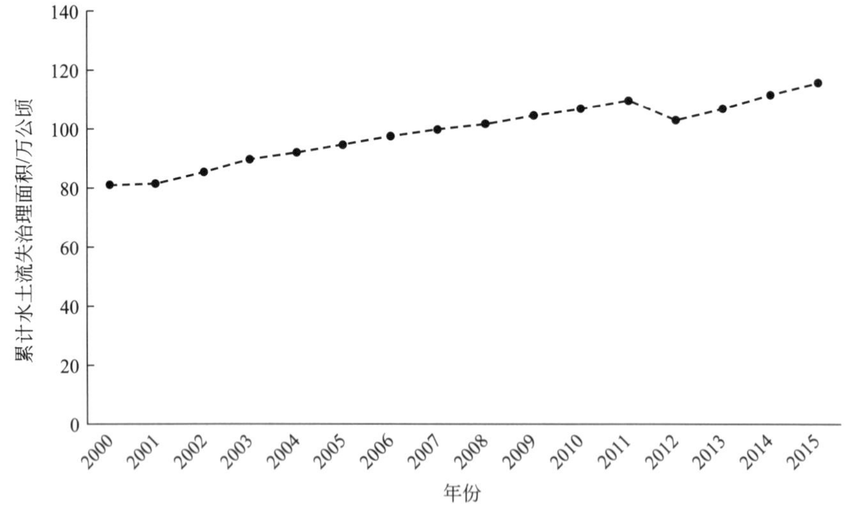

图 2-3 我国水土流失治理面积

注：数据来源于中国环境状况公报。

❶ 第一次全国水利普查水土保持情况公报，水利部，2013 年。

❷ 全国水土保持规划（2015—2030 年）。

2.2 环境科技创新

2.2.1 环境科技创新概念

(1) 环境技术创新

环境技术指“能源节约或保护能源和自然资源、减少人类活动的环境负荷从而保护环境的生产设备、生产方法和规程、产品设计以及产品发送的方法等”[31]。环保新技术的研发和运用，有利于改造传统产业和发展新型产业，提高资源利用率，节约能源和原材料，减少环境污染，改善环境质量[32]。以保护环境为目标的技术创新和管理创新为环境保护提供基础，一方面直接降低环境保护成本，另一方面通过提高生产效率，间接分解环境保护带来的成本[33]。

环境技术创新，也称为绿色技术创新，通常指的是以环境保护为目的所进行的新产品、技术、生产工艺的开发或使用。早在 1994 年，Brawn 和 Wield 就提出了环境技术创新的含义，即一些创新的或改进的生产方法、工艺、产品的总称，它们有利于避免或降低环境污染、节约资源和能源消耗，降低经济生产的生态负效应。我国学者诸大建等认为环境技术的特征是污染排放少、合理利用资源和能源、更多地回收废弃物和产品，并以环境可接受的方式处置残余的废弃物。

各国学者对环境技术创新的定义如表 2-4 所列。

表 2-4 各国学者对环境技术创新的定义

研究者	年份	定义及解释
Brawn，Wield[34]	1994	一系列新的或改进的生产方法、工艺、产品的总称，它们有利于避免或降低环境污染、节约资源和能源消耗，降低经济生产的生态负效应。主要包括污染控制和预防技术、净化技术、循环再生技术、清洁生产工艺等
Shrivastava[35]	2010	包括保存能量和自然资源，是人类活动施以环境的承载量最小化的生产设备、生产方式、生产设计以及生产运输器械工具等
杨发明[36]	1998	绿色技术创新包含末端治理技术创新、绿色工艺创新和绿色产品创新
许建等[31]	1999	能节约能源或保护自然环境资源、减少人类活动的环境负荷，从而保护环境的新的或修正的生产设备、生产方法和规模、产品设计以及产品发送方法等
袁凌等[37]	2000	包括清洁生产技术创新和绿色产品开发技术创新两个层次
沈斌等[38]	2004	任何一个实现了资源节约、环境污染减少、环境质量改善等的环节都属于环境技术的范畴。但指的是一个从新产品或工艺的设想产生到市场应用的完整过程
沈小波等[39]	2010	污染治理技术和预防技术上的创新
甘德建等[40]	2003	降低污染的绿色工艺创新、节约能源的绿色产品创新和保护环境的绿色意识创新均属于绿色技术创新的内容
万伦来等[41]	2004	绿色技术创新是政府、企业、社会机构等创新主体，以绿色技术发明为基础，重视绿色技术成果商品化和绿色技术成果公益化，符合可持续发展要求、追求经济效益和社会效益统一的技术创新

Arundel 等[42] 将环境技术创新分为 6 类，即清洁生产、清洁生产过程、污染控制技术、循环利用、废物处理技术以及净化技术；Demirel 等[43] 将环境技术创新分为末端治理新技术和综合清洁生产过程；Gans[44] 对环境技术创新的分类更加广泛，包括污染物削减技术、化石资源节约技术和化石资源替代技术。我国学者肖显静等[45] 将环境技术创新分为 3 类：a. 直接以环保为目的的环境技术创新；b. 同时以环保和经济发展为目的的技术创新；c. 以经济增长为目的，无意中带来了环境保护效益的技术创新。综上所述，环境技术创新可分为：a. 以直接减少污染物排放量为目的的污染物末端治理技术及清洁生产工厂或工艺创新；b. 以提高资源利用效率、减少资源消耗为目的的新的或改进的产品、生产工艺、技术等，该类技术创新间接减少污染物的排放。

根据“波特假说”，通过技术创新激发企业的“创新补偿”效应是实现污染减排和提升企业竞争力的关键手段。Ehrlich 和 Holdren[46] 提出的 IPAT 模型将环境影响与人口规模、人均财富和技术水平联系起来，认为技术进步能够减轻由人口增长造成的环境污染。Grossman 和 Krueger[47] 将环境污染的影响因素分解为规模效应、结构效应和技术效应，并强调技术效应在改善环境质量中的重要作用，因为越先进的技术往往越“绿色”。

近年来，国内学者基于创新、技术进步和减排、环境污染视角，探讨了科技创新与环境污染的关系。李斌和赵新华[48] 运用 37 个工业行业 2001～2009 年 3 种主要废气排放数据，实证分析了工业经济结构和技术进步对工业废气减排的贡献，结果发现结构生产技术效应和结构治理技术效应都对废气减排起到了促进作用。何小钢和张耀辉[49] 测算并分析了中国 36 个工业行业基于绿色增长的技术进步，高能耗和高排放强度行业节能减排潜力巨大，技术进步对节能减排具有显著正向影响，其中科技进步的贡献最大。李博[50] 使用省际面板数据对区域技术创新能力与人均碳排放水平进行了分析，认为区域技术创新能力的提升能有效降低碳排放水平，并对邻近区域产生显著的空间溢出效应。王鹏和谢丽文[51] 的研究表明，企业技术创新有利于促进工业“三废”综合利用产品产值的增加，并有效提高工业 SO_2 的去除率。聂普焱等[52] 研究认为，技术创新有助于降低行业碳排放强度。蔡宁等[28] 以非径向、非导向性基于松弛测度的方向距离函数（SBM-DDF）测度了 2005～2011 年我国各地区工业节能减排效率，构建了工业节能减排指数。

范群林等[53] 以中国大陆 30 个地区的大中型工业企业为例，探讨了环境政策、技术进步及市场结构对环境技术创新的影响，环境法制制度与环境影响评估制度对环境技术创新不存在显著影响，“三同时”制度存在正向影响，排污许可证制度、污染限期治理制度存在负向影响，且均存在累积效应；技术市场对环境技术创新存在正向影响及累积效应，说明未来国内市场需求的预期会促进更多创新。

专利的拥有量，尤其是发明专利的拥有量是衡量技术创新水平最主要和最常用的指标。孙亚梅等[54] 以环境技术专利表征创新水平，采用绝对指标与相对指标、专利结构布局系数（或特化系数）与技术创新主体的结构布局系数，衡量中国各省市环境技术创新的空间分异。

（2）环境创新与绿色创新

环境创新是指可以避免或减少有害环境影响的工艺、设备、产品、技术和管理制度的创新和改良。Kemp 等[55] 将环境创新定义为：企业对新接触的产品、生产过程、服务或企业管理方法的吸收和开发使用。与正在使用的替代技术方法相比，环境创新从全生命周期来看，可减少环境危害、污染物或其他资源消耗的副作用。绿色创新则指旨在通过技术创新等降低对环境的消极影响，从而实现生态上的可持续发展。也有研究者将其定义为环境绩效的改进，即包含所有能对环境产生有利影响的创新。我国学者李巧华等[56]将绿色创新定义为企业在实现自身可持续发展目标的过程中，无论是有意识的还是无意识的，在产品设计、生产、包装、使用和报废环节节能、降耗、减少污染，旨在改善环境质量和提升产品性能，兼顾经济效益和环境效益的创造性活动。

目前对环境科技创新并没有明确的定义。结合环境创新、环境技术创新及科技创新的概念，可将环境科技创新定义为以降低资源消耗、减少环境污染、改善环境质量为目的的环境理论、环境技术及环境管理制度的创新，包括清洁生产过程创新、污染控制和治理创新、管理及组织方式创新、有利于清洁生产及污染物减排的宏观制度的创新。

国际环境科技发展趋势已由单项治理转向综合防控，正在向可持续发展（绿色发展）方向延伸。主要发展趋势呈现以下特点。

① 环境科技的范围不断向人群健康和生态环境风险防控扩展。

② 环境科技更加注重解决复合性、系统性环境问题。发达国家的环境科学研究已进入以地球生态系统为对象的综合集成研究阶段，开展了天地一体化、多环境要素交互影响的区域生态系统研究，建立了高度发达的环境信息网络，实现了环境要素的长期连续观测。

③ 环境科技发展更加注重融合其他相关领域的创新成果。随着生态环境保护工作不断深入，分子技术、生物技术、新材料、信息技术、云计算和大数据等在环境领域的应用不断拓展和深入，推动发达国家突破了一批生态环境改善的关键技术，促进了生态环境质量监控预警与改善技术的创新发展。环境科技发展与其他领域技术创新的不断融合进一步带动了环保产业大发展。

2016年4月，日本政府综合科技创新会议（CSTI）发布了《能源环境技术创新战略2050》，强调要兼顾日本经济发展以及全球气候变化问题，实现到2050年全球温室气体排放减半和构建新型能源体系的目标。战略提出了日本将要重点推进的五大技术创新领域。

① 先进能源集成管理系统。利用大数据分析、人工智能、先进的传感器和物联网技术构建一系列智能能源集成管理系统（如HEMS、BEMS和FEMS等），以实现对建筑、交通和家庭用电信息的实时监测、采集和分析，从而实现对用户用电情况实时性、全局性和系统性远程调控、优化管理，实现“管理节能”和“绿色用能”。

② 节能领域。包括创新制造工艺和超轻量耐热结构材料。

③ 储能领域。新一代蓄电池以及氢燃料制备、存储和使用。

④ 可再生能源发电领域。包括新一代光伏发电技术、新一代地热发电技术。

⑤ 二氧化碳固定及有效利用。

欧盟也在环境科技创新方面进行了大量的投入。2012年，欧盟计划投入3500万欧元，用于支持42个环境创新项目，包括节能减排、提高能效、资源有效利用、生态环保、建筑节能、环保新材料、生物多样性等环境领域的各个方面。

2.2.2 环境技术管理体系

生态环境部（原环境保护部）副部长赵英民指出，环境技术管理体系是以解决环境管理制度实施中的技术支撑问题、提高环境管理有效性为目标，建立以污染防治技术政策、最佳可行性技术导则、技术评估和技术示范与推广为核心内容的环境管理管家体系，能够为污染源稳定达标排放、污染物总量削减和环境保护目标的实现提供可靠的技术保障[57]。

国家环境技术管理体系主要由技术指导文件、技术评价制度、技术示范与推广机制三部分组成。技术指导文件如图 2-4 所示，包括污染防治技术政策、污染防治最佳可行技术导则和环境工程技术规范。

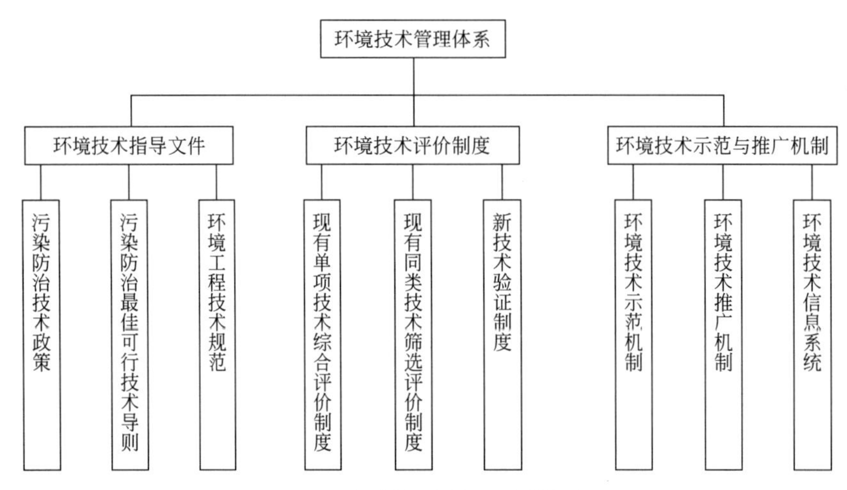

图 2-4 国家环境技术管理体系

环境技术管理体系是联系环境科技创新体系和环境标准体系的纽带，为环境管理各个环节提供技术支撑，其内部关系及其作用见图 2-5。环境技术管理体系为环境标准的制定与实施提供技术依据和技术保障，同时引领环境科技创新，促进环境标准技术的进步，不断地改善环境质量，使环境管理进入良性循环。

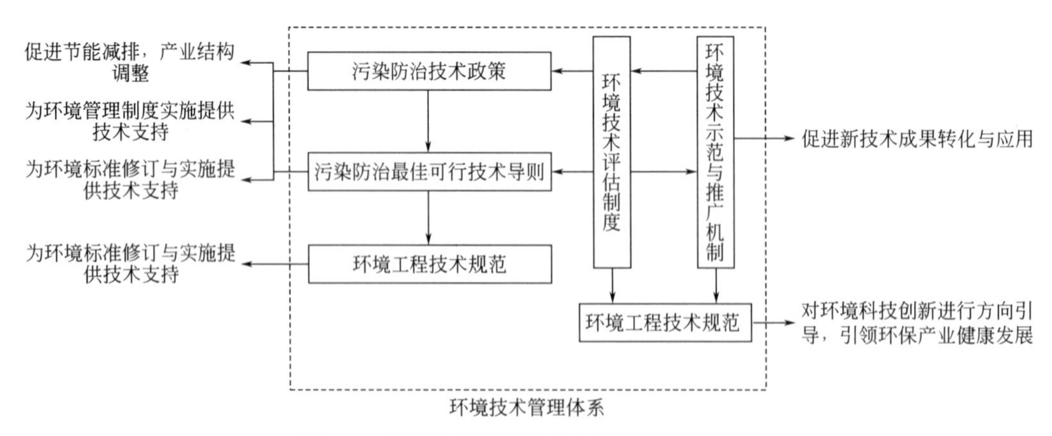

图 2-5 环境技术管理体系内部关系及其作用

“十五”期间我国设立了国家科技发展的目标，即围绕国家“十五”至2010年期间的环境保护目标，针对已经出现和将要出现的重大生态和环境问题开展攻关。到2005年，我国在环境综合决策、污染控制、环境质量改善、生态保护、环保产业发展方面的贡献率达到60%以上。将环境科技发展计划纳入环境保护计划，在科学决策过程中推进环境科技进步。

2006年，国家环保总局下发了《关于增强国家环境科技创新能力的若干意见》，指出环境科技是环保工作的基础和建设环境友好型社会的重要支撑，进一步增强环境科技创新能力是加快推进历史性转变的迫切要求。设定的总体目标为：到2010年，通过实施环境科技创新、环保标准体系建设和环保技术管理体系建设三大工程，在知识创新的关键研究领域取得重大突破，环保技术法规、标准基本满足环境管理需要，环境技术管理体系初步建立，使科技支撑和引领环保事业发展的能力有较大提高。同时要建立以环境科技为基础的科学决策机制；以解决重大环境问题为出发点，突破环保事业发展的技术瓶颈；以环境管理制度创新研究为先导，引领环保事业发展；以环境质量标准和污染物排放标准为核心，提高环境保护执法和管理工作的水平；以建立环境技术管理体系为目标，增强技术创新能力；以新技术新工艺推广示范为重点，加大环保科技推广力度；引导环保新技术开发，促进环保产业发展；建设全国环境科技协作和资源信息共享平台；强化重点实验室和工程技术中心等基础平台建设；建立多元化的环境科技投入机制；创新环保科技投入管理机制；加强创新型环保科技队伍建设；加快培养和引进一批高层次环境科技创新人才；建立和完善科技信用制度和科技成果奖励制度；高度重视对环境科技工作的领导。

《国家环境保护“十一五”科技发展规划》指出，国际国内环境科技的发展呈现以下特点：a.研究手段更加先进；b.围绕原始创新、集成创新到消化吸收再创新，环境科技在基础研究、高新技术研究与成果应用转化等纵深层面同时展开，研发与应用结合更加紧密；c.研究视野更加开阔，环境科技对人类社会发展的导向作用愈加显现；d.国际合作主题更加突出。

“十一五”期间，环境科技需求重点：a.全面建设小康社会环境质量保障体系；b.城市化快速发展进程中面临的突出环境问题及科技需求；c.新型工业化和生态产业发展，大幅度减少工业污染物产生和排放；d.农业现代化过程中的环境问题与环境科技，包括农村面源污染、乡镇企业快速发展所带来的环境问题、农村有机废物污染、饮用水安全保障以及农村环境保护法律法规体系建设等；e.生态保育、修复与重建科技需求；f.核与辐射安全科技需求；g.循环经济发展的关键科技问题；h.重大流域水污染和区域大气污染控制科技需求；i.全球化的环境影响和国际环境履约科技需求；j.环境综合管理的科技发展需求。

到2010年，实现基本阐明我国区域性、流域性重大环境问题形成的机理和机制，以解决关键技术为核心，适当开展储备技术研究，实现我国重要区域（流域）环境污染综合防治关键技术的突破和创新；研究建立先进的国家环境监测预警体系、国家环境监管体系和核与辐射环境安全管理体系；进一步研究完善国家宏观环境管理决策的政策法规和标准体系；基本形成应对全球变化与履行国际环境公约的科技支撑；建设环境保护国家重点实验室和国家实验室；基本完成环境科技体制改革，形成高素质的国家环境科技管理、研究、成果推广队伍，力争为“十一五”环境保护目标的全面实现提供完整的环境科技支撑。

“十一五”期间，国家将主要污染物排放总量显著减少作为经济社会发展的约束性指标，着力解决突出环境问题，在认识、政策、体制和能力等方面取得重要进展。化学需氧量、二氧化硫排放总量比2005年分别下降12.45%、14.29%，超额完成减排任务。污染治理设施快速发展，城市污水处理率由2005年的52%提高到72%，火电脱硫装机比重由12%提高到82.6%。江河湖泊休养生息全面推进，重点流域、区域污染防治不断深化，环境质量有所改善，全国地表水国控断面水质优于Ⅲ类的比重提高到51.9%，全国城市空气二氧化硫平均浓度下降26.3%。

“十二五”期间，国家在环境保护科技领域的投入将达到220亿元，其中10亿元用于战略性新兴环保产业的培育。加大对战略性新兴环保产业等12个领域的投入，加快国家环境保护重点实验室、国家环境保护工程技术中心及国家环境保护野外观测研究站的建设。到“十二五”末，初步构建起国家环境科技理论体系，建立起以总量削减和源头控制为核心的环境综合管理技术支撑体系及应对生态退化的全防全控科技支撑体系，研发出一批具有核心竞争力的环境污染物控制与生态保护关键技术，形成与国家环境科技需求相适应的环境科技创新能力。在“十一五”基础上，《国家环境保护“十二五”科技发展规划》设定到2015年，实现主要污染物排放总量显著减少，城乡饮用水水源地环境安全得到有效保障，水质大幅提高，重金属污染得到有效控制，持久性有机污染物、危险化学品、危险废物等污染防治成效明显，城镇环境基础设施建设和运行水平得到提升；生态环境恶化趋势得到扭转；核与辐射安全监管能力明显增强，核与辐射安全水平进一步提高；环境监管体系逐步健全等主要目标。“十二五”环境保护主要指标见表2-5。

表2-5 “十二五”环境保护主要指标

序号	指标	2010年	2015年	2015年比2010年增长率
1	化学需氧量排放总量/万吨	2551.7	2347.6	−8%
2	氨氮排放总量/万吨	264.4	238	−10%
3	二氧化硫排放总量/万吨	2267.8	2086.4	−8%
4	氮氧化物排放总量/万吨	2273.6	2046.2	−10%
	地表水国控断面劣Ⅴ类水质的比例/%	17.7	<15	最多−2.7个百分点
5	七大水系国控断面水质好于Ⅲ类的比例/%	55	>60	至少5个百分点
6	地级以上城市空气质量达到二级标准以上的比例/%	72	≥80	至少8个百分点

经过“十五”“十一五”及“十二五”的努力，我国初步形成了具有中国特色的全要素、全链条、全方位的环境科技创新体系，从地下到空中环境介质、从环境过程认知到产业化推广示范、从标准法规制定到环境风险管理等诸多方面，取得了一系列科技创新成果，为我国环境质量改善、环境风险控制、生态安全保障提供了有力的科技支撑，为环境领域“十三五”科技大发展奠定了坚实基础。但目前与主要发达国家相比我国环境科技发展尚存诸多不足，如：a.整体研究水平与发达国家存在差距。除局部处于领跑状态外，我国大部分环境科技基础研究与技术研发处于跟跑状态。b.原创性技术不多，核心技术掌

握不足。我国环境领域论文发表与专利申请数量位居世界前列，但总体质量不高，论文被引频次显著少于发达国家。环境领域技术创新能力不足，核心专利技术缺乏。c. 特有技术缺乏，自主研发能力薄弱。d. 研究与应用脱节，产业化水平低。我国环境技术研发主体是高校和研究院所，企业创新能力不足，研发实力需大幅提高以增加国际竞争力。

2017 年 5 月，科技部联合环境保护部（现生态环境部）、住房和城乡建设部、国家林业局和中国气象局等部门，印发了《"十三五"环境领域科技创新专项规划》，明确了"十三五"时期环境保护科技创新的指导思想、发展目标、重点任务和保障措施，是国家在环境保护领域科技创新的专项规划，是实现生态环境"绿水青山"的科技行动指南。

2.2.3 科技创新与社会经济

科技创新是推动经济可持续发展的重要生产力，环境科技创新将是解决环境保护和经济协调发展的有效途径。20 世纪 90 年代以来，美国依靠科技创新，特别是信息技术的创新，领先发展了"新经济"，实现连续 9 年快速增长。科技进步贡献率是反映科技进步对经济增长贡献的指标，既能科学判断科技创新对经济发展的作用，又能衡量经济增长质量。2015 年国家创新指数报告中指出，近十年中国科技进步贡献率呈平稳增长态势，2014 年达到 54.2%，比 2003 年提高 14.5 个百分点[58]。Magat[59] 指出，技术创新是环境保护企业在经济绩效间权衡的重要决定因素。政策制定者认为，管理创新是部门或国家生产力提升的重要驱动力[60]。管理创新的作用在于提高生产力，改进产品质量并维持竞争力。Romer[61] 提出，知识积累引起的内生技术进步是经济增长的源泉。

2.2.3.1 技术进步与经济增长

19 世纪中叶，以美国经济学家 Solow[62] 为代表的新古典经济增长理论首次将技术进步纳入经济分析的视野，利用希克斯中性技术进步生产函数提出用"余值法"计算科技进步贡献率的索洛模型（增长速度方程），认为技术进步是经济增长的决定因素。英国经济学家 Freeman 按照技术创新对经济系统的影响大小，将技术分为以下 4 类。

① 渐进创新，即对现有产品和工艺进行不同程度的修改，常常通过"干中学"获得，并且尝试市场需求推动。

② 根本性创新，即产生全新的产品和生产工艺，一般为企业、高校或科研院所的科研成果。

③"技术体系"变革，即根本性创新、渐进创新及组织创新同时发生。

④"技术经济范式"变革，导致整个经济系统做出相应重大、深刻的变化。

Murat Iyigun[63] 认为，发明和创新能够相互补充推动经济增长。Michael Fritsch 等[64] 通过实证研究指出，不同区域技术创新之间的明显差异与 R&D 活动的生产率有关，与同区域内其他创新主体的 R&D 活动所产生的 R&D 溢出有关。Cobb 和 Douglas[65] 共同研究提出了 Cobb-Douglas 生产函数模型，通过资金投入、劳动力投入和产出等计算科技进步率。Devinney 利用面板数据对专利和经济增长之间的关系进行评价，发现二者之间存在显著的正向影响关系。Mcaleer 等[66] 经过研究发现专利授权率提高是 GDP 增长的格兰杰原因。Blind 等[67] 利用 Cobb-Douglas 函数对欧洲国家的 12 个部门进行研究，发现专利存量和技术标准存量对经济增长具有重要影响。

我国研究者柳卸林[68]从理论角度分析了技术创新和经济增长之间的关系。朱勇等[69]采用微观计量经济学综列数据研究方法，研究了我国八大经济区区域技术创新水平对区域经济增长的影响差异，结果表明技术创新能力与经济发展水平有较高的关联性。张果、张楠等[70,71]将R&D和专利数作为反映技术创新的两个主要指标，分别运用结构方程模型和向量自回归模型来研究技术创新对经济增长的影响，得出R&D投入对于专利正向影响，进而证明了专利对经济的促进作用。赵树宽等[72]以VAR模型为基础，综合运用Granger因果检验、Johansen协整检验、脉冲相应函数和方差分解等方法，研究了技术创新与经济增长之间长期的动态关系，研究结果表明技术创新是经济发展的基本动力，在长期内促进经济增长。

技术标准的形成为产业内企业技术创新活动树立了明确目标和行为参照系，促进了产业技术的扩散与协同共享，为产业协同提供了接口，产业纵向和横向关联，以及高技术产业与传统产业的协同创新，推动了产业结构的优化以及新兴产业的形成，进而促进了经济增长[72]。Jungmittag和DTI等[73,74]分别度量了标准对德国和英国经济增长的贡献。DTI明确提出标准是经济增长的关键因素。我国学者信春华等[75]分析了高标准促进经济增长的作用机理。刘振刚、于欣丽等[76,77]测算了不同时期标准对我国经济的贡献率。

2.2.3.2 绿色经济

随着资源环境问题日益突出，人们开始关注绿色经济理论的不断发展，如侧重宏观经济领域绿色GDP[78]、侧重生态环境的绿色指数[79]和侧重资源能源的全球替代能源指数等。张江雪等[80]将资源生产率和环境负荷作为产出，运用四阶段DEA对我国工业企业技术创新效率进行实证研究，结果表明环境因素有利于各省份工业企业技术创新效率的提高。

1994年，Braun & Wield首先提出了绿色技术的概念，常被称作环境友好技术或生态技术，是对减少环境污染，减少原材料、自然资源和能源使用的技术、工艺或产品的总称。一般把以保护环境为目标的管理创新和技术创新统称为绿色技术创新，其对缓解环境与经济之间的矛盾有着重要的意义。环境技术创新是在工业社会可预期的时间和空间内，从节约或保护资源、避免或减少环境污染的生产设备、生产方法和规程、产品设计以及产品发送的方法与技术等新产品或新工艺的设想产生到实现市场应用的完整过程，在这个过程中，包括新设想的产生、研究、开发、商业化生产、扩散等一系列活动[81]。

绿色经济是在可持续发展思想的指导下，融资源和环境问题于经济发展之中，以资源节约和环境友好为目标，实现经济效益、生态效益和社会效益相统一并最大化的经济模式[82]。在绿色经济模式下，环保技术、清洁生产工艺等众多有益于环境的技术被转化为生产力，通过有益于环境或与环境无对抗的经济行为，实现经济的可持续增长[83]。B. Saether[84]从挪威的实例出发，以低碳绿色能源技术为主要典型发展角度论述了环境制度体系的建立以及规范化更有利于现阶段绿色低碳技术的扩散；P. Berrone等[85]利用瑞典拥有的四个行业相对完整的面板数据进一步分析了整个行业采纳的末端治理以及清洁技术两种方式所需要的战略性驱动因素。

近年来，国内外学者在内生增长模型中引入环保政策、节能技术和可再生能源等因素，通过政府管制、技术进步和能源替代来模拟环境污染、资源消耗与经济增长的关系。

Schou[86] 通过构建包括消费性生产部门、不可再生资源使用部门、人力资本部门三部门的增长模型，分析环境污染、资源消耗与经济增长的关系。生产函数、人力资本积累方程、污染方程分别表示为：

$$Y_t = B_1 K_t^{\theta_1} (u_t h_t N_t)^{\theta_2} E_{Xt}^{\theta_3} \quad (0 < B_1 < 1) \tag{2-1}$$

$$h_t = B_2 (1 - u_t - l_t) h_t \quad (0 < B_2 < 1) \tag{2-2}$$

$$P_t = B_3 M_t^{-\alpha_1} E_{Xt}^{\alpha_2} G_t^{-\alpha_3} \tag{2-3}$$

式中 Y_t——t 时期的社会总产出；

K_t——资本投入；

h_t——代表性家庭在第 t 时期对人力资本的投资；

$u_t h_t$——有效劳动时间；

$u_t h_t N_t$——有效劳动力；

B_1，B_2，B_3——排污的技术参数；

$1 - u_t - l_t$——代表性家庭在 t 期从事学习活动的时间；

P_t——t 时期的排污总量；

E_{Xt}——不可再生资源投入；

M_t——代表性家庭资源提供的污染防治支出；

G_t——政府提供的污染防治支出。

结果表明当人力资本存在的正外部性且污染的负外部性不存在时，存在政府干预的经济增长率及人力资本的增长率，将大于不存在政府干预的经济增长率及人力资本的增长率（Schou，*polluting non-renewable resources and growth*）。

Jensen 等[87] 运用一般均衡模型，分析了事前环保政策和事后的环境管理工具对经济增长的影响。最终产品部门的生产函数、中间产品部分的生产函数、污染的累积方程和政府部分的污染支出分别表示为：

$$Y = \left(\int_0^N y_i^{\eta} d_i \right)^{\frac{1}{\eta}} \tag{2-4}$$

$$| y_t = A k_i^{\theta_i} e_{x_i}^{\theta_2} h_i^{\theta_3} h_i^{\theta_4} - \mu | \tag{2-5}$$

$$P = \left(\int_0^N e_{xi} d_i / G \right) - \xi P \tag{2-6}$$

$$G = \int_0^N \tau_e e_{xi} d_i - TR \tag{2-7}$$

式中 Y——最终产出；

y_i——各种中间产品；

A——生产参数；

k_i，h_i——中间产品生产过程中使用的资本和有效劳动；

e_{xi}——当期第 i 个中间厂商使用的不可再生能源；

τ_e——排污税税率；

μ——企业进入市场的前期环保投入；

P——环境污染随时间变化程度；

ξ——环境自净速率；

G——政府的治污支出；

TR——政府的转移支付。

研究结果表明，政府治污支出份额较小时，经济体存在唯一均衡，当政府的污染防治支出份额足够大时，经济体存在多重均衡。政府的污染防治支出不仅可以有效地减缓经济体系的平衡问题，而且能加速经济增长。降低政府补贴进入企业的前期环保投入，将吸引更多的企业进入，进而促进经济增长。

我国学者李冬冬等[88]构建了包含四部门的内生经济增长模型，研究政府公共投资、有政府补贴的企业投资和无政府补贴的企业投资三种不同减排研发投资模式下的经济和环境效果，结果表明，有政府补贴的企业投资下的经济增长率最高，但污染水平也相对较高，需要选择合适的研发补贴率降低污染，使经济增长率和社会福利水平最优；王庆晓等[89]基于C-D生产函数，综合考虑环境和能源这两个制约经济高速发展的因素构建了内生经济增长模型，并对节能减排下的经济可持续发展进行了分析。闫晓霞等[90]构建包括R&D技术进步、资源的可耗竭性和环境质量清洁标准的内生经济增长模型，对模型求解得出结果，增加治理污染研发的投入，不仅会带来经济的可持续增长，还会降低污染排放；随着对治理污染研发投入的增加，同样的投入所研发出的技术难度会越来越大，污染排放的治理效果越来越不明显。

我国重大科技项目分析

3.1 科技投入概况

近年来，国家投入大量的科技经费以支持国家科技发展规划及科技项目的实施。2000～2015年，国家财政科技拨款逐年升高，由575.6亿元增长到7005.8亿元，增幅约为2000年的12倍。2000～2010年，科技拨款占国家公共财政支出的比例由3.62%增长到4.67%；2011～2015年，由于公共财政总支出的提高，科技拨款所占比例略有下降。

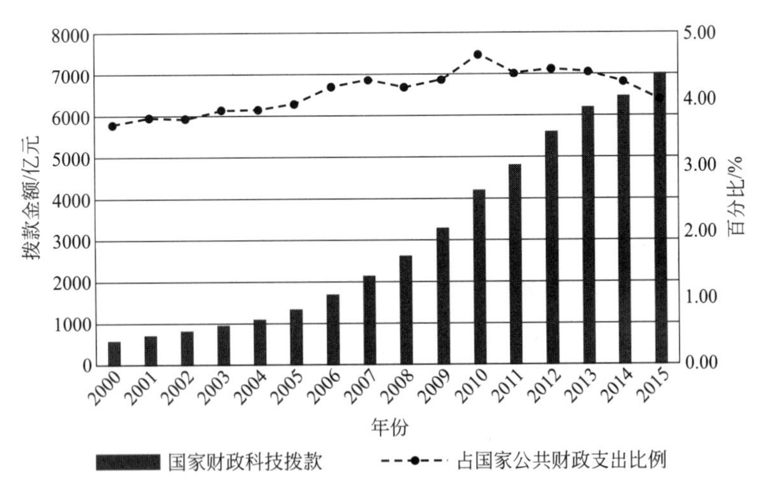

图3-1　2000～2015年国家财政科技拨款及比例

注：数据来源于全国科技经费投入统计公报（2011～2015年）。

2006～2013年，启动的国家科技计划项目数量如表3-1所列，项目资金投入如表3-2所列。“十一五”期间，国家科技计划共安排项目（课题）51904项，国家科技重大专项项目（课题）3000项，中央财政拨款近500亿元。国家科技计划中央财政拨款932.28亿元，其中国家科技基础条件建设项目898项，中央财政拨款122.58亿元；政策引导类计划及专项46394项，中央财政拨款220.32亿元[❶]。国家科技计划项目投入大量的人力资源，863计划、973计划及科技支撑计划人力投入情况如表3-3所列。其中，国家科技支撑计划、973计划涉及能源、资源环境领域的相关研究，2006～2015年，国家在该领域的投资如表3-4所列。

表3-1　2006～2013年启动国家科技计划项目数量　　单位：项

年份	项目	国家科技重大专项	国家重点基础研究发展计划	863	科技支撑计划	国际科技合作专项	星火计划	火炬计划	国家重点新产品计划	国家软科学研究计划	重大科技创新基地建设项目	其他政策引导类项目[①]
2006年	14110		72	2841	147	276	1877	1662	1800	193	389	4853
2007年	11896		81	2520	259	170	1834	1850	1485	203	430	3064
2008年	14307	167	79	1220	140	233	1645	1876	1645	331	28	6943
2009年	11548	2500	123	110	111	292	454	131	337	219	36	7235
2010年	—	333	145	20	72	470	1788	1890	1530	176	35＋	—
2011年	15191	657	191	82	233	352	2167	2108	1384	101	79	7837
2012年	15591	613	187	229	391	329	1473	2139	1206	160	35	8829
2013年	14034		171	115	229	410	1807	1768	1367	214	5	7948

① 其他政策引导类项目包括科技型中小企业技术创新基金、科研院所技术开发研究专项资金、农业科技成果转化资金、科技富民强县专项行动计划、科技基础性工作专项、国家磁约束核聚变能发展研究专项、国家重大科学仪器设备开发专项、科技惠民计划、国际热核变实验堆(ITER)计划专项等。

注:“—”表示未查到确切数据

表3-2　国家科技计划项目资金投入　　单位：亿元

年份	国家科技重大专项	国家自然科学基金	国家重点技术研究发展计划	863	科技支撑计划	国家科技合作专项	星火计划	火炬计划	国家重点新产品计划	国家软科学研究计划	重大科技创新基地建设项目	其他政策引导类计划项目
2006年			13.5418	37.9501	30	3	2.9736	1.0825	1.39	0.1287	9.7005	14.4562
2007年		43.3	16.4	44.4	54.41	3	1.5	1.39	1.4	0.13	23.72	22.74
2008年		53.6	19	55.92	50.66	4	2	1.52	1.5	0.25	21.91	24.62
2009年	300	64.3	26	51.15	50	4.67	2.19	2.28	2	0.27	30.41	48.94
2010年	62	103.8	115	51.15	50	15.9	2	2.1875	2	1.0335	29.19	74.348
2011年	240	140.4	45	51.15	55	12.5	3	3.2	3	0.35	34.02	72.24
2012年	138	170	40	55.15	64.26	7	2	2.2	2	0.25	37.48	86.5
2013年	128.5	161.6	40.55	52.03	61.26	7.54	1.88	2.07	1.87	0.25	32.64	88.85

❶“十一五”国家科技计划执行概况，国家科技计划年度报告，2011年。

表 3-3 2006～2013 年国家重点科技计划项目人力投入 单位：万人

年份	863 计划		973 计划		科技支撑计划	
	总数	高级职称	总数	高级职称	总数	高级职称
2006 年	4.8	1.8	2.14	0.79	3.34	1.38
2007 年	5.02	1.82	4.3	1.65	7.08	3.03
2008 年	9.56	3.23	4.77	1.81	13.34	5.36
2009 年	10.93	3.7	6.22	1.97	15.85	6.39
2011 年	6.42	2.11	5.89	1.72	8.06	3.07
2012 年	8.13	2.79	5.43	1.6	7.68	2.88
2013 年	7.55	2.46	6.94	1.94	13	4.84

表 3-4 国家计划科技项目在能源、资源环境领域资金投入 单位：亿元

年份	国家科技支撑计划			973 计划	
	能源	资源	环境	能源	资源环境
2006 年				0.9	1.24
2007 年				1.56	1.53
2008 年	2.41	4.34	3.32	1.68	1.82
2009 年	1.59	4.28	3.77	2.4	2.37
2010 年	1.55	3.43	3.88	2.97	2.42
2011 年	1.76	3.63	4.74	3.21	2.18
2012 年	2.38	2.77	3.9	1.9	2.83
2013 年	2.2	2.55	4.21	2.32	2.06
2014 年	2.4	3.2	5.17	2.56	2.48
2015 年	3.06	3.52	4.6	2.86	2.35

3.2 科技产出分析

3.2.1 科技论文统计分析

科技论文是科技活动的重要产出形式之一，可从不同层面反映我国在基础研究、应用研究等方面开展的工作及其与国内外科技界的交流情况[1]。2005～2015 年，国内科技论文数量稳步增长，2015 年我国发表国内科技论文 56.95 万篇，比 2005 年增长 60.4%。2015 年我国发表 SCI 论文 29.68 万篇，占世界总量的 16.3%，排世界第 2 位，与 2006 年相比，增长 3.18 倍。其中，国际合作论文由 2006 年的 1.9 万篇增长到 2015 年的 7.5 万篇，主要合作国家为美国、日本、英国、德国、加拿大和澳大利亚。

我国各个阶段 SCI 论文的引用情况如表 3-5 所列。近几年，我国发表 SCI 论文数量及

[1] 2006 年中国科技论文统计分析，科学技术部发展计划司。

引用次数增速显著，篇均引用次数由4.6次增长至8.55次，与世界平均水平差距逐渐缩小，但仍存在一定差距。

表 3-5 我国 SCI 论文引用情况

时间段	数量/万	排名	引用频次/万	篇均引用次数/次	世界平均值/次
1998～2008年	57.35	5	265	4.6	9.56
1999～2009年	64.97	5	340	5.2	10.06
2004～2014年	136.98	2	1037.01	7.57	11.05
2005～2015年	158.11	2	1287.60	8.14	11.29
2006～2016年	174.29	2	1489.85	8.55	11.50

3.2.2 专利统计分析

2006～2015年我国申请及授权国内专利的数量如图3-2所示。国内发明专利申请及授权量逐年升高，2015年发明专利申请量为96.83万件，授权量为26.34万件，授权率为27.20%，分别为2006年的7.92倍、10.49倍和1.33倍；2015年实用新型专利申请量为112.76万件，授权量为86.87万件，分别为2006年的7.05倍和8.17倍；2015年外观设计专利申请量为55.15万件，授权量为46.48万件，分别为2006年的2.93倍和5.02倍。

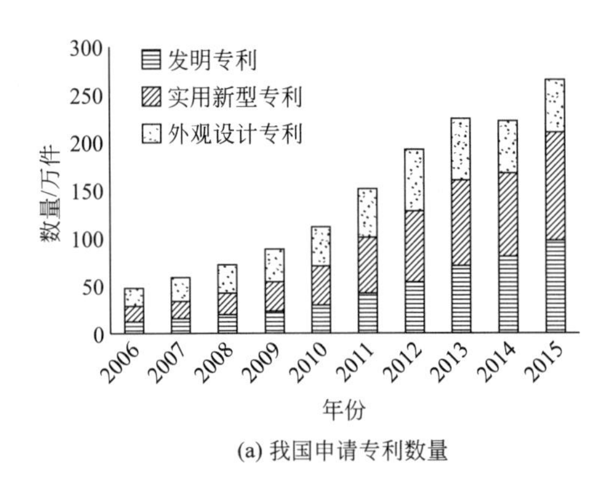

(a) 我国申请专利数量

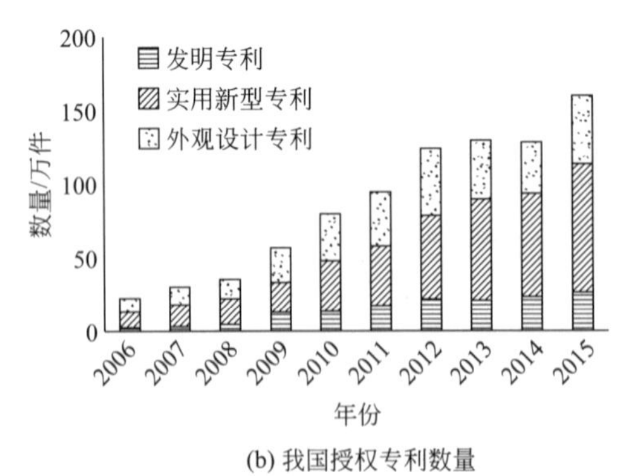

(b) 我国授权专利数量

图 3-2 2006～2015我国申请及授权国内专利数量

我国申请及获得国外专利的数量如图 3-3 所示，发明专利的申请量和授权量约占申请和授权专利总量的 85％和 75％。2015 年申请国外发明专利 13.36 万件，实用新型专利 0.79 万件，外观设计专利 1.76 万件，分别为 2006 年的 1.51 倍、5.64 倍和 1.32 倍；2006 年和 2015 年发明专利授权率分别为 37.07％和 71.78％。

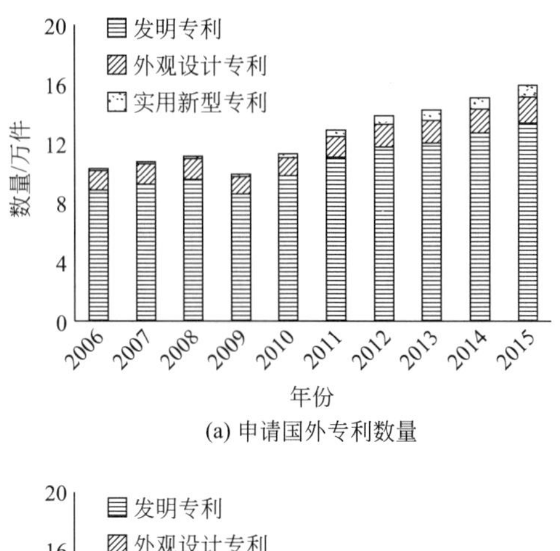

(a) 申请国外专利数量

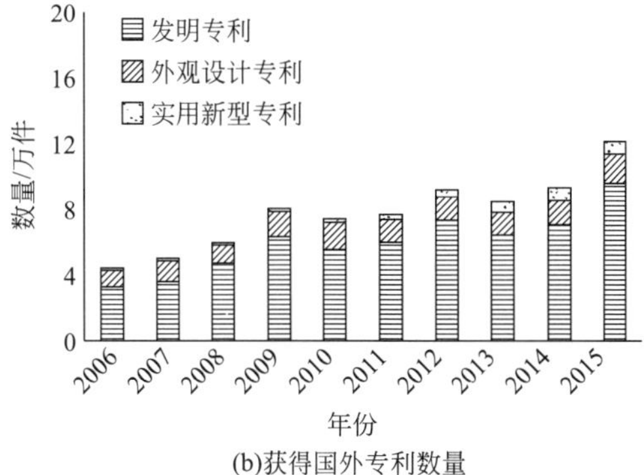

(b)获得国外专利数量

图 3-3 我国申请及获得国外专利数量

3.2.3 重大科技成果产出

2006～2015 年，我国重大科技成果产出如表 3-6 所列，近 87％的成果为应用技术，基础理论类及软科学成果产出相对较少，分别占 8.5％和 4.3％。按行业分，技术成果主要分布在制造业、卫生和社会工作、农林牧渔业以及科学研究和技术服务业等行业。

表 3-6 我国重大科技成果产出　　单位：件

年份	成果总量	基础理论	应用技术	软科学
2006 年	33644	2107	30103	1434
2007 年	34170	2509	29956	1705
2008 年	35971	3227	30847	1897
2009 年	38688	2997	33905	1786
2010 年	42108	3288	37029	1791

续表

年份	成果总量	基础理论	应用技术	软科学
2011 年	44208	3083	39218	1907
2012 年	51723	5995	43234	2494
2013 年	52477	3918	46456	2103
2014 年	53140	5117	46091	1932
2015 年	55284	5115	48363	1806

2009～2015 年共申请集成电路布图设计 10416 件，发证 9483 件，如图 3-4 所示。2009～2015 年累计申请农业植物新品种 15552 件，授权 6258 件，授权率为 40.24%，包括大田作物、蔬菜、花卉、果树及牧草等品种（图 3-5）。

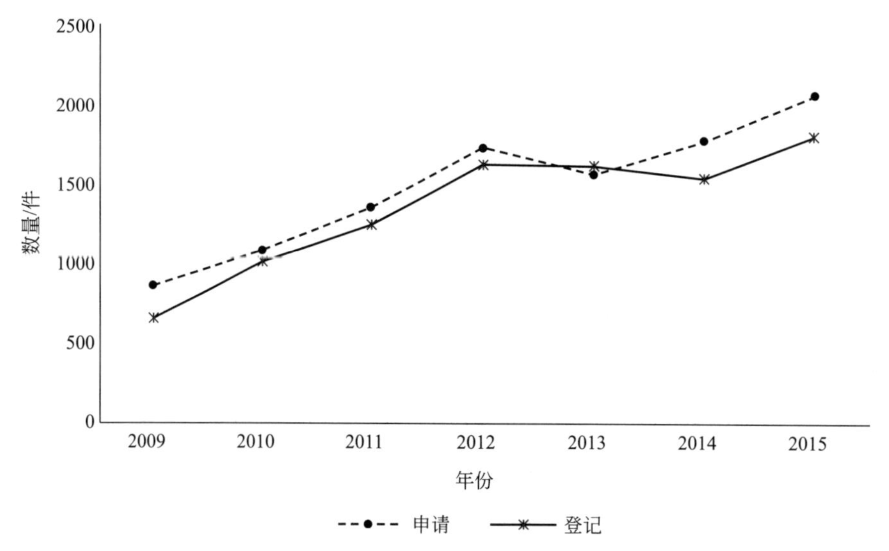

图 3-4　我国集成电路布图设计登记申请和登记发证

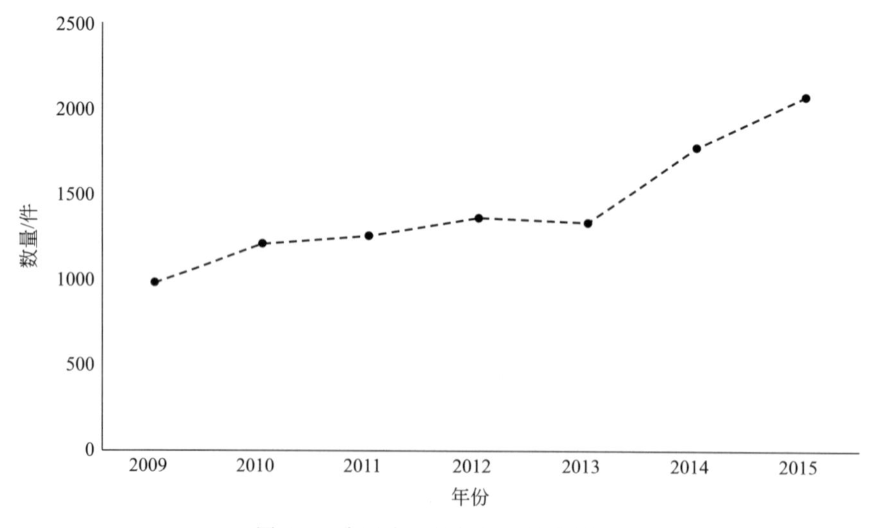

图 3-5　我国农业植物新品种申请量

2006～2015年，我国技术市场成交合同数逐年上升（图3-6和表3-7）。由2006年的205845项增长到2015年的307132项，其中主要包括技术开发、技术转让、技术咨询和技术服务等。大约53%的技术成交合同涉及知识产权，其中技术秘密占比最多，约为31%；其次为计算机软件，占比为17%；此外，还包括发明专利、实用新型专利、外观设计专利、动植物新品种、集成电路布图设计以及生物医药新品种等。从技术领域看，成交合同数量最多的为电子信息技术，其次为城市建设与社会发展技术，先进制造业技术，环境保护与资源综合利用技术，生物、医药和医疗器械技术等，主要用于社会发展和社会服务、促进工业的发展、能源的生产和合理利用、技术设施的发展以及环境治理与保护等。

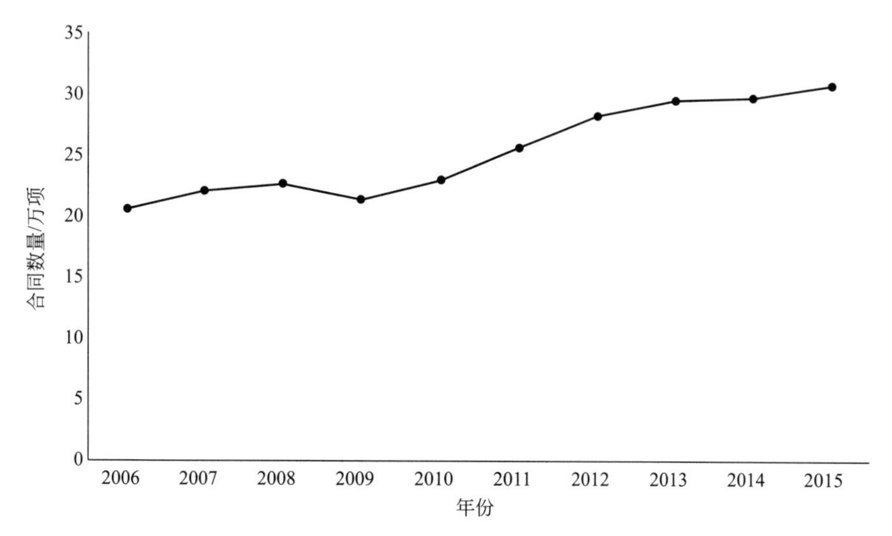

图3-6　2006～2015年我国技术市场成交合同数

表3-7　我国环境领域技术成交合同数　　单位：项

年份	成交合同数	环境保护与资源综合利用技术	环境治理与保护技术合同
2006年	205845	21550	16030
2007年	220868	24656	16614
2008年	226343	26669	19217
2009年	213752	21407	15136
2010年	229601	20236	14892
2011年	256428	20880	15127
2012年	282242	21300	14631
2013年	294929	21707	19554
2014年	297037	18436	17964
2015年	307132	20887	18575

2006～2015年，我国环境保护与资源综合利用技术成交合同数基本保持稳定，年均成交量为21773项；环境治理与保护技术合同年均成交量为16774项。2008年成交量最高，分别为26669项和19217项。

3.3 重大科技项目成果产出

3.3.1 “973计划”项目成果产出

“十一五”期间，“973计划”共启动项目497项，总投入经费115亿元，约25.09万人参与项目的研究和实施。这期间，共发表国内外科技论文约16万篇，其中SCI、EI收录98268篇，授权发明专利5607项，获国家奖项224项，培养研究生6.9万人[1]。2011～2013年，“973计划”共启动项目549项，总投入经费约125.55亿元，参与研究人员数为18.26万人，发表科技论文约10.5万篇，其中国外论文5.7万篇，申请发明专利14715项，授权发明专利5902项，授权率为40.11%，制定技术标准220项，培养博士研究生1.85万人，硕士研究生2.78万人（表3-8）。

表3-8 973计划项目科技成果产出

年份	科技论文产出/篇	国外论文/篇	专著/万字	专利/项	发明专利/项	授权专利/项	授权发明专利/项	技术标准/项	正在制定标准/项	人才培养博士/万人	人才培养硕士/万人
2008年	34081	20064	8497	3229	3031	1117	1046	39	56	0.66	0.82
2009年	38656	21998	9749	3824	3824	1477	1393	66	87	0.7	0.88
2010年	—	—	—	—	—	—	—	—	—	—	—
2011年	33383	11461	9147	4306	4070	1750	1643	68	86	0.63	0.85
2012年	31539	19828	7538	4791	4491	1969	1829	45	84	0.54	0.85
2013年	40888	26083	7495	6662	6154	2739	2430	107	149	0.68	1.08

注:“—”表示未见相关数据,不详。

“973计划”项目的实施，在大功率太赫兹辐射源、互联网体系结构和协议、钢铁领域、纳米材料、数字化制造、集成电路制造及光学分子影像成像等方面取得重大突破，实现了基础理论创新，解决了国家重大需求，服务于国民经济建设。在超导材料、国际强场原子物理领域、人类非编码RNA、喜马拉雅生物多样性演变和保护等多个科学前沿领域取得重大成果，提升了我国基础研究的国际地位。在节能减排、矿产资源、应对全球气候变化、应对金融危机以及地震灾害等方面取得一系列的成果，如长寿命太阳能电池及新型二次电池的研究、大型矿床的发现、灰霾的数值预报方法等。在农业、人口与健康领域的基础研究水平显著提升，在农作物等的基因组及分子基础研究、农林危险生物入侵机理与控制、急性早幼粒细胞白血病治疗、免疫性疾病研究、神经系统疾病遗传机制、糖尿病防治与治疗等基础研究领域取得一系列成果，为提高人民生活质量和生活水平奠定了科学基础。同时，量子通信及量子信息、功能纳米材料的研究取得重大突破，量子电话网使得量子通信展现了它的实用价值。

[1] 国家科技计划2011年年度报告。

3.3.2 “863计划”项目成果产出

“十一五”期间，“863计划”（民口）共设置信息技术、生物和医药技术、新材料技术、先进制造技术、先进能源技术、资源环境技术、海洋技术、现代农业技术、现代交通技术和地球观测与导航技术等10个高技术领域，启动38个专题、30个重大项目和318个重点项目，总共立项8216项。这期间，“863计划”项目累计安排课题经费637.2亿元，其中中央财政拨款240.61亿元；共有42.1万人参与“十一五”863课题的研究，其中包括高级职称14.45万人，中级职称8.91万人。发表国内外科技论文14.5万篇，出版专著1500多部，申请发明专利3.8万项，获得授权8968项，授权率为23.24%；制定技术标准3204项，获得国家科技奖励200余项。此外，完成成果转让1000余项，转让金额超过10亿元；同时，培养博士研究生3.64万人，硕士研究生6.28万人。2011～2013年，启动项目426项，投资158.33亿元。发表科技论文5.1万篇，其中国外论文2.66万篇。申请专利23570项，其中发明专利占79.21%，授权专利为8328项，发明专利占66.07%；制定技术标准1846项。培养博士研究生0.96万人，硕士研究生2.18万人[1]（表3-9）。

表3-9 863计划项目科技成果产出

年份	科技论文产出/篇	国外论文/篇	EI/SCI/ISTP/篇	专著/万字	专利/项	发明专利/项	授权专利/项	授权发明专利/项	技术标准/项	正在制定标准/项	培养博士/万人	培养硕士/万人	国家科技奖励/项	省部级奖励/项	成果转让数量/项
2008年	36505	14642	15000	13910	10570	8785	2583	1721	601	852	0.61	1.27	76	400	500
2009年	43337	18212	1.5	18321	12849	10709	3763	2643	712	1090	0.69	1.5	76	300	300
2010年	—	—	—	—	—	—	—	—	—	—	—	—	—	—	—
2011年	20460	11619	7000	4692	7245	5790	2860	2051	563	537	0.36	0.78	17	136	337
2012年	15273	7189		3978	7910	6229	2773	1815	606	742	0.31	0.71	—	—	185
2013年	15662	7788		2547	8415	6651	2695	1636	677	799	0.29	0.69	—	—	—

注：“—”表示未见相关数据，不详。

在信息技术领域，完成了“天河一号”“曙光星云”“神威蓝光”以及“天河二号”高性能计算机系统，使我国在超级计算系统研制方面处于国际领先地位。在服务器、无线通信和量子通信、光通信等方面取得重大突破。在生物和医药领域，干细胞研究、疫苗领域若干重大品种取得进展，打破诊断产品垄断状态，突破了器官移植核心关键技术。在新材料技术领域，成功研制超薄平板卫星天线、迷你射频滤波器以及双频内置式路由器天线等超材料产品，光纤耦合全固态激光器、钛合金人体组织器官替代与修复用关键材料技术、超高纯稀土金属成套制备技术、基于细旦复丝的预浸料高性能纤维及复合材料，建成了年产百万平方米的、性能优于国际先进水平的膜产品，填补了我国TIPS高强度PVDF膜材料的空白。在先进制造领域，3600t大型履带式起重机、8m级硬岩及大型金枪鱼围网捕

[1] 国家科技计划年度报告，国家高技术研究发展计划。

捞设备取得突破性进展。在智能机器人技术、微纳制造技术及制造服务方面取得多项进展，在智能电网、洁净煤、太阳能发电及储能等先进能源领域取得进一步发展。

在资源环境领域，我国地下金属矿智能化开采五大核心智能装备和技术、大功率交流变频驱动和控制系统在大型矿用挖掘机上得到集成应用，燃煤电厂电除尘提标技术实现突破，10 万道地震数字采集系统进展显著，氰化尾渣硫铁资源高效利用技术和含铬废皮渣资源化利用技术实现产业化。在海洋技术领域，“蛟龙号”载人潜水器研制和海试项目通过项目验收，使我国跻身世界载人深潜先进国家行列。在现代农业领域，抗病高产优质粳稻新品种选育及应用、主要农作物功能基因组研究取得丰硕成果，使我国作物功能基因组研究跻身世界强国的行列，主要农作物强优势杂交种育种技术居于国际领先地位，海洋生物分子育种研发跻身国际先进水平。在现代交通领域，混合动力客车产品及乘用车电驱动系统取得较大进展，研制出高集成度通用航电系统样机。在地球观测与遥感领域，高性能战略性载荷核心技术与关键设备研制取得重要进展，突破了多项遥感卫星性能提升的关键技术。

3.3.3 科技支撑计划项目成果产出

“十一五”期间，国家科技支撑计划共启动实施项目 729 项，设置课题 4817 个，经费投入 803.43 亿元。56.99 万科研人员参与课题实施与研究，其中高级职称人员 22.93 万人，中级职称 15.06 万人。在“十一五”启动的项目中，21%用于支持国家重大工程的相关技术和装备开发，有效支撑了三峡工程、青藏铁路、京沪高铁、西气东输、南水北调等重大工程建设和北京奥运会、上海世博会的成功举办[1]。科技支撑计划的科技成果产出如表 3-10 所列，“十一五”期间产出大量的科技论文、专利及专著，制定万余项技术标准，培养博士研究生及硕士研究生分别为 1.8 万人及 4.9 万人，获得国家科技奖励 283 项，省部级奖励 2410 项。2008 年和 2009 年产生的经济效益新增产值分别为 293.27 亿元和 379.76 亿元，净利润分别为 46.57 亿元和 44.44 亿元。

表 3-10 国家科技支撑计划项目产出

年份	科技论文产出/篇	国外论文/篇	专著/万字	专利/项	发明专利/项	授权专利/项	授权发明专利/项	技术标准/项	正在制定标准/项	经济效益新增产值/亿元	净利润/亿元	缴税/亿元	出口额/亿美元	人才培养博士/万人	人才培养硕士/万人	国家科技奖励/项	省部级奖励/项
2008 年	27234	5045	22673	6715	4810	2001	1107	2146	3156	293.27	46.57	27.94	10.4	0.4	1.07	68	397
2009 年	36472	6668	33371	6208	6208	3101	1771	3073	3279	379.76	44.44	24.15	11.65	0.51	1.39	100	700
2010 年	—	—	—	—	—	—	—	—	—	—	—	—	—	—	—	—	—
2011 年	15618	3453	17024	4972	3235	2182	1103	1437	1259	959.56	53.29	23.92	7.21	0.25	0.69	20	223
2012 年	13660	3855	9544	5704	3877	2183	1215	1130	1079	171.27	37.42	7.36	1.74	0.31	0.63	—	—
2013 年	24359	7798	16023	10867	7481	4441	2190	1449	1818	227.94	21.62	14.22	9.61	0.37	1.16	37	468

注：“—”表示未见相关数据，不详。

[1] 国家科技计划年度报告 2012 年，2010 年国家科技支撑计划。

2011～2013年，国家科技支撑计划启动项目853项，投入资金180.52亿元，其中环境领域国拨专项经费约为14.8亿元，2013年环境类实施项目为63项。该期间科技支撑计划项目共发表国际科技论文15106篇，国内论文38531篇，申请专利21543项，获得授权8806项，其中申请发明专利14593项，获得授权发明专利4508项，制定技术标准4016项，培养博士研究生0.93万人，硕士研究生2.48万人。项目实施产生的经济效益显著，新增产值共1358.77亿元，净利润112.33亿元，缴税45.5亿元，出口额18.56亿元。

“十一五”期间，能源、资源与环境保护技术和装备研发取得多项重大成果，大功率风电机组、风电场介入电力系统关键技术以及西气东输二线管道工程关键技术取得重大突破，建设了世界上电压等级最高的±800kV特高压支流输电工程，气象环境预测预报技术系统业务水平大幅度提高。培育出农林植物新品种1797个，集成创新了一批代表性作物的丰产技术模式，动物健康养殖与疫病防控技术发展迅速，新型农业装备与农用物资研发取得新进展，为建设现代农业、提供农业综合生产能力和保障粮食安全等提供了有力的科技支撑。在材料、制造、信息等领域，可循环钢铁流程工艺技术取得突破，高精度铝合金板带热连轧生产线、高速列车铝型材的批量生产以及百万吨乙烯裂解气压缩及“三缸”联动机械运转试验顺利完成，提高了我国的自主创新能力，结束了对罐料板、高速列车车体材料等国外进口的依赖。同时，高速列车关键技术研究及装备研制取得重大突破，提高了我国客运周转能力、高速列车防灾能力等。

2011～2013年，国家科技支撑计划项目在能源、资源、环境、农业、材料、制造业、交通运输业、信息产业与现代服务业、人口与健康领域和城镇化与城市发展领域的科技成果显著，能源领域大功率海上发电、大容量钠硫电池、核电技术应用、太阳能利用、生物质发电技术、兰炭及碳氢尾气合成天然气等方面取得较大进展。在资源领域，开发了电解技术处理提钒废水、筒式回收锰的技术，废水循环利用率达100%，标志着我国在提钒技术方面达到国际领先水平。在材料领域，多晶硅改良材料、高性能篷盖材料及油气开采与储运用高品质耐蚀钢、半导体照明等方面取得重大突破，使我国自主开发的高性能篷盖材料产品处于国际先进水平，打破了国外对高品质耐蚀钢的垄断。

3.3.4 国家科技重大专项成果产出

国家科技重大专项自2006～2008年开始部署，2009年进入全面实施阶段。“十一五”期间，十六大专项共部署课题3000多个，中央财政经费投入近500亿元。2011年，民口10个重大专项新启动项目课题657个，中央财政拨款240亿元；2012年启动项目课题613项，拨款138亿元；2013年民口启动课题620个，中央财政拨款128.5亿元。国家科技重大专项民口十大专项的实施成效与经济效益和社会效益如表3-11所列[1]。

---

[1] 国家科技计划年度报告，2009～2013年。

表 3-11　国家科技重大专项成果产出及其效益和影响

时间	科技成果	效益及影响
"十一五"课题	核高基专项研制的飞腾-1000国产中央处理器(CPU)	在"天河一号"中得到验证和应用，标志着我国超级计算机核心芯片自主研发取得重大突破
	集成电路装备专项的62纳米介质刻蚀机	(1)达到世界领先水平，加工质量好，单位投资产品出量高，成本低； (2)工艺技术研发进入产业化阶段
	宽带移动通信专项的时分长期演进技术(TD-LTE)、第四代移动通信标准(TD-LTE-Advanced)	(1)设备和芯片研制、仪表开发、测试验证、标准化、业务组网等方面取得全面突破； (2)第四代移动通信标准成为第四代(4G)国际候选标准之一，我国向国际标准组织提交相关标准数量大幅上升
	新药创制专项研制出的治疗类风湿性关节炎的I类新药艾拉莫德、16个产品获得新药证书，22个产品提交新药注册申请	(1)艾拉莫德获得国家食品药品监督管理总局的批准，成为全球首家上市的同类新药； (2)36个药物大品种技术改造顺利实施，降低了生产成本
	传染病防治方面： (1)覆盖全国的传染病防控监测网络实验室； (2)具有自主知识产权的乙肝治疗性疫苗"乙克"	(1)实现传染病由点到面的应急监测和处置能力；初步构建符合国际标准并适合国情的人类免疫缺陷病毒(HIV)监测体系； (2)"乙克"有望成为世界上第一个乙肝治疗性疫苗
	转基因专项培育转基因抗虫棉新品种66个	(1)推广应用面积扩大到1.26亿亩； (2)转植酸酶基因玉米和转基因抗虫水稻获生产性安全证书
	水污染治理专项突破了化工、制药、粮食加工等行业污染物控源减排关键技术，研发了节能高效污泥脱水机等污水深度处理设备，建立了一批清洁生产示范线和大型污水处理示范厂	推动了节能减排与环境保护
	油气开发专项 (1)研制成功3000日深水半潜式钻井平台； (2)研制成功首个超万道级地震数据采集记录系统	(1)使我国油气工业生产能力实现从水深500m到3000m的跨越式发展，进入国际先进行列； (2)首个超万道级地震数据采集记录系统，成功通过2000道工程样机的野外对比试验及实际生产考核，数据传输能力比目前国际主流产品提高2～5倍
	大型核电站专项1000MW非能动先进压水堆蒸汽发生器大锻件、主管道和钢制安全壳容器等重大部件研制取得突破；高温气冷堆核电站中的大型氦气工程试验回路已全面安装调试，球形燃料元件生产关键设备和工艺研究取得重要进展	
	数控机床专项用于百万千瓦核电装备加工的数控重型五轴联动车铣复合机床、超重型数控卧式镗车研发成功	在第三代核电自主化建设中发挥关键作用；大型快速高效数控全自动冲压生产线在奇瑞汽车成功应用。世界最大的3.6万吨黑色金属垂直挤压机投入生产

续表

时间	科技成果	效益及影响
2011～2013年	核高基专项研制“申威1600”高性能CPU产品(8700颗);先进EDA工具平台实现批量推广	“神威蓝光”千万次超级计算机全部采用“申威1600”,填补了国产EDA工具的多项空白
	集成电路装备专项支持开发的刻蚀机、离子注入机	实现集成电路高端制造装备从无到有的突破
	宽带移动通信专项的TD-LTE规模技术	我国TD-LTE-Advanced入选4G国际标准
	油气开发专项快速与成像测井技术装备(EILog);第三代测井处理解释系统(CIFlog);CO_2天然气开发、CO_2驱油和埋存技术;远探测方位反射声波测井方法	EILog填补国内空白,使中石油集团跻身四大成像测井研制企业之一,推广到国内外17个油田使用;CIFlog处于国际领先地位,应用于多个油气田,为油气增储上产提供了强有力的科技支撑;提升了我国在碳捕集、利用与封存技术上的国际影响
	大型核电站专项超大型锻件产品成功应用于AP1000依托项目;20万千瓦高温气冷堆核电站	(1)标志着我国超大型锻件的技术水平进入世界先进行列; (2)全球首座具有丝带核能安全特征的20万千瓦高温气冷堆核电站
	(2)新药创制专项的抗非小细胞肺癌小分子靶向药物——盐酸埃克替尼(凯美纳);国家Ⅰ类生物溶栓新药重组人尿激酶原(普佑克)成功上市;维生素E产品质量标准成为国际标准	凯美纳成为我国首个具有自主知识产权的肺癌患者治疗靶向药物,改变了全部依赖进口的局面;普佑克成功上市,建立了完善的哺乳动物细胞大规模灌流培养生产平台;大批维生素E产品进入国际市场,打破了国外制药巨头的垄断
	数控机床专项“开合式大型热处理设备”;精密卧式加工中心替代进口设备;盘铣刀盘和刀片产品	填补国内空白,打破国外公司的技术垄断,有望结束该锻件完全依赖进口的局面;精密卧式加工中心达到世界一流水平;盘铣刀盘和刀片产品打破长期依赖进口的不利局面
	转基因专项培育66个抗虫棉新品种;利用转基因“三系”杂交棉育种技术培育了“银棉2号”等4个国审品种	抗虫棉累计推广2.17亿亩,使国产抗虫棉份额达到93%;“银棉2号”等品种使制种效率提高40%以上,制种成本降低60%以上,比常规抗虫棉增产25%以上,累计推广600万亩。基因克隆和遗传化技术达到世界先进水平
	水污染治理专项在“三河三湖一江一库”等重点流域开展研究示范;鞍钢4800t/d的废水处理及回用示范工程;北京、天津地区建成4个再生水示范工程;大型臭氧发生器;浸没式、压力式超滤膜组件	每天处理污水4800t,年减排COD 300t以上,减排苯并芘和总氰等高度性特征污染物90%以上,支撑了辽河流域的水质改善;具备年产2400万吨再生水能力;大型臭氧发生器达到国际先进水平;超滤膜组件在10余个中小水厂应用,改变了进口设备在国内市场的垄断局面
	全自动艾滋病毒核酸血筛体系及艾滋病成人国产药一线治疗方案;结核病早期诊断技术取得进展	窗口期诊断时间明显缩短,实施早期抗病毒治疗后可降低新发感染率67%;艾滋病治疗副作用小,治疗费用降低79%

注:1亩≈666.7m^2。

第4章 科技创新与绩效评估研究

随着高新科技的迅猛发展，世界各国纷纷致力于资助企业及研究机构进行研发，投入大笔经费，并且纷纷成立国家级的研究委员会、国家研发实验室、科研机构以及相关高新技术开发区等，希望通过基础科学研究引导科技的应用、发展与各层面产业创新[91]。科技创新评估对于技术的转化、推广和应用具有重要的价值，是促进科学技术资源优化配置，提高科学技术管理水平的重要手段和保障[2]。如何客观、科学、公正地对科技项目及研发项目进行科技创新评估与筛选已成为科技项目管理工作的当务之急。

目前，科技创新评估研究多集中于科技项目立项规划阶段和实施后科技创新贡献的评估。应用较多的科技创新评估方法为专家评议、科技定量指标（信息计量学、科学计量学和文献计量学）和经济学评价方法等[91]，常借助于多目标决策模型及层次分析法进行评估。科技创新评估主要集中在高校、企业、区域或领域的科技创新能力及效率评估等方面的研究上。

4.1 科技创新评估研究

4.1.1 科技创新模型

随着“创新”理论的发展，国内外的创新评估模型也不断涌现，1964 年 OECD 编撰的《为调查研究与开发（R&D）活动所推荐的标准规范》（以下称《弗拉斯卡蒂手册》）中的研发技术创新评估模型、用于过程评估的链环——回路模型和过程审计模型以及系统性评估模型——弗劳恩霍夫协会提出的整体创新模型等。一般科技创新模型，包括线性模型、交互模型和链环模型。线性模型包括技术推动模型和需求拉动模型。《弗拉斯卡蒂手册》基本模型如图 4-1 所示，该模型起源于对创新的线性认识，即创新的起因与来源是科技和基础研究，只要对科技研发增加投入就会直接增加创新产出。模型的主要测量对象是科研活动和研发，测量角度为投入-产出。

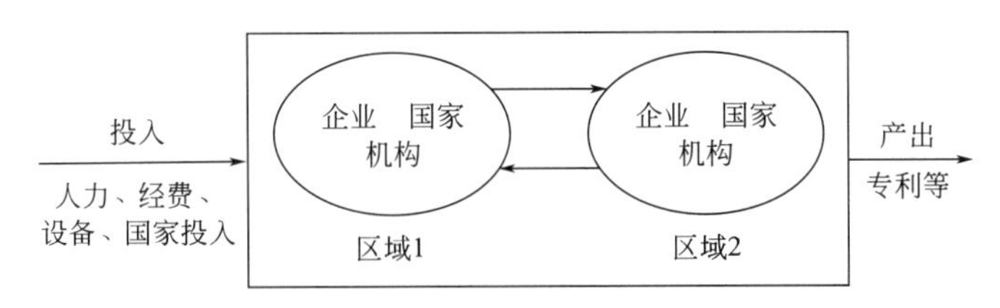

图 4-1 《弗拉斯卡蒂手册》研发评估模型

技术推动模型如图 4-2 所示，该模型认为技术创新是由科学发现和技术发明推动的，研究开发是创新的主要来源，市场是创新成果的被动接受者，而研究开发产生的成果在寻求应用过程中推动创新的完成。

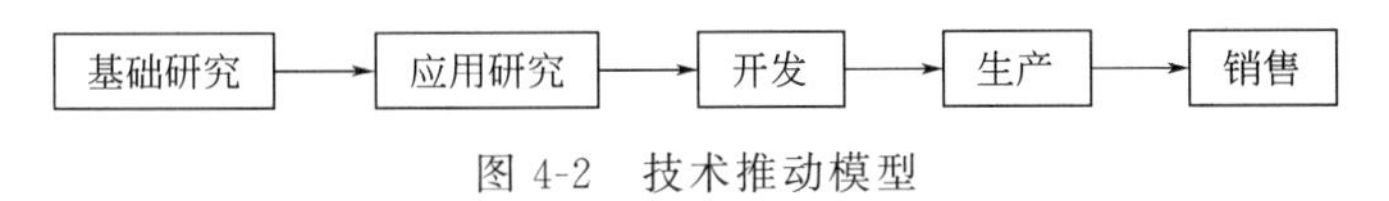

图 4-2 技术推动模型

需求拉动模型认为，技术创新是市场需求和生产需要激发的，刺激人们对新的需求进行研究开发，提供新的技术、工艺及产品，如图 4-3 所示。

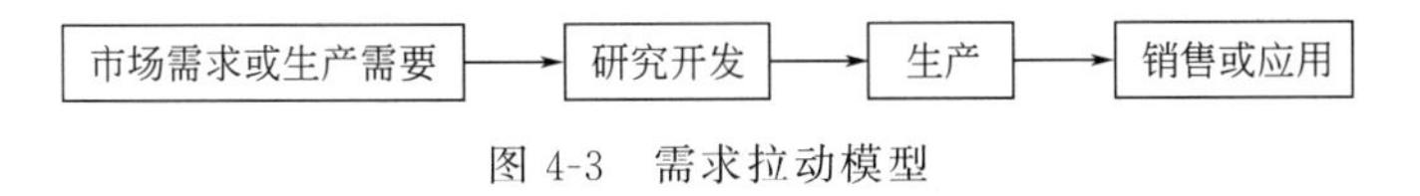

图 4-3 需求拉动模型

20 世纪 70 年代末至 80 年代初，在综合技术推动模型和需求拉动模型的基础上提出了交互模型。该模型认为，技术创新是由技术和市场共同作用引发的，同时创新过程中各环节之间以及创新与市场需求和技术进展之间还存在交互作用的关系（图 4-4）。

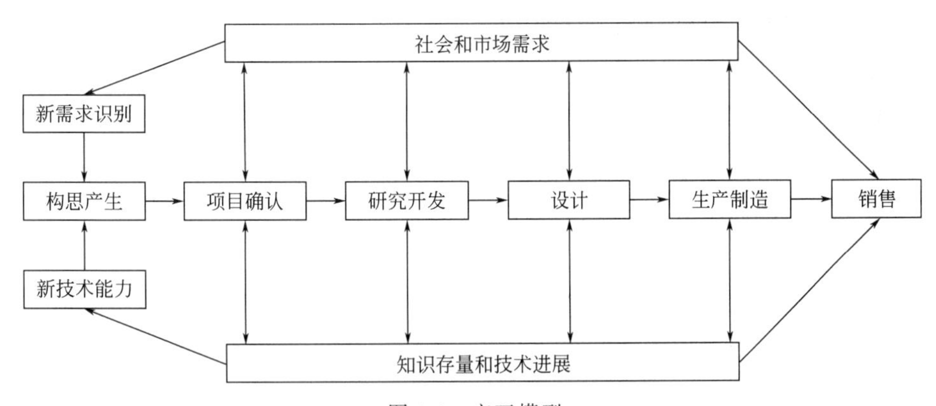

图 4-4 交互模型

1986 年 S. Kline 和 N. Roserberg 提出了链环-回路模型，将技术创新过程定义为一个多要素并行集成的过程，多种回路的多次反馈过程形成了多条创新路径。该模型是技术创新过程的集成模型，集中于对创新过程的描述，并将线性创新上升到非线性创新，探讨了创新的复杂性（图 4-5）。该模型的创新路径包括：a. 创新的中心链，即发明设计—设计细化与实验—再设计生产—销售；b. 由设计到销售、市场的一系列主反馈和反馈环回路组成；c. 创新中心链与知识之间的关系，贯穿于整个创新活动；d. 科学发现导致创新；e. 创新推动研究。

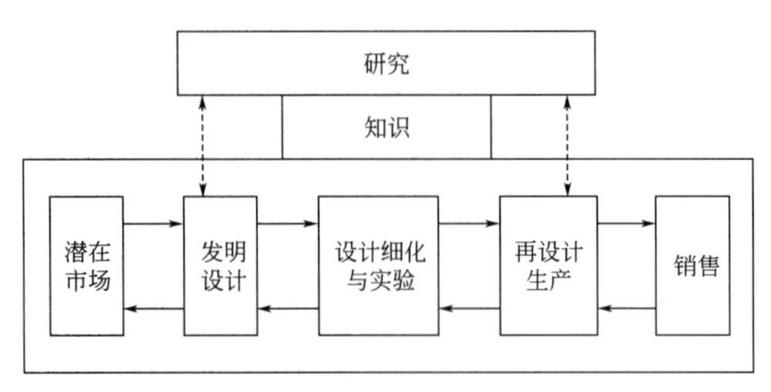

图 4-5 链环-回路模型

德国弗劳恩霍夫协会的整体创新模型主要研究企业创新，对创新的外部环境进行了考虑，提出创新能力的概念，并将服务创新和组织创新融合到创新的范围，如图 4-6 所示。

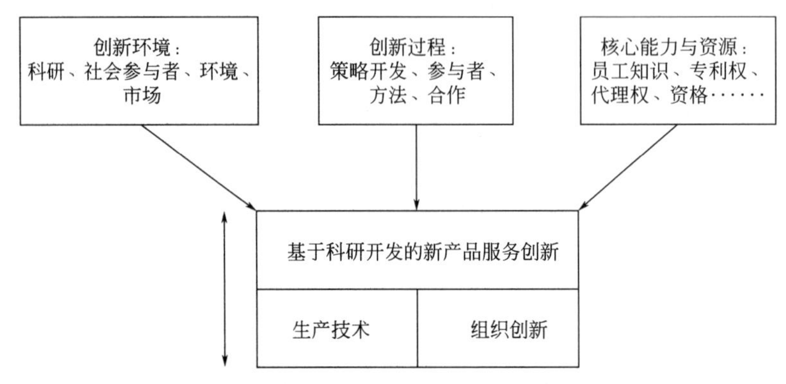

图 4-6 德国弗劳恩霍夫协会的整体创新模型

4.1.2 国家及区域科技创新评估研究

科学技术是一个国家竞争力的核心内容和决定因素，不仅可推动国家和地区经济的持续增长，而且决定着战略竞争力和地位。国家创新能力是国家创新体系的构成成分和核心内涵。国内外研究组织和机构对国家创新能力进行测评，影响较大的有欧盟的《全球创新排行》、“世界经济论坛”的《全球竞争力报告》及瑞士洛桑“国家管理学院”的《世界竞争力报告》等。

中国科协发展研究中心基于数据包络分析模型（DEA），构建了国家创新能力评价理论模型及指标体系，对经济合作与发展组织（OECD）30 个成员国和“金砖四国”进行了测评研究[92]。指标体系主要包括创新投入、创新产出和创新潜能三部分。《国家创新指数报告》从创新资源、知识创新、企业创新、创新绩效和创新环境 5 个方面构建了国家创新指数的指标体系（图 4-7），并采用国际流行的标杆分析法（Benchmarking）进行计算，测算了 40 个国家的创新指数。

国家创新指数体系如图 4-7 所示。

二级指标处理采用直线形无量纲化方法，即

$$y_{ij}=\frac{x_{ij}-\min x_{ij}}{\max x_{ij}-\min x_{ij}} \tag{4-1}$$

式中 i——某个评估国家；

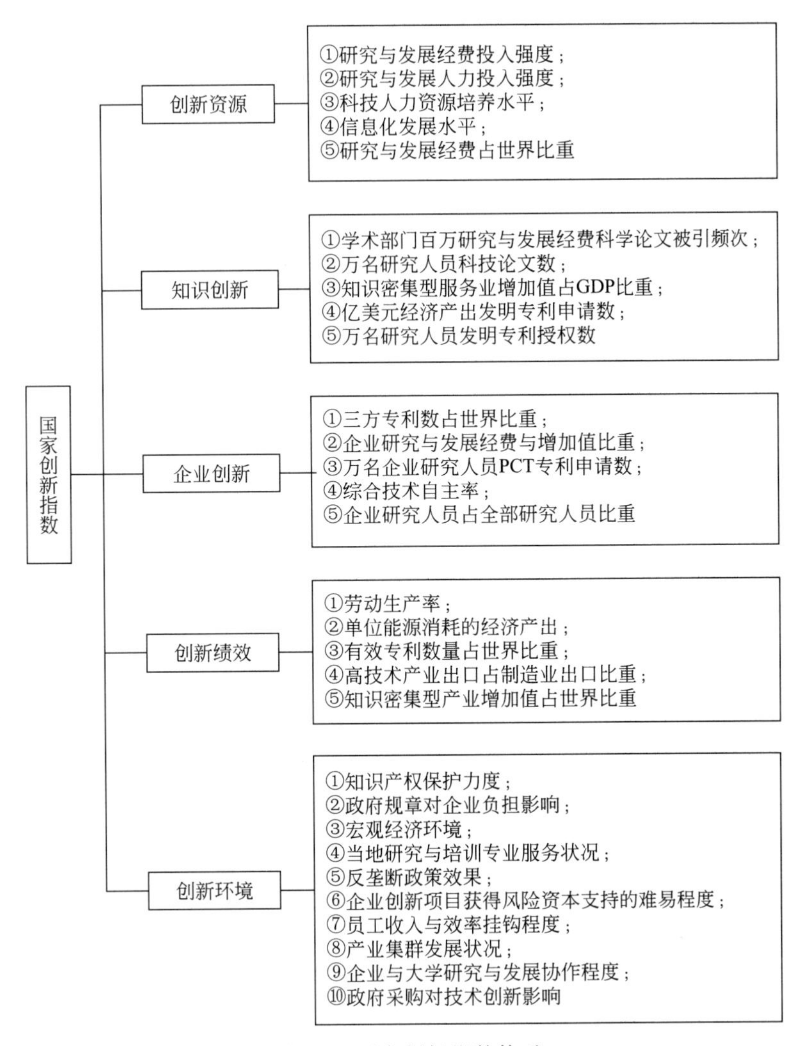

图 4-7 国家创新指数体系

j——某二级指标。

采用等权重计算出一级指标得分

$$Y_{ik}=\sum_{j=1}^{5}\beta_i y_{i(j+5k-5)} \tag{4-2}$$

$$\overline{Y}_{ik}=100\times Y_{ik}/\max(\overline{Y}_{ik},i=1\sim 40) \tag{4-3}$$

式中 k——一级指标；

β_i——权重。

采用权重计算出国家创新指数

$$\overline{Y}_i=\sum_{k=1}^{5}\omega_k\overline{Y}_{ik}/\max(Y_i,i=1\sim 40) \tag{4-4}$$

式中 ω_k——权重。

《美国科学与工程指标》是美国国家科学委员会（NSF）发布的科技综合分析评价报告。1970 年，NSF 开始组织撰写该报告，每两年出版一次。该报告建立在大量的研究、调查和分析的基础之上，对美国和其他国家在科学、工程和技术、教育及经济领域的发展态势进行定量分析。《科学与工程指标》被许多主要的国际竞争力评价系统应用，是一个较全面、科学的专家评价的补充工具，还可满足包括政府部门、企业界、学术界、非营利组织以及专业学会的决策人的需求，既是一个政策性文件也是一本参考资料。

《全国科技进步统计监测报告》是我国科学技术部自1993年开展的对全国科技进步状况的监测及综合评价的研究成果。该报告旨在进一步促进地方政府改善科技环境，增加科技投入，提高科技产出，促进高新技术产业化，促进经济社会发展。作为综合科技进步水平指数的支撑，科技进步评价体系为三级指标体系结构，共有5个一级指标、12个二级指标和33个三级指标（表4-1）。各地区一级指标以及位次的变动均可以通过相应的二级指标和三级指标的变动寻找原因。

表4-1　全国科技进步评价指标体系

一级指标	二级指标	三级指标
科技进步环境	科技人力资源	万人专业技术人员数/(人/万人)
		万人大专以上学历人数/(人/万人)
	科研物质条件	每名R&D活动人员新增仪器设备费/(万元/人)
		科研与综合技术服务业新增固定资产占全社会新增固定资产比重/%
	科技意识	万名就业人员专利申请量/(项/万人)
		科研与综合技术服务业平均工资与全社会平均工资比例系数
		万人吸纳技术成果金额/(万元/万人)
科技活动投入	科技活动人力投入	万人R&D科学家和工程师数/(人/万人)
		企业R&D科学家和工程师占全社会R&D科学家和工程师比重/%
	科技活动财力投入	R&D经费支出与GDP比例/%
		地方财政科技拨款占地方财政支出比重/%
		企业R&D经费支出占产品销售收入比重/%
		企业技术引进和消化吸收经费支出占产品销售收入比重/%
科技活动产出	科技活动产生水平	万名R&D活动人员科技论文数/(篇/万)
		获国家级科技成果奖系数/(项当量/万人)
		万名就业人员发明专利拥有量/(项/万人)
	技术成果市场化	万人技术成果成交额/(万元/万人)
		万名R&D活动人员向国外低转让专利使用费和特许费/(万美元/万人)
高新技术产业化	高新技术产业化水平	高技术产业增加值占工业增加值比重/%
		知识密集型服务业增加值占生产总值比重/%
		高技术产品出口额占商品出口额比重/%
		新产品销售收入占产品销售收入比重/%
	高新技术产业化效益	高技术产业劳动生产率/(万元/人)
		高技术产业增加值率/%
		知识密集型服务业劳动生产率/(万元/人)

续表

一级指标	二级指标	三级指标
科技促进经济社会发展	经济发展方式转变	劳动生产率/(万元/人)
		资本生产率/(万元/万元)
		综合能耗产出率/(元/千克标准煤)
	环境改善	环境质量指数/%
		环境污染治理指数/%
	社会生活信息化	百户居民计算机拥有量/(台/百户)
		万人国际互联网络用户数/(户/万人)
		百人固定电话和移动电话用户数/(户/百人)

在全国科技进步评价中应用了指数法来消除量纲影响，因此，各级评价值均可称为“指数”。各级指数计算方法见式（4-5）～式（4-8）。

① 将三级指标除以相应的评价标准，得到三级指标的评价值，即为三级指标响应的指数，计算方法如下：

$$d_{ijk}=\frac{X_{ijk}}{X_k}\times 100\% \tag{4-5}$$

式中 X_{ijk}——第 i 个一级指标下、第 j 个二级指标下的第 k 个三级指标；

X_k——第 k 个三级指标相应的标准值，当 $d_{ijk}\geqslant 100$ 时取 100 为其上限值。

② 二级指标评价值（二级指数）d_{ij} 由三级指标评价值加权综合而成，即

$$d_{ij}=\sum_{k=1}^{n_j}\omega_{ijk}d_{ijk} \tag{4-6}$$

式中，ω_{ijk}——各三级指标评价值相应的权数；

n_j——第 j 个二级指标下设的三级指标的个数。

③ 一级指标评价值（一级指数）由二级指标评价值加权综合而成，即

$$d_i=\sum_{i=1}^{n_i}\omega_{ij}d_{ij} \tag{4-7}$$

式中 ω_{ij}——各三级指标评价值相应的权数；

n_i——第 i 个一级指标下设的二级指标的个数。

④ 总评价值（总指数）由一级指标加权综合而成，即

$$d=\sum_{i=1}^{n}\omega_i d_i \tag{4-8}$$

式中 ω_i——各三级指标评价值相应的权数；

n——一级指标个数。

中国科技发展战略研究小组发布《2006—2007 年度中国区域创新能力报告》中选取区域技术创新评估指标体系，包括创新环境、知识创造、知识获取、企业创新能力和创新的经济效益 5 个方面 21 个指标，如图 4-8 所示。

Lundvall[93] 认为，区域技术创新系统组成部分包括企业、大学、科研机构、教育部门和政府部门。Aslesen 认为区域技术创新应包括生产创新产品的企业群，培养创新人才

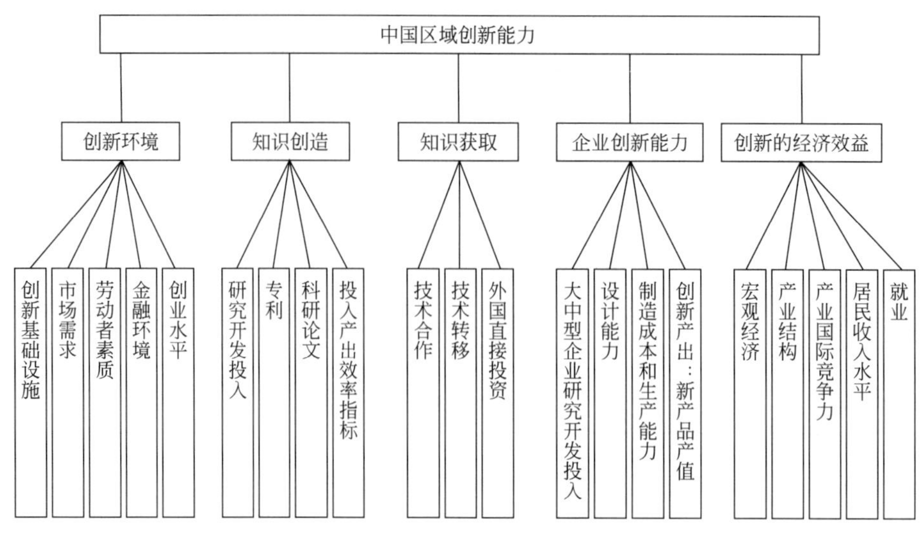

图 4-8　中国区域创新能力指标

的教育机构，生产创新知识与技术的科研机构，对创新活动提供支持和约束的金融环境、政策法规、政府机构和商业创新服务机构等[94]。李洪文等[95] 利用灰色关联分析法和层次分析法，以湖北省为例构建了农业科技创新能力评价模型和指标体系，并对 2006～2011 年该省农业科技创新能力变化进行分析。

4.1.3　高校及企业科技创新评估研究

高校、企业均是科技创新的主体，推动科技的快速发展。技术创新是企业增强竞争力、提高效率的重要驱动力[80]，企业科技创新研究主要集中在技术创新效率和管理创新方面。高校、企业及区域科技创新能力与创新效率评估研究不断发展。Grilliches 构建了技术创新和企业生产率增长的理论框架，Crépon 等[96] 构建了 R&D 创新效应和 R&D 创新生产率效应实证方法——CDM 方法。国内研究多集中在企业技术创新效率评价指标体系的构建和企业技术创新效率的实证分析方面。

我国研究者傅家骥[97] 把企业技术创新能力分解为创新资源投入能力、创新管理能力、创新倾向、技术创新研究开发能力、制造能力、营销能力等几方面，建立了企业技术创新评估指标体系，对企业技术创新能力进行评估。也有学者从技术环节的角度进行划分，建立技术创新指标体系，包括 R&D 能力、生产能力、组织管理能力、投入能力、营销能力、财务能力和产出能力[98]。

沈能等[99] 根据科技创新投入要素和产出要素建立高校科技创新评估指标体系，投入要素包括人力资源投入和科研经费投入，产出要素包括论文产出、成果鉴定和科技服务三个方面，并利用层次分析法评估我国各省区高校科技创新效率。梅铁群等[100] 从科技创新的基础实力、知识创新能力、技术创新能力、科技成果转化能力和国际交流合作能力等方面对高校科技创新能力进行度量；也有学者从科技创新资源投入能力、科技创新产出与贡献能力、科技创新管理能力和科技创新支撑能力四个方面进行度量[101]。

技术创新效率的测评方法有 Aigner、Meeuser 和 Cornwell 等提出随机前沿分析（SFA）等参数方法和以数据包络分析（data envelopment analysis，DEA）为代表的非参数分析方法，Charnes 和 Banker 分别创建了 DEA-CCR 模型和 DEA-BCC 模型，后来，国内外学者对其进行了扩展和应用，提出二阶段 DEA 模型、三阶段 DEA 模型和四阶段 DEA 模型，考虑环境变量与随机误差项等因素的影响，分别对技术创新效率进行实证分析[102~106]。DEA 是一种衡量多重投入、多重产出的决策单元相对效率的一种方法。

因子分析法、模糊评价法、层次分析法、聚类分析法或主成分分析法也常用于企业、高校及区域科技创新评估。因子分析法通过建立指标矩阵，经矩阵运算求得相关系数矩阵，最后运用相关系数矩阵对区域技术创新成效进行评估。该方法可克服权重因子主观性强的特点，但只限于静态评估，适用范围具有局限性。模糊评价法是基于模糊数学建立的综合评价方法，能够将定性问题定量化处理，很好地解决模糊的、半定量化的问题。主成分分析法旨在把多个指标转化为少数几个综合指标，再通过构造合适的函数，进一步把低维转化为一维系统。

4.1.4 国外科技成果评估体系

英国对科研成果的评估体系为“Research Assessment”。科技评估主要是对科技计划或项目的效果进行检查和评价，尤其是对国家重大计划、重要学术机构和关系国计民生的重点项目的评估。包括政府类科技评估机构/研究机构及科技中介机构三类，主要进行基础研究评估体系 RAE(research assessment exercise)、基础研究项目申请的评估体系 RAS (research assessment system) 对基础研究人员的评估及奖励评定等[107]。在科技活动产出和影响评估时，采用统计分析、引文分析和内容分析等文献计量法，评价出版物和专利的引用频率，采用共词分析、数据库断层分析和文本数据挖掘等，分析科研活动产出的质量和影响。采用调查、案例研究、成本效益分析、专家评议等方法进行产出和成效方面的评估[108,109]。

美国联邦政府的科技评估基本上可以划分为 3 个层次：第 1 层次为白宫决策机构，主要考察国家科技发展战略和科技政策实施的效果及存在的问题；第 2 层次为负责实施国家科技发展战略、执行联邦科技政策以及管理国立科研机构的部分；第 3 层次为科研机构自身的评估。美国对最常用的科技评估方法进行了总结，主要包含文献计量分析、经济回报率分析、同行评议、案例分析、回顾性分析和指标分析等[110]。

法国的科技评估带有明显的中央集权的特色。科技评估范围包括科研机构的评估、各类计划的评估、项目评估、技术转移评估、政策评估。对科技成果评估的目的是提高科技成果的转化率，促进中小企业的科技进步[111]。法国的科技管理体制在整体上明显地体现了市场经济的分散性。应用型技术成果一般是通过知识产权保护制度主要是专利制度，以市场的方式对科技成果进行评估。国家级重大项目，完成后需评估技术水平是否符合计划规定指标，能否在市场上应用等，在进行成果评估时多采用收益现值法[112]。

澳大利亚将科研影响定义为：“科研在一定区域内，全国或国际上给科研成果的最终用户带来的社会、经济、环境和（或）文化等方面的利益。”澳大利亚于 2004 年建立了科研质量框架（research quality framework，简称 RQF 制度）。关于科研质量的评分，学科专业评价小组按照国际上同等质量水平的明确标准分五级对科研质量进行评分。科研质量评价的基础是：a. 科研团队中每位科研人员提交其最佳的四项科研产出；b. 科研团队在六年评估期中全部科研产出的清单；c.科研质量的证明材料要作为科研团队内容陈述报告的一部分提交。附加的科研产出量化材料如有必要也可能被要求提供给学科专业评价小组，以作为他们科研质量评价时的参考。

RQF科研质量等级标准：“5分”，指其在学科专业领域科研水平处于世界领先地位（world leading），并且在对国家具有重要意义的科研领域做出卓越贡献（exceptional contribution）；“4分”，指其在学科专业领域科研水平达到世界先进水平（world standards of excellence），并且在对国家具有重要意义的科研领域取得优异成绩（excellent contribution）；“3分”，指科研水平在原创性、重要性、严密性等方面达到国际优秀水平（excellent），但与最高水平的科学研究相比仍有一定差距；“2分”，指在其学科专业领域，研究方法独到，并在原创性、重要性、严密性等方面达到较高水平；“1分”，指科研产出的质量低于能被认可的质量水平。科研影响的评分也是按照相关五级标准进行评价。

4.1.5 技术创新评估

（1）技术创新分类

对技术创新可以从不同的角度进行分类。按创新程度可将技术创新分为渐进性创新和根本性创新。渐进性创新是指对现有技术进行局部性改进所产生的技术创新，根本性创新是指在技术上有重大突破的技术创新。

按创新对象的不同可分为产品创新和工艺创新。产品创新既包括在技术发生较大变化的基础上推出新产品，也包括对现有产品进行局部改进而推出改进型产品，同时也包括服务创新。工艺创新是指生产过程技术变革基础上的技术创新。

按技术变动的方式可分为局部性创新、模式性创新、结构性创新和全面性创新。局部性创新是指在技术结构和模式均为变动条件下的局部技术改进所形成的创新，模式性创新是指在技术原理变动技术上的创新，结构性创新是指技术结构变动形成的技术创新，全面性创新则指技术结构和模式均发生变动所形成的创新。

（2）技术评价

技术评价主要从技术先进性、经济方面、社会方面和风险方面进行评价。技术先进性可划分为国际领先、国际先进、国内领先、国内先进、国内一般和国内落后。经济方面主要是评价技术的经济效益，可分为直接经济效益和间接经济效益。直接经济效益即在近期内即可实现可观测到的效益，间接经济效益可能需要较长的时间才能实现。社会效益主要包括环境效益、技术扩散效果等。环境效益可用污染强度表征，即用生产单位产品或创造单位增加值所产生的污染物数量来表示，通过新旧技术对比，评价新技术的环境改善效果。环境污染物一般包括大气污染物（如一氧化碳、烃类化合物、氮氧化物、粉尘及颗粒物等）、水污染物（COD、BOD、营养物质等）和固体污染物。

$$\text{污染物排放强度}=\frac{\text{排放的污染物总量}}{\text{技术应用后产生的总增加值}} \tag{4-9}$$

技术扩散效果指在全国范围内或某一地区、某一行业率先采用一项新技术，会产生示范效应，跟随者可用较小的代价引用、学习、模仿，从而产生技术扩散效果。技术扩散效果有直接扩散效果和间接扩散效果之分。风险方面则指技术的不确定性、市场的不确定性以及经营管理的不确定性都会给技术的采用带来风险。

(3) 技术创新与知识产权

技术在产权安排上有两种基本形式：一种是公共产权，如公开发表的论文等；另一种是非公共产权，如专利技术等。

知识产权从广义上说，指人类就智力创造的成果所依法享有的专有权利，可分为两大类：第一类是创造性成果权利，包括专利权、植物新品种权、专有技术权、版权（著作权）、软件权等；第二类是识别性标记权，包括商标权、商号权（厂商名称权）、其他与制止不正当竞争有关的识别性标记权利。狭义的知识产权仅包括工业产权和版权。其中，工业产权包括专利权、商标权和制止不正当竞争权。

专利权保护对象包括发明专利、实用新型专利和外观设计专利。发明专利指发明是对特定技术问题的新的解决方案，包括产品发明（含新物质发明）、方法发明和改进发明；实用新型专利指对产品的形状、构造或者其结合所提出的适于应用的新的技术方案；外观设计专利指对产品的形状、图案、色彩或者其结合所作出的富有美感并适于工业应用的新设计。专利文献详细地描述专利技术的内容，提供最新的技术动态。根据世界知识产权组织的统计，专利所记载的技术信息，约占整个技术信息的 90%。专利信息比一般技术刊物提供的信息早，而且资料翔实。专利的国内申请量是评价我国科技产出潜力方面的重要指标之一，是评价国外科技向我国辐射程度和我国科技输入潜力的指标之一[113]。

4.2 科技项目绩效评估与管理

科技项目，是以科学研究和技术开发为研究内容，以解决科学和社会生产中出现的科学技术问题，由政府组织实施并受各地区政府的监管，根据一个地区经济和社会发展的需要而立项的[114]。科技项目可分为基础研究项目、应用研究项目和开发研究项目。基础研究项目包括纯理论研究和应用基础研究，科研成果具有一定的学术意义；应用研究项目一般是用来指导实践、应用于实际生产和生活的，通常会提出一些新的或改进的方法、途径及技术解决方案等；开发研究是指具有明确使用目的的，其成果是生活和生产中的新产品、新技术、新工艺等，经过一定的试验，可直接转入生产[115]。

科技项目的过程管理应从始至终伴随项目，是项目的关键环节，也是科研管理的重要内容。随着科技项目类别的增加，科技项目的过程管理及绩效评估对追踪项目情况、提高科研效率、监测项目进程、管理项目经费有着至关重要的作用和意义。科技项目绩效评价是对政府和企业科技投入实施成果和效应的一种监督和审视，从而为政府和企业的科技投入决策方向提供依据。

4.2.1 国外科技项目管理研究现状

科技项目评估起源于美国，诞生于 20 世纪 20 年代，美国是世界各国中科技计划评估历史最长、内容最为全面的国家之一。美国的评估机构大致分为三个层次：一是国会科技评估机构；二是州政府科技评估机构；三是大的院校和研究所的科技评估机构[116,117]。

项目评估范围十分广泛，包括科技计划、科技项目、科技政策、研究结构、科技人员等。在美国的科技评估工作中，对事前评估、事中评估、事后评估都非常重视。根据不同的评估对象，有相应的评估机构进行对接，对应项目的性质，确定不同的侧重点[118～121]。美国的科技评估程序是：a. 由技术专家和相关风险分析专家组成一个综合的评估小组；b. 将每一个重要的评估项目都指定一个经验丰富的专人负责；c. 分析评估内容、明确可行性、选择主要的评估方法；d. 评估小组做出工作计划和调研提纲；e. 与外部技术专家和风险分析家广泛接触，尽可能多地获得信息；f. 采集、修改评估报告，提交国会举行听证会，发布公示[118,122]。

由于历史的发展和影响，法国的科研管理评估体制体现了极强的政府干预色彩，由国家控制管理的科研系统也成为整个国家科技体系的支柱[116,123]。法国从两个方面来构建评价指标：用资源指标、战略指标和竞争力指标来评价科研管理，用投入指标、产出指标、关系指标和效益指标来评价科研水平[124,125]。法国的科技评估机构主要分为四个层次，依次分别为国会科技选择评价局、国家研究评价委员会、科研机构及高等教育机构内部评估体系和中介机构。它们同时具有以下特点：a. 所有评估人员都必须从国家研究评价委员会取得从业资格；b. 所有机构按照评估活动的工作量大小进行收费，不采用依据被评估项目的价值按比例提成的方式；c. 所有评估过程都严格遵守法律程序，定期开展过程评估，严格遵循评估手续；d. 评估具有公开性，在法国所有科技评估的过程和结果都是公开的，形成了一套全社会广泛认同的，透明、标准的评价程序和方法[116,126,127]。

加拿大联邦政府经过多年的实践，形成了一整套体系健全、政策明朗、公开透明、管理专业化同时评估方法灵活的项目管理办法用于支持科学研究，极大地保障和推动了项目管理的可操作性[116,128]。主要的评估机构有 3 个：a. 议会，负责预先审查议员们在众议院或参议院提出的相关建议法案；b. 总审计署，负责确保加拿大政府计划符合议会要求和经济发展、效率和有效性等问题；c. 国库委员会，负责联邦公共事务的综合管理工作[118,129]。值得一提的是，加拿大的项目评审过程中有一环节叫作利益冲突避免机制，在碰到利益冲突情形（如评审委员会成员是申请人、联合申请人或者联合签字人；评审委员会成员与申请人有管理或者家庭联系；成员与申请人是师生，或者合作发表过文章书籍等类似情况）时，便会启动冲突避免机制（如专家组回避制度）[130]。学科争议中立制度、评审争议复议制度和污点记录制度保证评审的公平与公正，同时对于所有参与的科研人员也有专业统一的把控[131,132]。

德国一直把科技项目管理和评估作为科学研究事业的重要管理手段，管理制度严谨透明，采取对市场“放养”，主抓宏观的管理政策，实现“分而治之”，但又“分而不乱”[120,133]。与加拿大的管理机构分配相似，德国也分为 3 个层次：德国科学顾问委员会，由联邦政府和州政府共同支持；科研教育自主组织；大学与科研院所[116,134]。评估的范围涉及重大科技政策、研究机构和课题组、重大科技计划和重大科技项目。其秉承公开透明、充分参与、真实可靠、公开一致的原则，力求把最真实的结果公之于众[134,135]。

自 20 世纪 80 年代瑞士引入科技项目评估机制以来，逐步形成了以定性评估为主、具有瑞士本国特色的科技评估文化。瑞士科技评估机构主体主要包括瑞士科技顾问委员会（SWTR）及其下属机构瑞士科技成果评估中心（TA-SWTR）、瑞士科技研究中心（CEST）以及一些私人科技评估机构。瑞士评估体系中有一个环节叫作“自评估”，是瑞士评估的一大特点。被评估方先通过自评估了解科技项目本身的进展情况和与目标的差距，列出相关的数据与事实进行阐释和说明，而后专家们也可以通过被评估方的自评进行研究，对被评估方有更为深入的了解，避免了许多弯路[136]。自评估还被认为是有益的“副作用”，是被评估方的一个自我反馈的过程。

韩国科研管理起步较晚，但在政府的大力扶持和干预之下，近几年迅速地发展起来，也形成了较为完整的评估体系，对于科研的进步起到了助推剂的良好作用。韩国的科技评价机构——科学技术评价院直属韩国科技部，主要职能有调查评估国家研究开发事业的状况，为选择调整国家研究开发事业方向提供依据，为国家专项研究工作和国家基础性工作的计划、管理、评估提供支撑，相关国际合作几个方面[116,137]。韩国的科技计划评价可以分为两个层次：一是预算前审核；二是绩效评估。预算前审核主要是对新计划和正在进行中的项目有无达到计划目标、范围和预期的绩效进行评估，来决定是否继续给予财政支持；绩效评估则是以事后评价为主，表征项目为国家所做的实际贡献[132,138]。

虽然世界各地的科技项目过程管理体系发展时间和发展水平不一，机构的设置有所不同，管理的方式与手段也各有千秋，但从国外众多发展相对健全的管理机制当中可以看到一些共同的特点：a. 所有的科技项目评价过程都通过法律进行保护，通过立法保障科技活动的有效实施；b. 对于项目的负责人和评估专家制定评价指标和体系，建立评审专家的信用制度，使得项目相关人员的选择更加公平、公正、公开；c. 对于项目的过程监督非常重视，项目的前期、中期、后期都制定配套的符合项目生命周期的过程管理体系，以便追踪项目的发展情况，监督项目的研发进程；d. 建立开放、透明的评估制度，真实地反映项目的进展情况，加强监督和公开信息可以使项目的监管更加可视化、流畅化，强调透明，把评估的过程和结果公布于众。

4.2.2　国内科技项目管理研究现状

我国的科技评估活动起步较晚，始于 20 世纪 90 年代初期，大致可分为两个阶段：1993～2000 年为起步阶段；2000 年至今为发展阶段[132]。近年来，我国在科技项目的过程管理和评价方面进行了研究和探索，国内的研究人员也在这方面取得了一定的进展[139]。国内的重大科技项目有很多，比如“两弹一星”、载人航天工程、长江三峡水利枢纽工程、杂交水稻、863 计划等。

我国的科技评估活动和监督工作的主要组织者和管理者是国家和各省、市、自治区科技行政管理部门，以国家为主责单位，实行统一领导、分级监督管理的原则[140]。为了促进科技评估的监督工作，科技部出台了一系列科技评估部门规章制度及政策，如《科技评估管理暂行办法》《科技评估规范》《国家科技计划项目评审行为准则与督查办法》《科学技术评价办法》等，明确了评价的目的、原则、分类方法、评价准则和监督机制等[141,142]。传统的科技项目管理体系如图 4-9 所示。

国内的研究人员也在积极探究更优质的研究方法和更实用的管理模型及评估体系。童

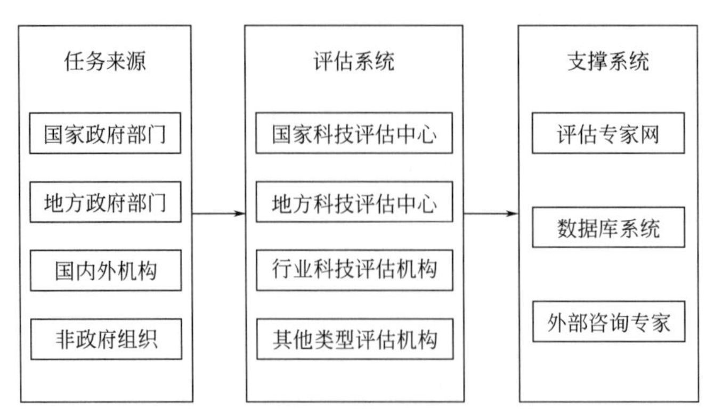

图 4-9 传统的科技项目管理体系

健、连燕华[142] 认为，不可能设计出适应所有研发项目及其不同阶段的统一的评估体系和评估方法，必须根据研发项目评估背景的类型来建立评估体系。肖利[143] 认为，科技项目评估的前提是对项目进行正确分类。张国良、陈宏民[144] 认为，根据计划的类型选择适当的计划评估方法至关重要。曹代勇、王嘉[145] 认为，科技项目评估除了应该遵循公平性、客观性、合理性、独立性、系统性、替代性等一般原则以外，由于其特殊性，还应遵循科学性原则、先进性适用性原则、经济效益可靠原则、安全保密性原则。这些研究使得我国的科技评估体系有了一定的发展和进步，形成了目标-管理-效果评估的科技项目评估框架（表 4-2）。

表 4-2 目标-管理-效果评估内容框架的主要内容

定位	评估准则	评估内容
目标与布局	目标内涵和特点，目标的合理性、明确性、各层次目标的相关性和一致性、程序规范性	(1)目标背景、内涵和特点； (2)目标细化和落实； (3)目标比较和衔接
管理与组织	管理和组织实施与计划目标和基础研究特点的适应性，管理的规范性、科学合理性、效率和公开透明性	(1)计划管理模式； (2)项目组织实施与管理； (3)经费投入与执行状况
效果与影响	效果和影响的主要特点，与计划目标的关联，效果和影响的表现和程度	(1)直接产出与成果； (2)效果与影响的主要表现； (3)社会形象

我国的科技项目过程管理仍旧存在着许多问题，一些传统的科技项目管理模式已无法适应现代科学技术的发展。李凝[146] 认为，传统的科技项目管理以部门、单位为中心，按指令性计划的管理理念对科技项目实施管理在社会主义市场经济中已无法再胜任其任务。按照项目的规律，实施阶段是人、物、财力投入最大、历时最长的阶段，而传统管理恰恰忽略了这一阶段的管理工作，把大量的时间和人力放在了前期管理之中，立项后的管理投入大大减少，呈现出“重立项，轻管理”“一篇报告交差”“虎头蛇尾”的现象。郭伟峰、陈雅兰[141] 认为，由科技行政主管部门委托的专家监督机制也带来许多问题。由于受到人力、时间等多种因素的影响，缺乏全过程的动态监督，所选的专家人数有限、精力有限，专家小组往往是临时性的短期行为，不能对科技项目进行全程的监督与管理，没有真正意义上的实现全过程监督。张仁开、罗良忠[147] 提到，我国科研评估的从业人员的

素质还有待提高，许多评估单位的工作人员都是“半路出家”，科技评估人才的教育和培养体系并未真正建立起来，国家培养出的相关人才较少，人才流失严重。

我国众多的科研工作者也为我国的科技项目过程管理和评估体系提出了许多改进的建议和借鉴的方法。欧阳进良、李有平、邵世才[148] 认为，计划实施之初，明确计划目标内容，提出“可衡量、可采集、可跟踪、可对比”的考核指标，不能明确考核指标的要明确考核方法；借鉴国际经验，研究计划评估模式，开展不同类型的计划监督评估工作；针对不同计划特点制订不同的科技项目监测评估计划和监测评估实施方案。李京[149] 建议应探索适合我国经济和科技发展特色的科技计划管理模式，转变政府部门和管理机构的职能、职责，可将一些项目委托给专业的科研机构进行具体的跟踪与管理，不仅应把好立项和验收关，同时也要从项目的质量保证、进度管理和风险控制等方面进行基于项目生命周期的过程管理，同时应做到加强对违规行为的处理[149,150]。

4.2.3 科技项目评估指标体系研究

联合国教科文组织（洛桑报告）的指标体系是较为著名的科技项目评估指标体系之一，用科研人员、科研经费、知识产权、技术管理和科学环境 5 个指标评价科技的竞争力。美国对项目评价的指标研究偏重于财务指标，美国国家科学基金会每 2 年发表一次“全球高科技指标”报告，即《科学与工程指标》。日本对区域科技项目的指标体系研究较为重视。Martin 等按照体统理论提出思维度指标体系，包括科学自身维度、教育维度、技术维度和文化维度。

20 世纪 80 年代以来，我国学者对科技项目的评价指标体系建立的研究较多。谢福泉等[151] 从投入、产出和效果出发，构建了资金投入、科研直接产出、社会产出、经济产出 4 个维度的指标体系。周寄中等[152] 提出的指标体系，包括科研产出、科研活动、成果转化、可持续发展能力、研究水平及人才培养、学术水平及学术地位、对学科的贡献度、对国家的贡献度、重大标志性新成果、重大创新性进展 10 个维度 26 个指标。池敏青[153] 构建了递阶层次结构理论模型，包括投入、管理、成效 3 个一级指标，专项主持人情况、经费投入情况、专项制度建设、立项管理、执行与验收管理、专项研究劳动情况、理论成果产出和社会效益 8 个二级指标以及 20 个三级指标。邵春甫等[154] 将网络分析法应用于科研项目立项评价体系中，从项目范围、组织结构、时间进度、预算成本和完成质量 5 个方面建立项目评价体系的网络结构。许崇春[155] 在对黑龙江省财政科技项目绩效评价中将评价指标分为业务指标和财务指标，业务指标包括目标设定情况、项目完成程度、组织管理水平、经济效益和可持续性影响，财务指标包括资金落实情况和实际支出情况。

4.3 科技项目评估方法比较

本书所讨论科研项目指国家或地方科研计划类项目，涉及课题众多，是一个复杂的系统。科技项目的绩效管理是评定科技项目在研究结束后，所得成果对于所研究领域或者社会的贡献。评估一个项目成功与否涉及很多因素，基本指标包括进度、成本、绩效三者的满意度，因此在项目的结题验收时，此三者都应考虑清楚[156]。科技项目的进展管理是通过定期或者不定期检查而有效地监督和管理项目的进展、质量和水平，从而保证按时按量地完成计划目标[157]。

科技项目评价涉及的方法众多，针对项目的不同性质、不同阶段、不同侧重点和不同内容都有着相对比较适用的方法模型。最初的科技评价主要是采用定性分析的方法进行评价，受主观因素影响较大。为此，人们逐渐把一些数学/运筹学和经济学等学科的方法引用到科技评价中，以提高评价结果的科学性，科技评价逐步进入定性分析和定量分析相结合的阶段。当前，科技评价方法归结起来分为 3 类。第 1 类是主观评价法，基本原理是进行指标主观赋权，然后将数据标准化后加权汇总，主要包括同行评议法[132,158]、专家评分法[159,160]、德尔菲法[159,161]、层次分析法、定标比超法等。第 2 类是客观评价法，包括三种：一种是采用客观赋权法确定权重，然后进行加权汇总，比如熵权法、变异系数法、复相关系数法；另一种是不需要赋权的系统方法，如主成分分析法、因子分析法、TOPSIS 法、数据包络分析[162,163] 法等；第三种是不一定赋权的基于统计数据的方法，如文献计量法、科学计量法、技术经济方法等。第 3 类是主客观相结合的赋权法，运用运筹学、模糊数学、系统工程等系统方法综合处理，如多指标加权平均法、软系统科学分析、模糊综合评价法[164,165]、ELECTRE 法、PROMETHEE 法等。各方法的优缺点分析如表 4-3 所列。

表 4-3　科技项目评估方法优缺点比较

方法名称	优点	缺点
同行评议法	应用范围广泛，可在很多领域应用，便于评价，便于筛选	研究人员对此方法本身的理论探索相对于其他方法较少。由于国外的同行评议法设计与我国的国情有较大差别，故而应慎重选择
德尔菲法	(1)匿名征求意见，没有压力和顾虑； (2)定量分析项目指标，能给以明确的概率答案； (3)多次向专家进行反馈并沟通，有助于拓展思路、集思广益； (4)专家们分散意见可以最终趋向一致，同时能保证对这种趋向不带有盲从权威的色彩，相对客观	(1)由于需要多次评定，故而十分费时； (2)存在一定的局限性，当某一意见分散程度较大时，不同意见难以集中，效率会明显降低； (3)工作量大，成本高
文献计量法	客观掌握快速发展的前沿研究领域，强化技术预见的客观性和前瞻性	(1)需利用文献进行大量复杂的分析； (2)文献被引用很难表征质量上的差异； (3)不同学科的文献引文率可比性不强
专家评分法	(1)吸收专家参与决策； (2)定性分析指标定量化，利于评判； (3)评估内容比较全面； (4)方法简便易行	主观性太强，容易因个人因素影响整个项目的走向和进程，因此往往用于不太复杂的系统评价与对比研究
层次分析法	(1)具有简洁性、灵活性、实用性和系统性的优点； (2)决策过程体现人们的决策思维的基本特征及发展过程	只是粗略地排序和获得大概的结果，无论是建立层次结构还是构建判断矩阵，主观判断、选择对结构的影响都较大，主观成分过多

续表

方法名称	优点	缺点
相关分析法	(1)可用于测定不便于精确计量的内容； (2)计算较为简单	只能以程度高低、重要性大小、名次的先后来评定等级或者次序的资料，局限性太大
模糊综合评价法	适用性极强，可用于主、客观指标的综合评估，特别是用于主观指标的综合评估中，模糊方法作用独特，并且可进行多级处理，是该方法的一大优势	不能解决评估指标间相关造成的评估信息重复问题
数据包络分析法	模型所需的指标较少，具有较高的灵敏度与可靠性，无需权重，各测量指标能够以原来的面目出现，不需要统一单位，可简化测量过程，保证原始信息的完整，也避免认为确定权重的主观影响[166,167]	(1)公式计算较为复杂； (2)结果侧重于相对效率，但对于各项因素的关联度分析不足

从表 4-3 可以看到，在项目立项阶段，同行评议法、德尔菲法、文献计量法比较适用；在项目的进度当中，同行评议法也常用，同时专家评分法、加权优序法、层次分析法和相关分析法也可应用于此阶段当中，追踪、比较、监测、评议项目的进程，并且要将新的环境因素变动和主观的要求考虑到评估当中，对已经发生的情况做阶段性的总结并且对以后的工作与事实提出相关的意见和建议；在绩效评估的管理体系当中，我国最常用的方法是同行评议法，模糊综合评价法和数据包络分析法可以给绩效评估的指标体系选择以理论支持，同时，此两种方法分别侧重主观指标评估和客观指标评估，可以按照项目的需要进行选择。

4.3.1 主观评价法

(1) 同行评议法

同行评议法是项目评估过程中最为普遍的方法，被公认为用得最多也最可行[132,158]。进行同行评议法的专家群体由专家个体组成，利用专家渊博的专业知识和对专业学科领域研究发展的敏锐洞察力，对项目进行评价，虽然专家的个人信仰、阅历、学识以及一些主观因素会对评价结果产生一定的影响，但是同行评议的“小组效应”可以把这些异同统一起来[158,159]。为了保证同行评议的正常进行，对于同行专家也要制定某些约束性的规定[161,168]。

(2) 德尔菲法

德尔菲法是通过征求 20～50 名有关问题的专家对于复杂决策的意见并做出判断的方法，实质上是一种专家预测意见分析法，通过选定与预测分析课题有关的领域和专家，与专家建立直接信函联系[159,161]。德尔菲法的预测过程通常为 4 个阶段：第 1 阶段确定预测目标，由管理者提出研究方向；第 2 阶段评价事件，对科技研究方向和项目进行评价；第 3 阶段为信息反馈和再次征询，专家们参考总提意见，修改自己的评价意见再次做出评价；第 4 阶段为统计分析[161,169]。

(3) 专家评分法

专家评分法是一个由工作小组所组织的集体交流思想的过程，是在专家个人思考、判断的基础上所开展的一种讨论，这种方法可以集中多数人的才智，同时又充分发挥专家的个人判断和分析能力[160,170]。这种方法以专家的主观判断为基础，充分利用专家掌握的丰富理论知识和时间经验来给项目打分，并且以“分数”“指数”“序数”“评语”作为评价的具体指标[159,160]。

4.3.2 综合评价法

(1) 层次分析法

层次分析法全称为 analytic hierarchy process，简称 AHP，是美国运筹学家于 20 世纪 70 年代中期提出的一种权重决策分析方法[171~174]。此方法通过将复杂问题分解为若干层次和若干因素，并将这些因素按照它们的本质、影响因素及内在联系等进行定性、定量的分析，通过两两比较的方式确定层次当中诸多因素的相对重要性，然后综合评估主体判断各因素重要性的总顺序的方法[171,175]。该法能把决策单元中定性和定量的因素有机地结合在一起，既能保证模型的系统性、合理性，又能使决策管理专家充分运用其有价值的经验与判断能力[161,176,177]。

(2) 加权优序法

加权优序法是一种定性定量相结合求解多属性决策问题的方法，广泛适用于管理和工程技术当中对离散方案进行优选、排序等类的决策问题[178]。加权优序法通过专家咨询，先定性地排出各个被评对象对于各个指标的优劣顺序，再通过建立优序数，定量计算各个对象相对于总目标的加权优序数[168]。从评估的方法来说，加权优序法属于线性加权和综合法，它最终所得到的评价结果是各个对象相对于总目标的重要程度的排序[179]。

(3) 模糊综合评价法

模糊综合评价又称为模糊多目标决策，被广泛地应用于医疗、环保、经济、健康、工程、商业等各个领域。它是通过建立评价指标级别、评价级别、隶属函数和权重级别，对各个样本的质量等级进行综合评价的方法[164,165]。模糊综合评价法的评价过程主要有 3 个环节，即先给出评价对象集和评估指标集，之后利用隶属函数给定各项指标在 [0，1] 之内的相应数值，也就是确定权重，最后对各个因素隶属度进行加权算术平均，计算综合隶属度及综合评价值，结果越接近于 1 越好，越接近于 0 则越差[159,180,181]。

4.3.3 数据包络法

数据包络分析（data envelopment analysis，DEA），是一门集数学、运筹学、管理科学和计算机科学为一体的新的交叉研究领域，由美国著名运筹学家 A. Charnes、W. W. Cooper 和 E. Rhodes 于 1978 年使用数学规划（包括线性规划、多目标规划、半无限规划、随机规划、具体锥结构的广义优化等）的方法建立的模型，能够有效地解决投入与产出的效率评价问题[162,163,182]。数据包络分析是利用一个体系内的输入数据和输出数据，构成一个数据包络（envelopment），通过 DEA 模型进行相对有效性的评价，C^2R 是最原始的数据包络分析模型，是由三个模型创建者命名的[183,184]。数据包络分析效率评估方法在被发明出来之时产生很大的反响，经过几十年的发展，拓展出了更多的新领域与新手段，形成了具有不同侧重点的多个模型。

C^2R 模型是所有模型中最早被开发出来的，也是最为基础的模型[185]。每一个组织在研究与计算中都称为决策单元，C^2R 能够对同类型的决策单元的相对有效性进行评估、评定和对比，在计算中通过“对偶”投影。对于在上述计算中被确定为无效的决策单元进行进一步的分析、改进，有效地为所研究的问题提出意见和建议，通过判断是否位于“生产前沿面”上来界定决策单元之间的相对效率和规模收益[186,187]。数据包络分析方法有很多优点，应用于多投入多产出的复杂系统的3个突出优点分别是：a. 具有较高的灵敏度和可靠性，不需要在计算之前设置输入输出的权重；b. 各测量指标不需要统一的单位，指标可保持其本来面目，在简化测量过程的同时，可保证原始信息的完整，也可避免人为因素所带来的主观影响；c. 假定每个输入都关联于一个或者多个输出，输入和输出间同时存在着某种关系，那么数据包络分析法不需要它们之间的表达式就能显示出来[186,188]。

在第一个模型建立之后，W. W. Cooper、A. Charnes 和 R. D. Banker 等又从公理化模式出发，于1984年建立了 BC^2 模型。1985年，B. Golany、Cooper、Charnes 和 J. Stutz、L. Seiford 将模型进行了改进，设计出了一个更加复杂的模型 C^2GS^2，同 BC^2 模型一样可用于评价项目的技术有效性。如今，数据包络分析已应用于各个领域，在环境效率分析方面，刘勇等[189] 比较了6种 DEA 模型各自对非期望产出处理的特性和缺陷，得到基于松弛测度的 SBM 模型对企业环境效率的差异识别性较强；Geroge Vlontzos 等尝试根据 DEA 数据包络分析模型非比例地调整能量的输入和输出，对非期望的能源和环境效率的产出提供了相应的估计。Theodoros Skevas 等[190] 对农药随意应用给环境带来的影响进行了评估，得出政策制定者应对农药使用进行严格的控制。

在绩效评估方面，DEA 广泛应用于医院的绩效评估考核当中[191]，并且会经常与 SFA 方法结合，评价大型综合医院的效率[192]。高校的绩效评估也常应用数据包络分析的方法，田水承等[185] 在分析高校投入产出主要内容的基础上，构建了高校投入产出效率评价指标体系，提出了实际的高校发展优化方案。Muhittin Oral 等[193] 将 DEA 作为评估教师成绩考核的工具，实际地反映学院学术的绩效评价。

DEA 方法有许多种模型，适用的范围和情况也各不相同，其中 C^2R 是应用最为广泛的一种。在 DEA 方法的实际应用过程当中，不需要事先确定输入变量和各输出变量间的函数关系，可减少在实际应用过程中的程序和步骤，并且避免了因人为确定各指标的权重系数而引起的主观参与评价过多的问题，因而具有很强的客观性。DEA 方法在处理多输入多产出的问题方面具有较强的优势，能够根据决策单元的一组输入输出数据来估计有效生产前沿面，从而使相关决策者清晰地看到实际投入产出情况与目标投入产出水平之间的差距。DEA 方法在对各个决策单元进行相对效率评价的同时，还能够得到许多具有深刻经济含义和背景的管理信息，便于决策者进行修正和改进。

4.3.4 科学计量法

4.3.4.1 科学计量学

科学计量学是从“定量”的角度分析科学信息产生、传播和利用的方法，始于1961

年赖普斯发表的《巴比伦以来的科学》等一系列文章。随着《科学引文索引》的创立，《科学计量学杂志》的创办及国际科学计量学与情报计量学学会（ISSI）的成立快速发展起来了。自1986年以来，英国大学基金委员会开始使用科学计量学指标对资助对象进行科研绩效评估。

科学计量学以科学本身作为研究对象，以数学、统计学、计算机科学及图书馆情报学为基础，运用统计分析、网络分析和据点分析等方法对科学活动水平、发展趋势进行评估，为国家科学决策、科学管理、科学基金利用提供定量的科学依据[194]。科学计量学原理和方法与文献计量学存在着很大的相似性，最基本的方法是科学文献的引文分析。在科学评价中的主要应用有科学发展规划、科学基金管理、科研管理、人才评价、科技实力评估、科学生产能力以及科研绩效等。由于文献计量学和科学计量学在文献分析中的相似性，在对科技论文进行分析时不再区分文献计量学与科学计量学。

科学计量学通过对科学“生产”的投入和产出的各个方面以及科学内、外各种关系的定量化研究，为建立科学评价的完整指标体系提供了现实可能性。科技投入如人力、科研经费、仪器设备等，科技产出如效果和效益等都可进行量化，通过数学及统计学相关知识，应用函数关系进行描述、分析和研究。科技文献及专利是科学研究成果的主要表现形式，科技文献及专利的质量和数量是人才评价、机构评价的重要指标，能够为人才评价、成果评价、项目评价、机构评价等提供定量的评价依据。Pavitt[195] 认为专利数据对创新分析具有重要作用。虽然将专利作为技术衡量创新水平的指标还存在诸多争议，但专利数据仍是用于科技创新及其与经济发展关系分析的一重要指标[196]。

1955年，在芝加哥举办的第五届国际科学计量学与信息计量学研讨会上讨论了科学计量学分类依据，对各种科学计量学实体的数量和参照标准加以分类，包括科学计量内容、科学信息影响力的科学计量单元、科学信息的科学计量单元等11类，具体的分类取决于研究的系统，根据研究重点决定每一个分类相应的内容。依据各种科学计量学实体的数量和参照标准加以分类，具体指标有可分总量指标、复杂指标和引入参照标准的复杂指标。

（1）可分总量指标

$$G=\sum_{i=1}^{N}\omega_e e_i \tag{4-10}$$

式中 e_i——第 i 个计量对象；

N——计量对象的总数；

ω_e——可能的权重因子；

G——总量指标适用于研究某组织单元在一定时间内开展的各类型活动。

（2）复杂指标

$$C=AfB \tag{4-11}$$

式中 f——数学运算符；

A——数据集 A 中计量对象的数量；

B——数据集 B 中计量对象的数量。

(3) 引入参照标准的复杂指数

$$C=\frac{\omega_a A}{\omega_b B}=\frac{\sum_{i=1}^{A}\omega_a a_i}{\sum_{i=1}^{B}\omega_b b_i} \tag{4-12}$$

式中　a_i——数据集 A 第 i 个计量对象；

b_i——数据集 B 第 i 个计量对象；

ω_a——相对于数据集 A 的权重因子；

ω_b——相对于数据集 B 的权重因子。

4.3.4.2　文献计量学

文献计量学是以若干基本定律和规律为基础进行文献分布的研究。布拉德福定律（Bradford's Law of Scattering）、洛特卡定律（Lotka's Law）和齐普夫定律（Zipf's Law）的建立，为文献计量学奠定了坚实的基础。

(1) 布拉德福定律

1934 年，英国文献学家布拉德福在《Engineering》杂志上发表的"Sources of information on specific subjects"中提出的描述文章分散规律的经验定律。该定律为描述某一学科论文在相关期刊中的分布规律，其区域分析为：如果将科学期刊按其登载某个学科的论文数量的多少，以减序排序，那么可以把期刊分为专门面向这个学科的核心区、相关区和非相关区，使这三个区的论文数量相等，此时核心区、相关区和非相关区期刊数量之比为 $1:a:a^2$（a 为布拉德福常数）。

(2) 洛特卡定律

1926 年，洛特卡最先研究科学文献数量与著者数量之间的关系，创造性地提出了"科学生产率"的概念，即科学家在科学上所表现出来的能力和工作效率，通常用其生产的科学文献的数量来衡量。洛特卡定律从"科学生产率"的概念出发，通过统计和分析科研人员的论著数量，首次揭示了科学文献按著者的分布规律，即倒数平方定律：

$$f(x)=\frac{C}{x^2} \tag{4-13}$$

式中　$f(x)$——写了 x 篇论文的作者数占总数的比例；

C——某特定主题领域的特征常数。

在此基础上，这一定律扩展应用于合作者问题的研究上，即某种期刊在一定时期内的合作度和合作率如下：

$$合作度=作者总数/论文总数\times100\% \tag{4-14}$$

$$合作率=合作论文数/论文总数\times100\% \tag{4-15}$$

(3) 齐普夫定律

1935 年，在前人研究的基础上，齐普夫以大量统计数据对词频分布规律进行系统研究，论证了描述词的频率与等级序号之间关系的定量形式。齐普夫定律内容为：如果把一篇较长文章中的每个不同的词按其出现频次的递减顺序排列起来，并用自然数给这些词编

上等级序号，那么等级值和频次值的乘积是一个常数，即

$$fr=C \tag{4-16}$$

式中 f——某个词在文章中出现的频次；

r——该词的等级序号；

C——常数。

4.3.4.3 引文分析方法

引文分析方法是文献计量学中最基本的方法，具有显著的客观性。引文分析即利用各种数学（如统计学的方法）和比较、归纳、抽象、概括等逻辑方法，对科学期刊、论文、著者等各种分析对象的引用与被引用现象进行分析，以揭示其数量特征和内在规律的一种文献计量分析方法[197]。在整个科学文献体系中，科学文献之间并不是彼此孤立存在的，而是相互联系的。一篇文章或一篇专著在写作过程中，一般都要参阅其他的有关文献，并在发表文章或出版专著时列出参考文献，这就形成了科学文献之间的引用和被引用的关系。科学文献的相互引用关系是科学引证分析的基础和前提。

引文分析评价具有显著的客观性，引用频次反映相应科学产出的重要性、影响力和权威性。一般来说，引用频次越高，文献的价值越高，科研成果越重要，代表的学术水平较高。因此，引文分析常用来衡量某文献的学术价值和影响，同时也用于科技成果创新度的评价。

对科技成果的创新度进行评价是科技创新评估的重要研究部分，某些研究从引用率和重复率两个方面进行量化评估。重复率主要通过检索查新进行判定，统计相同或相似研究成果的数量，分析该科技成果的重复率，重复率越大创新度越低。科技成果被引用情况可对该成果的创新度和影响度进行表征，引用越多，越有科技价值，一般创新度越高[198]。沈律通过引用经济计量学中一般均衡理论方法，将科技创新度与市场价格进行类比，对科技成果的重复率和引用率曲线进行分析，提出科技创新评估的一般均衡理论[199]。

4.3.4.4 文献计量分析方法

近几年，可视化数据分析工具广泛应用于科学计量学研究。该类软件可用来绘制科学和技术领域发展的知识图谱，直观地展现科学知识领域的信息全景，识别某一科学领域中的关键文献、热点研究和前言方向。社会网络分析（social network analysis）构建是可视化分析工具的重要方面，主要包括作者、机构、国家间合作关系的刻画以及主题词的共现等，可用来识别科研团队的贡献、某一科研领域的发展趋势以及科学前沿及热点等问题。目前，应用较多的文献计量分析工具有 Citespace、Bibexcel、UCINET、SATI 和 Gephi。

Citespace 是陈超美教授开发的一款共享可视化文献分析软件，能够对 Web of Science、CNKI、CSSCI、Scopus、Derwent 等数据库的文献进行分析。该软件能够实现作者、机构或者国家的合作网络分析，主题词、关键词或 Web of Science 分类的共现分析，文献的共被引分析、作者的共被引分析以及期刊的共被引分析，并实现可视化分析。可视化分析效果如图 4-10 所示。

Citespace 能够实现网络的聚类分析，该软件包括 3 种聚类算法，并能够以不同的形式进行可视化展示，如图 4-11 所示为 Cluster、Timeline 和 Time zone 可视化方式。

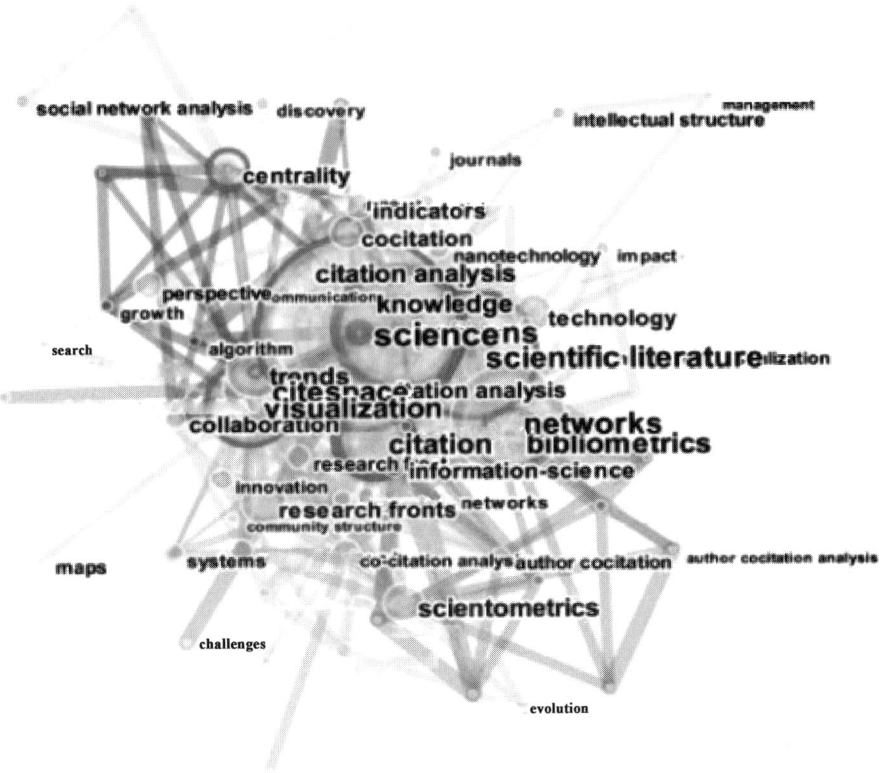

(a) 关键词共现分析

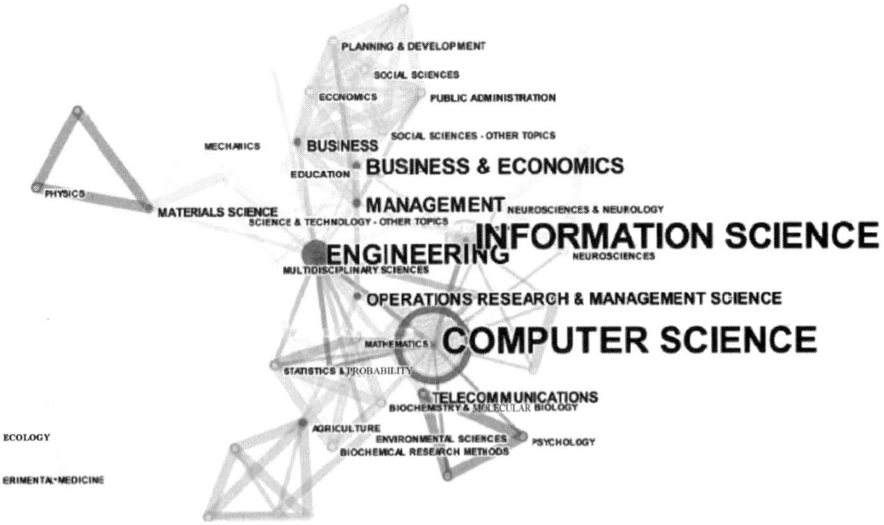

(b) 领域共现分析

图 4-10

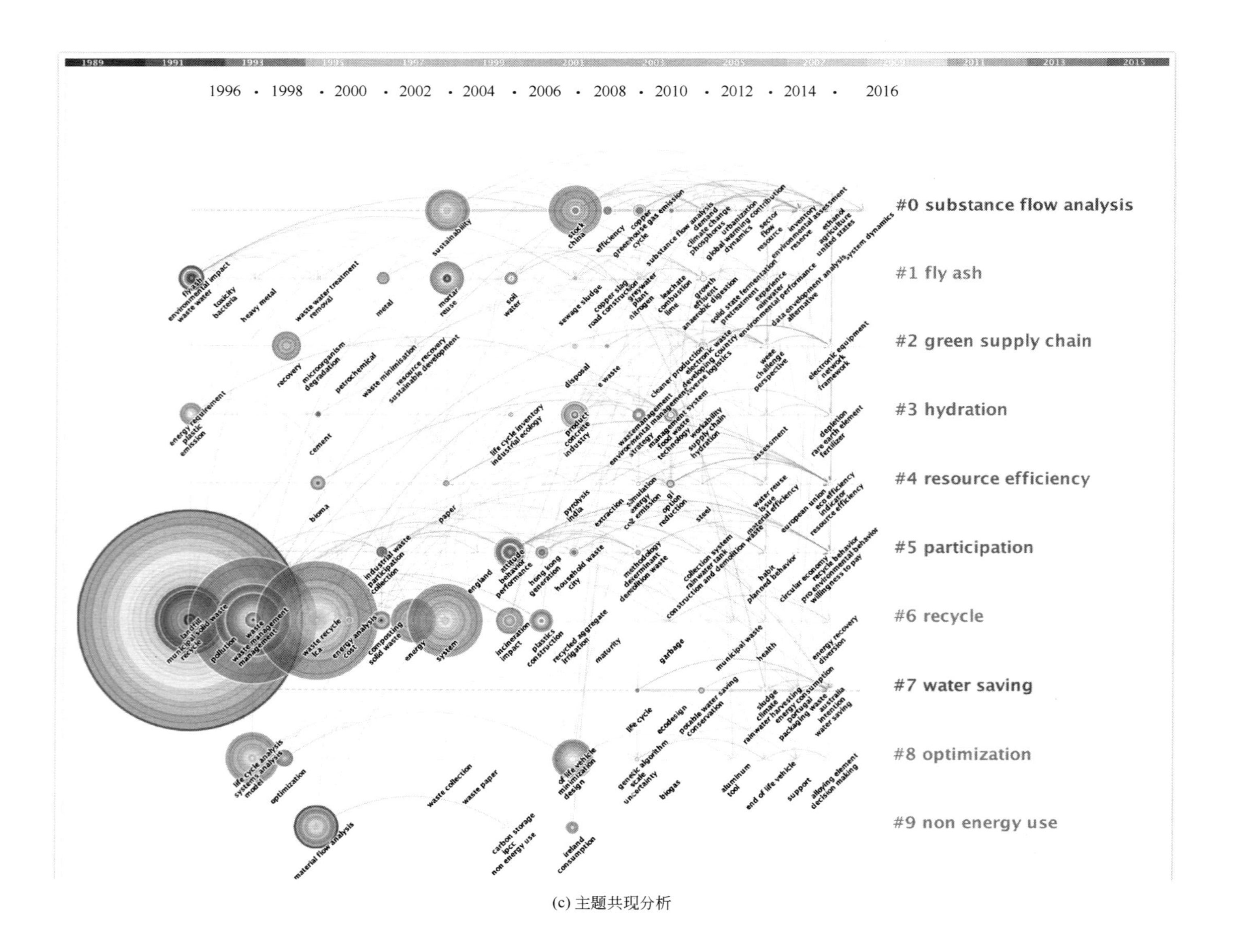
1996 1998 2000 2002 2004 2006 2008 2010 2012 2014 2016
#0 substance flow analysis
#1 fly ash
#2 green supply chain
#3 hydration
#4 resource efficiency
#5 participation
#6 recycle
#7 water saving
#8 optimization
#9 non energy use

(c) 主题共现分析

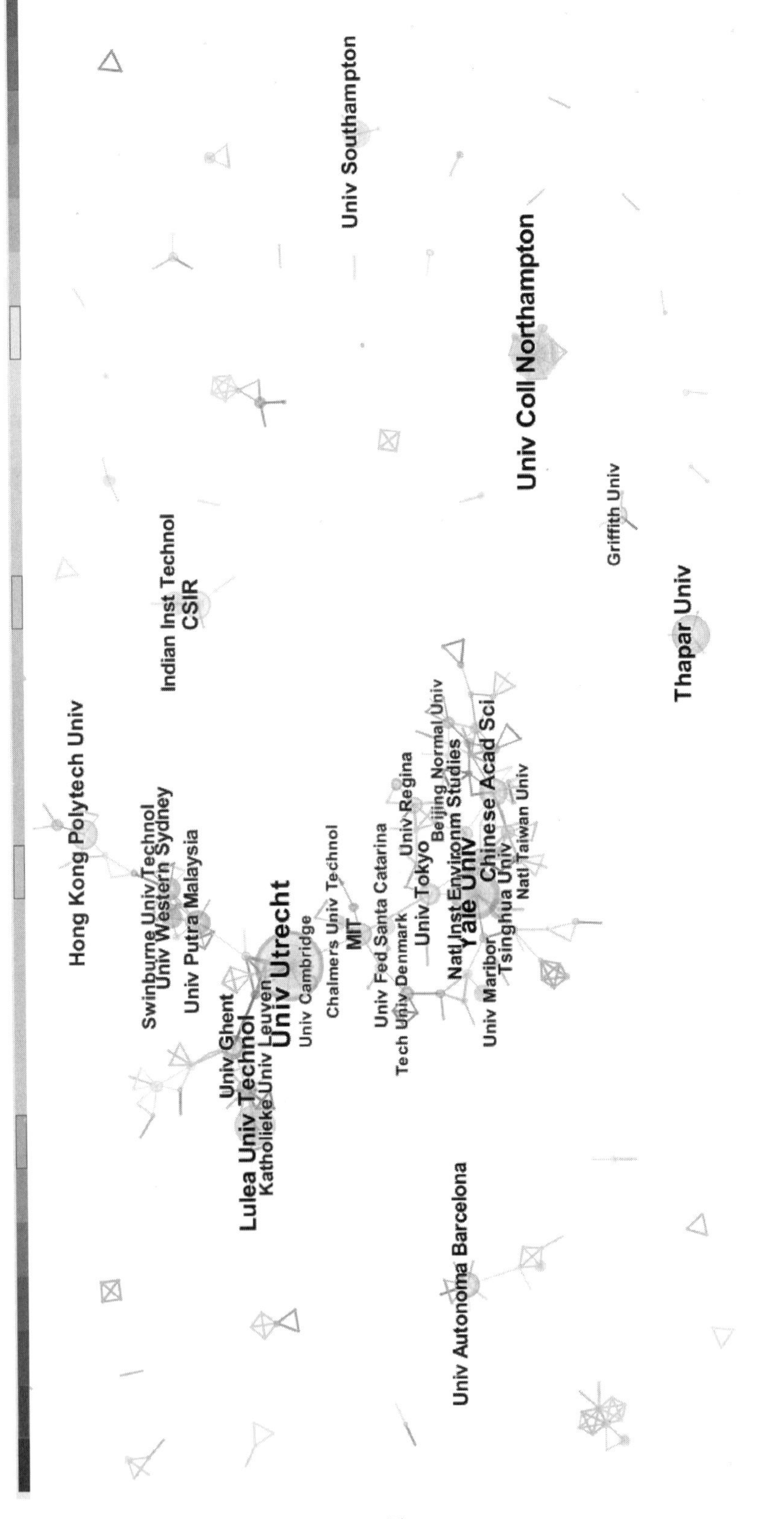
Univ Southampton
Univ Coll Northampton
Griffith Univ
Thapar Univ
Indian Inst Technol
CSIR
Hong Kong Polytech Univ
Swinburne Univ Technol
Univ Western Sydney
Univ Putra Malaysia
Univ Utrecht
Univ Cambridge
Chalmers Univ Technol
MIT
Univ Fed Santa Catarina
Univ Regina
Univ Tokyo
Tech Univ Denmark
Beijing Normal Univ
Natl Inst Environm Studies
Yale Univ
Chinese Acad Sci
Tsinghua Univ
Natl Taiwan Univ
Univ Maribor
Univ Ghent
Lulea Univ Technol
Katholieke Univ Leuven
Univ Autonoma Barcelona
(d) 作者合作网络

图 4-10

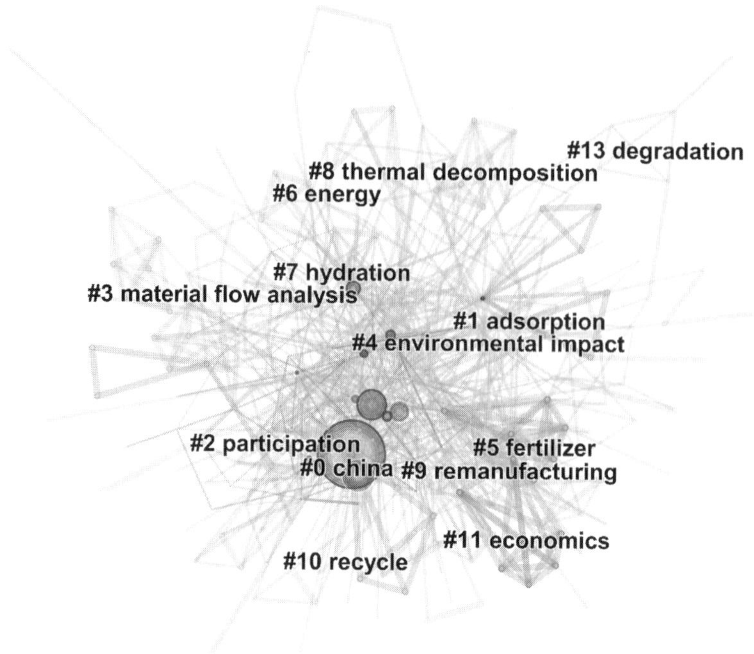

#13 degradation
#8 thermal decomposition
#6 energy
#7 hydration
#3 material flow analysis
#1 adsorption
#4 environmental impact
#2 participation
#5 fertilizer
#0 china
#9 remanufacturing
#11 economics
#10 recycle

(e) 文献共被引分析

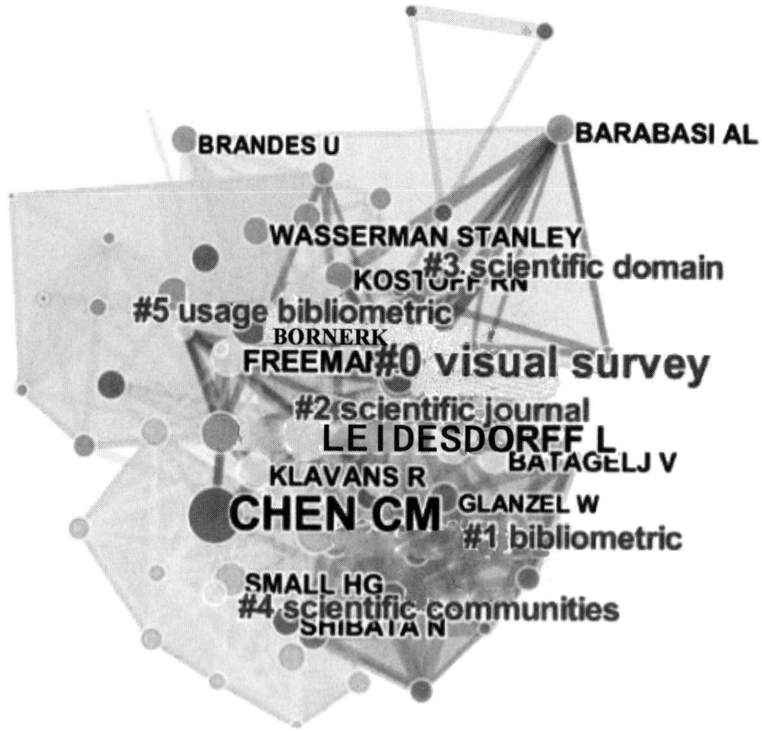

BRANDES U
BARABASI AL
WASSERMAN STANLEY
#3 scientific domain
KOSTOFF RN
#5 usage bibliometric
BORNERK
FREEMAN
#0 visual survey
#2 scientific journal
LEIDESDORFF L
BATAGELJ V
KLAVANS R
CHEN CM
GLANZEL W
#1 bibliometric
SMALL HG
#4 scientific communities
SHIBATA N

(f) 作者共被引分析

图 4-10 Citespace 可视化分析

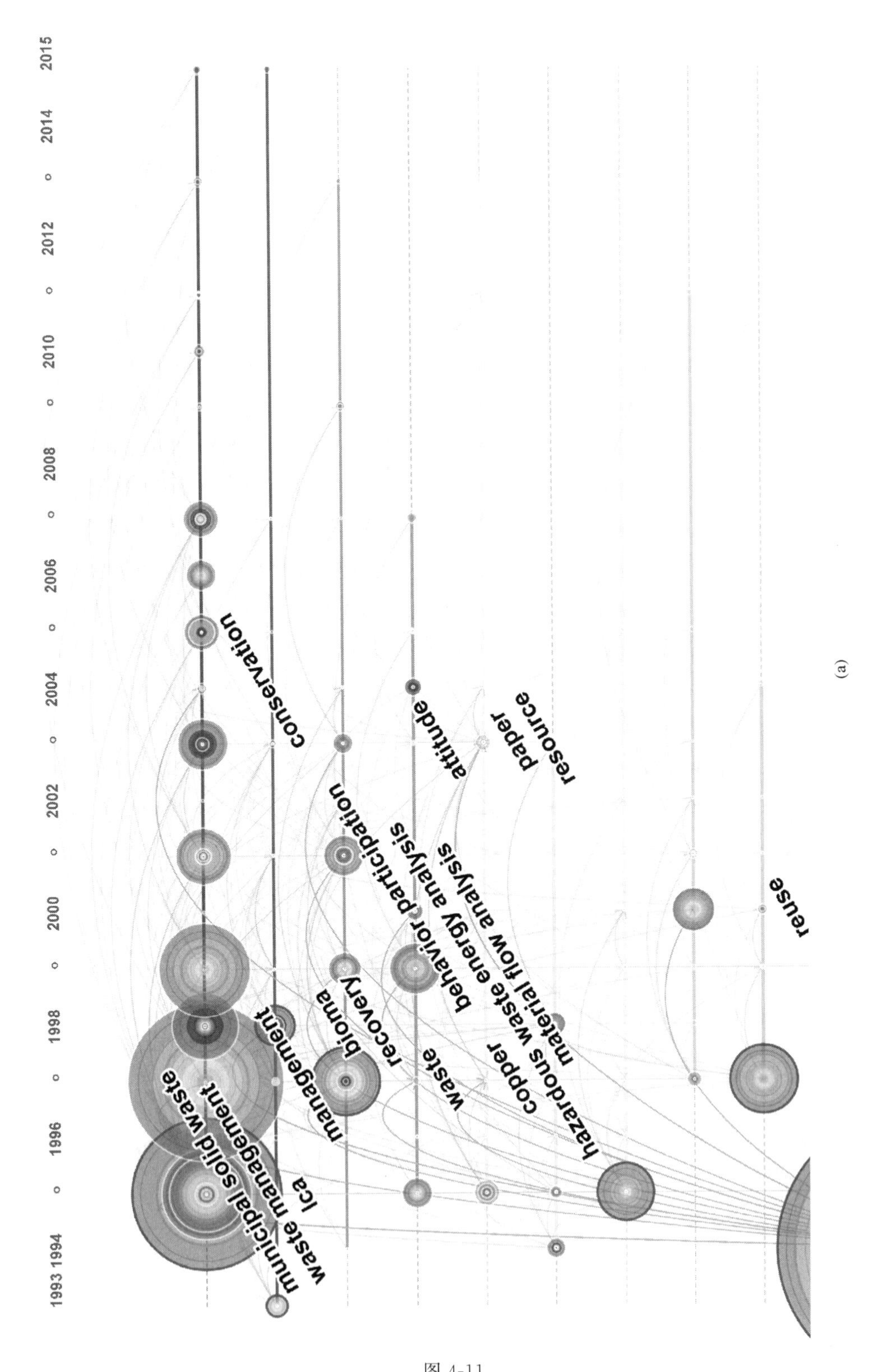
1993 1994
1996
1998
2000
2002
2004
2006
2008
2010
2012
2014
2015
conservation
attitude
paper
resource
participation
behavior analysis
waste energy analysis
material flow analysis
reuse
recovery
bioma
management
waste
copper
hazardous
municipal solid waste
waste management
lca
(a)

图 4-11

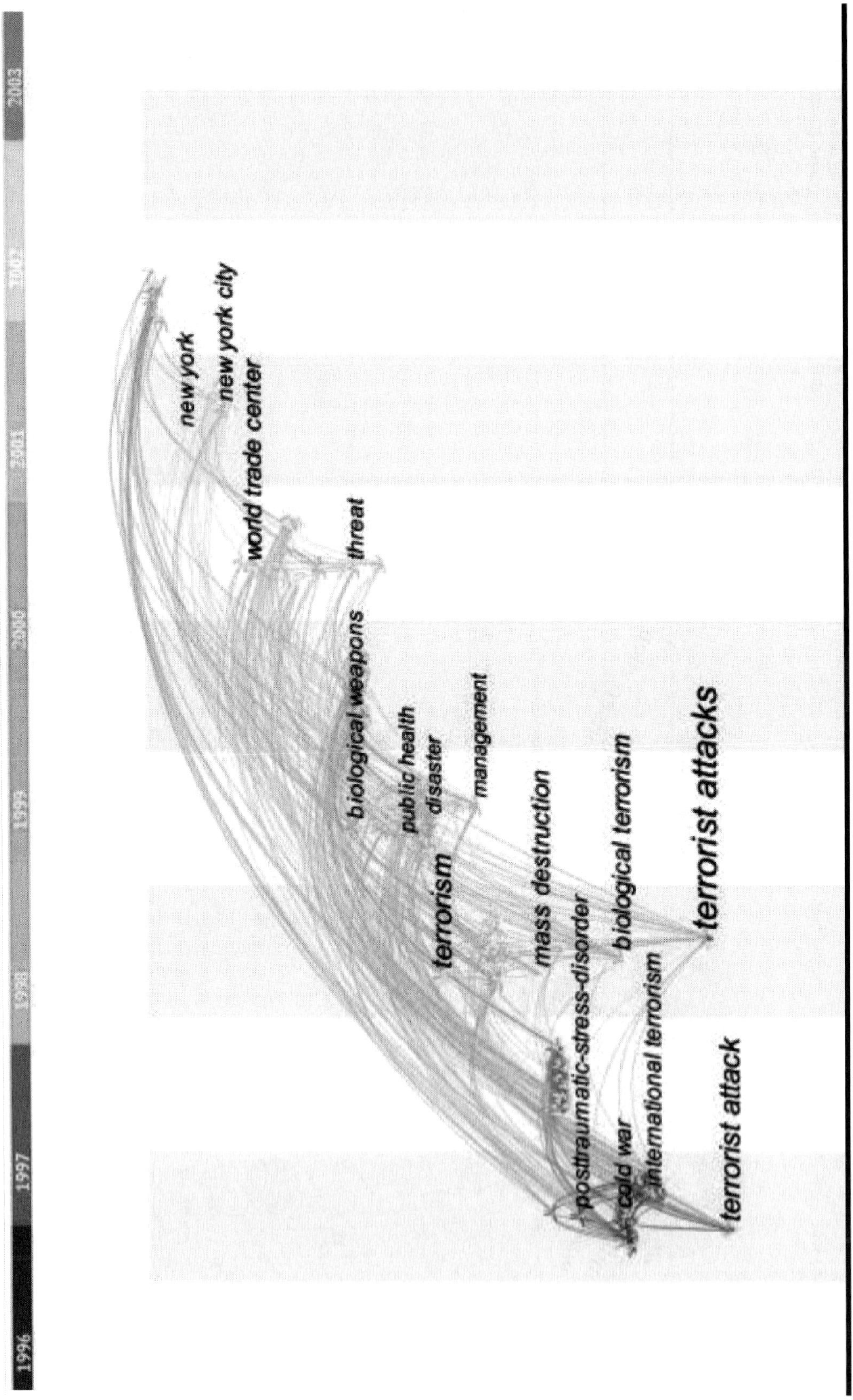

1996
1997
1998
1999
2000
2001
2002
2003
new york
new york city
world trade center
threat
biological weapons
public health
disaster
management
terrorism
mass destruction
biological terrorism
terrorist attacks
posttraumatic-stress-disorder
cold war
international terrorism
terrorist attack

(b)

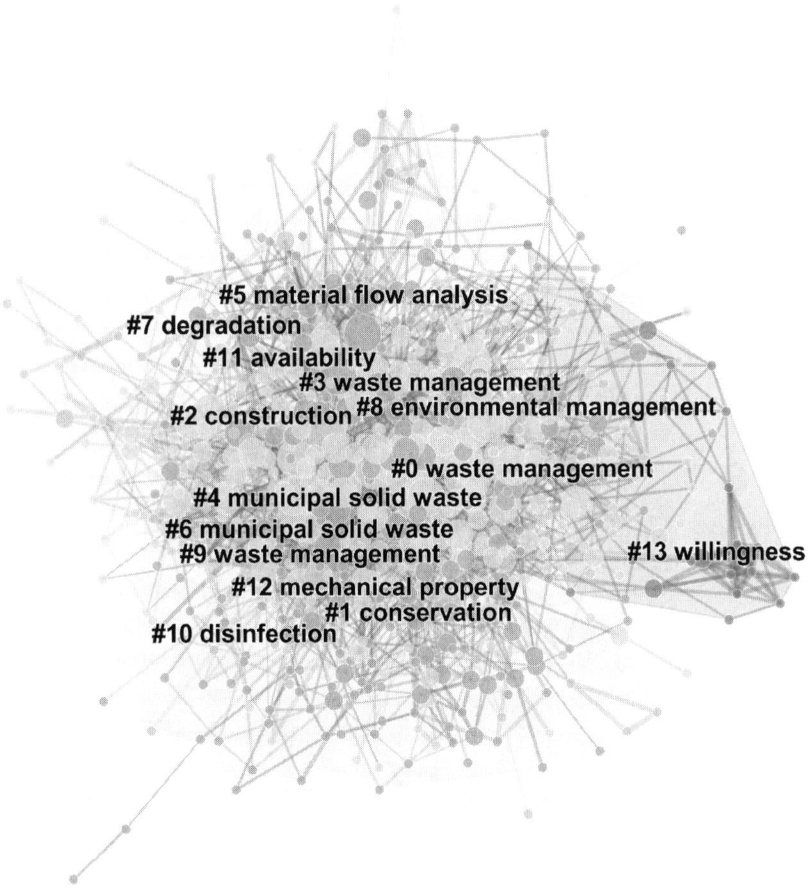

(c)

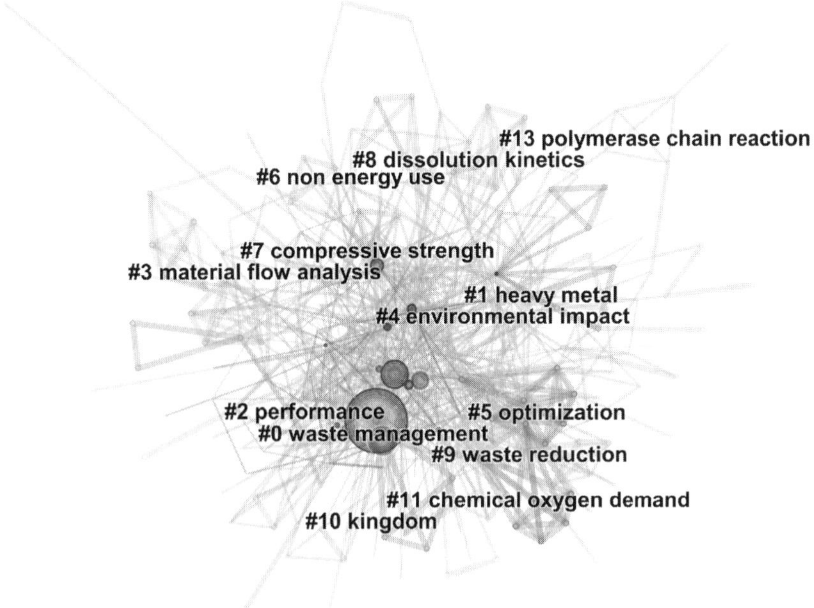

(d)

图 4-11 Citespace 聚类分析

SATI 是一款操作相对简单的国产文献分析软件，支持 4 种数据格式：EndNote 格式、NoteExpress 格式、HTML（WOS）格式和 CSSCI 格式。SATI 能够实现字段抽取、频次统计、生成共词矩阵以及借助于 Netdraw 实现网络可视化分析。可分析的内容包括自定义字段、关键词、主题词、作者、引文、机构、发表年、标题、期刊名、文献类型、摘要、URL 等字段。该软件操作简单，小巧精准，但每次处理的数据量不宜过大。SATI-Netdraw 可视化网络图如图 4-12 所示。

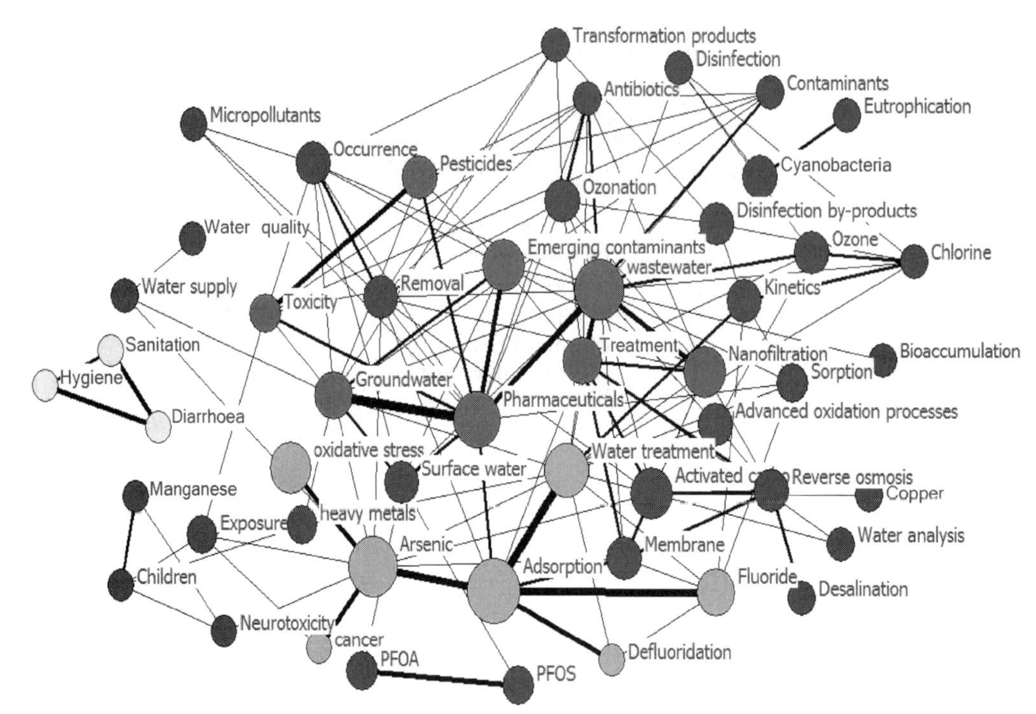

图 4-12 SATI-Netdraw 可视化网络图

UCINET 软件是由加州大学欧文（Irvine）分校的一群网络分析者编写的。UCINET 网络分析集成软件包括一维与二维数据分析的 NetDraw，还有正在发展应用的三维展示分析软件 Mage 等，同时集成了 Pajek 用于大型网络分析的 Free 应用软件程序。利用 UCINET 软件可以读取文本文件、KrackPlot、Pajek、Negopy、VNA 等格式的文件。

Gephi 是一款开源免费跨平台基于 JVM 的复杂网络分析软件，用于各种网络和复杂系统的一种动态和分层图交互可视化与探测的开源工具。可用于探索性数据分析、链接分析、社交网络分析、生物网络分析等，其可视化界面如图 4-13 所示。Pajek 运行在 Windows 环境，用于带上千乃至数百万个结点大型网络的分析和可视化操作。

4.3.5 科技创新贡献评估方法

自 20 世纪 60 年代对科技指标进行研究以来，科技创新贡献力的评价方法也日渐丰富起来，并逐渐在全球范围内深入实践及推广。目前，国内外常用的科技创新贡献率的评价方法主要有洛桑年鉴评价法、线性加权法、AHP（层次分析）评价法、模糊综合评价法、因子分析法、聚类分析法、数据包络分析法（DEA）、灰色关联度法和密切值法等，以上几种评价方法及其优缺点见表 4-4。

图 4-13 Gephi 可视化界面

表 4-4 科技成果贡献率评价方法比对

评价方法	具体内容	优缺点	方法类别
洛桑年鉴评价法	每个硬指标权重为1,每个软指标权重为0.8。各指标标准化后,乘以相应权重即得到科技贡献率的得分	优点:可确定不同变量的密切程度。 缺点:忽视了各个硬指标之间以及各个软指标之间的相互差异	定性和定量相结合
线性加权法	选择一定数量的指标,根据各指标对目标的重要性表征程度不同,赋予不同权重,用各指标标准化后的数值乘以各自权重并求和	优点:通过专家对指标的理解进行打分,具有一定的权威性。 缺点:权重赋予具有主观性	定性和定量相结合
AHP 评价法	通过两两比较,构造判断矩阵;再由判断矩阵计算相对权重,并对判断矩阵进行一致性检验;然后计算各层次对于系统的总排序权重,并进行排序;最后得到各方案对于总目标的总排序	优点:表现形式非常简单,容易被人理解和接受,应用广泛。 缺点:同一层次元素很多时,很容易使决策者作出矛盾和混乱的判断,使判断矩阵出现不一致现象	定性和定量相结合
模糊综合评价法	该法是基于评价过程的非线性特点提出的,应用模糊变换原理和最大隶属度原则综合考虑被评价事物或其属性的相关因素,进而对事物进行等级或类别评价	优点:解决判断的模糊性和不确定性问题,克服了传统数学方法结果单一性的缺陷,结果包含的信息丰富。 缺点:不能解决指标间相关性造成的信息重复问题,权重确定带有主观性	定性和定量相结合

续表

评价方法	具体内容	优缺点	方法类别
因子分析法	通过降维把多个评价指标融合为少数几个综合指标的多元统计分析方法，得出的几个综合指标能够反映原始指标的绝大部分信息	优点：消除指标间的相互影响，避免信息量重复，具有客观性。 缺点：评价结果只能用于总体内排序，不适用于样本容量较小的情况	定量分析
聚类分析法	直接比较各事物之间的性质，通过距离的大小将性质相近的归为一类，将性质差别较大的归为不同类	优点：能够将众多样本分为几类，适用于大量的样品或变量分类。 缺点：该法较为粗略，分类个数由人为决定	定量分析
DEA法	采用线性规划方法，以指标权重为变量，利用观察到的有效样本数据，通过投入与产出比来确定有效生产前沿面，再将各样本与此前沿面比较，进而衡量效率	优点：以决策单元的输入输出权数为变量，确定各指标在优先意义下的权数，客观性强。 缺点：具有相对有效性，与实际评价要求不一致	定量分析
灰色关联度法	从样本中确定一个理想化的最优样本作为参考序列，通过计算各样本序列与该参考序列的关联度，对被评价对象作出综合比较和排序	优点：不需大量样本和经典的分布规律，只要少量代表性样本，计算简便。 缺点：不能解决指标相关造成的信息重复问题，指标选择对结果影响很大	定量分析
密切值法	密切值法是一种多目标决策方法，通过各方案与最优点、最劣点的距离确定方案的优劣，将多指标转化成一个单一综合值来评价其优劣	优点：原理简单、概念清晰、易于实现，不需要确定隶属函数等主观性参数，评价结果更具客观性。 缺点：忽略权重或等权处理，评价结果与实际不符	定量分析
文献计量法	客观地掌握快速发展的前沿研究领域，强化了技术预见的客观性和前瞻性	优点：具有客观性，能够进行定量分析。 缺点：(1)需要利用文献进行大量复杂的分析，缺乏全面性； (2)文献被引用很难表征质量上的差异； (3)不同学科的文献引文率可比性不强	定量分析

由表4-4可知，目前关于科技创新能力评价的研究方法已经非常丰富，这些方法大多数都需要确定指标的权重，从较早的洛桑年鉴评价法，到后来的AHP评价法、模糊综合评价法，由于涉及人为确定权重的问题，使得评价结果受到人们主观因素的影响。因子分析法、聚类分析法和数据包络分析（DEA）法，通过指标间的相互关系确定权重的大小，属于相对客观的评价方法。总的来说，每种方法都各有优缺点，应根据指标体系状况、权重系数要求及问题本身的已知条件等情况选用方法，也可以多种评价方法结合使用[199]。

4.4 科技创新与绩效评估模型构建

4.4.1 绩效评价指标体系的构建

4.4.1.1 指标体系设计的构建原则

(1) 系统性原则

科技项目是涉及人才培养、科学研究、知识技术流动、科技成果产业化等多方面的复杂结构系统，具有很强的系统整体性，因此在评价指标体系的设置中，这一特性应得到充分的反映。

(2) 客观性原则

系统、准确地反映科技项目的客观实际情况，克服因人而异的主观因素的影响，这是各类评价的基本要求。为此，对各项评价指标的定义应尽可能明确，界限要清晰。因此，设计指标体系时要考虑科技项目创新能力指标元素及指标结构整体的合理性，从不同侧面设计若干反映科技创新能力的指标，并且指标要有较好的可靠性、独立性、代表性、统计性。

(3) 可行性原则

为保证获取数据的可靠性，要最大限度利用和开发现有统计系统发布的统计数据，注意量化的可操作性，使评估建立在公开、公正、公平的基础上，保证评估结果的可信度。

(4) 可比性原则

本指标体系是对整体科技项目的科技创新贡献能力进行综合评估，因此，指标体系的设计必须充分考虑到各区域之间统计指标的差异，在具体指标选择上必须是各区域共有的指标含义，统计口径和范围尽可能保持一致。

(5) 绝对指标和相对指标相结合的原则

从统计分析的角度出发，每个统计指标都只是反映某一个侧面的内容。绝对指标反映的是总量、规模等因素，相对指标则反映的是速度、结构、比率等，结合两类指标进行分析，可以较准确地反映实际情况[200]。

4.4.1.2 评价指标体系的构成

根据建立评价指标体系的基本原则，通过专家咨询和试算，最后建立科技项目科技绩效评估与科技创新评价指标体系，包括投入指标及贡献力（产出）指标。科技项目产出指标包括：1 个一级指标，即贡献能力；3 个二级指标，即人才培养贡献能力、创新产出贡献能力、创新成果转化能力；17 个三级指标，并根据评级指标体系进行相关数据的收集。科技项目绩效评估投入指标和产出指标如表 4-5 和表 4-6 所列。

表 4-5 科技项目绩效评估投入指标

一级指标	二级指标	三级指标
科技项目投入(a_1)	科研人员投入(b_1)	高级研究人员(c_1)
		中级研究人员(c_2)
		一般研究人员(c_3)
		其他研究人员(c_4)
	科技资金投入(b_2)	中央财政拨款(c_5)
		地方财政拨款(c_6)
		自筹资金(c_7)
		其他资金(c_8)

表 4-6 科技项目绩效评估产出指标

一级指标	二级指标	三级指标
科技项目贡献力(A_1)	人才培养贡献能力(B_1)	博士后培养(C_1)
		博士研究生培养(C_2)
		硕士研究生培养(C_3)
		高级创新人才培养(C_4)
	创新产出贡献能力(B_2)	发明专利(C_5)
		软件著作(C_6)
		专著(C_7)
		外文期刊(C_8)
		中文期刊(C_9)
		技术规范(C_{10})
		技术指南(C_{11})
	创新成果转化能力(B_3)	单一技术示范工程(C_{12})
		多项技术示范工程(C_{13})
		集成技术示范工程(C_{14})
		运作的基地平台(C_{15})
		技术转化成交合同(C_{16})
		直接经济效益(C_{17})

评价指标的含义如下。

① 科研人员投入（b_1）。科研人员的投入是科技项目实施的基础，主要包括高级研究人员数量、中级研究人员数量、一般研究人员数量及其他研究人员数量等。

② 科技资金投入（b_2）。包括中央财政拨款、地方财政拨款、自筹资金以及科研基础（如设备）等其他资金。

③ 人才培养贡献能力（B_1）。科技项目的组织实施需要大量的高水平科技人才，同时也是培养科技人才的摇篮。人才培养贡献能力包括博士后培养数量、博士研究生培养数量、硕士研究生培养数量以及高级创新人才（如学术带头人、国家级科技创新人才）培养数量等因素都会对科技项目人才培养贡献产生重要的影响。

④ 创新产出贡献能力（B_2）。创新产出是科技项目组织实施科技贡献能力强弱的最直接体现，也是科技创新活动成功与否的客观尺度。如果没有足够的科技创新产出，就意味着科技创新能力不强。科技创新成果是科技项目进行科技创新活动的直接产出，一般以发明专利、软件著作、专著、论文等形式表现。

⑤ 创新成果转化能力（B_3）。在《中华人民共和国促进科技成果转化法》中，科技成果转化的定义是：为提高生产力水平而对科技成果所进行的后续试验、开发、应用、推广直至形成新技术、新工艺、新材料、新产品、发展新产业等活动。通常认为，科技项目的成果转化能力是指把科技创新成果转化为生产力的能力，包括一切有利于科技创新成果向商业化、市场化、产业化转移的行为和活动，如单一技术示范工程数量、多项技术示范

工程数量、集成技术示范工程数量、短期运作基地平台数量和长期运作基地平台数量等表现形式。科技项目实施的创新成果转化能力的强弱反映出科技项目的科技创新活动在经济领域中所表现出来的综合竞争能力与地位，在一定程度上体现了科技项目科技创新活动产出的经济效益状况。

4.4.2　绩效评估模型构建

基于数据包络分析法和专家打分法构建半监督式的科技项目绩效评估模型构建（STPCT-DEA）。首先，将各个课题（项目/主题）作为一决策单元，以评估指标体系投入-产出指标应用DEA模型对课题（子课题/项目/主题）的实施效率进行评估，专家结合自身经验对课题（项目/主题）的任务完成度及质量进行评估打分，分优秀（超额完成）、良好（按计划完成）、合格（基本完成）和结题（未按计划完成或超期）。以专家评分良好的课题群为基准线，结合DEA效率得分评估课题的相对有效性，如图4-14所示。

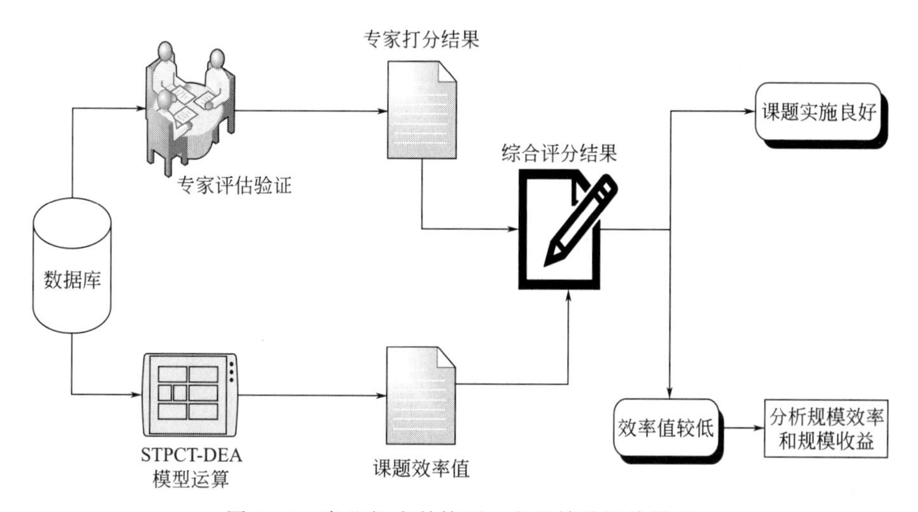

图4-14　半监督式科技项目实施绩效评估模型

本书运用DEA模型中的C^2R模型进行模型构建及课题的绩效评价分析。在DEA方法的实际应用过程当中，不需要事先确定输入变量和各输出变量间的函数关系，可减少在实际应用过程中的程序和步骤，并且可避免因人为确定各指标的权重系数从而引起的主观参与评价过多的问题，因而具有很强的客观性。DEA方法在处理多输入多产出的问题方面具有较强的优势，能够根据决策单元的一组输入输出数据来估计有效生产前沿面，从而使相关决策者清晰地看到实际投入产出情况与目标投入产出水平之间的差距。DEA方法在对个决策单元进行相对效率评价的同时，还能够得到许多具有深刻经济含义和背景的管理信息，便于决策者进行修正和改进。

在运用DEA方法进行绩效评价时，应该遵循以下步骤。

① 分析要评估的科技项目各课题的性质和内容，以课题研究目的为导向，根据课题成果产出类型的不同，设计出科学的投入产出效率评价指标，确保每一项投入和每一项产出之间没有重叠和交叉。

② 确定各个课题的DEA有效性，建立科技项目绩效评价模型。

③ 将课题投入产出的具体内容带入模型中进行运算，以课题在有效生产前沿面上的投影评估课题的实施效率。

④ 分析各个课题的有效性对每个输入输出指标的依赖情况，确定指标的重要性。

⑤ 对各个课题的效率评估结果进行排序与分析，为分析管理问题所在提供依据。

4.4.3 科技创新评估体系构建

科技创新过程包括经过基础研究产生知识创新、技术创新，在此基础上进行技术应用及技术产业化即推广，在每个过程中有相应的科技成果（图 4-15）。科技项目通过基础研究，创造新的知识，在特定领域引领知识创新，通常以学术论文和著作的发表为代表，但学术论文时效性更强。把创新知识应用于技术领域和管理领域，可引起该领域的技术创新和管理创新，产出新技术、新工艺、新设备以及新的管理方法及政策方案。在新技术应用过程中，也会对管理创新起到推动作用，促进技术标准及管理方式的转变及提升。最后，通过中试阶段或直接进入技术产业化及推广阶段，产生一定的经济效益、社会效益及环境效益。

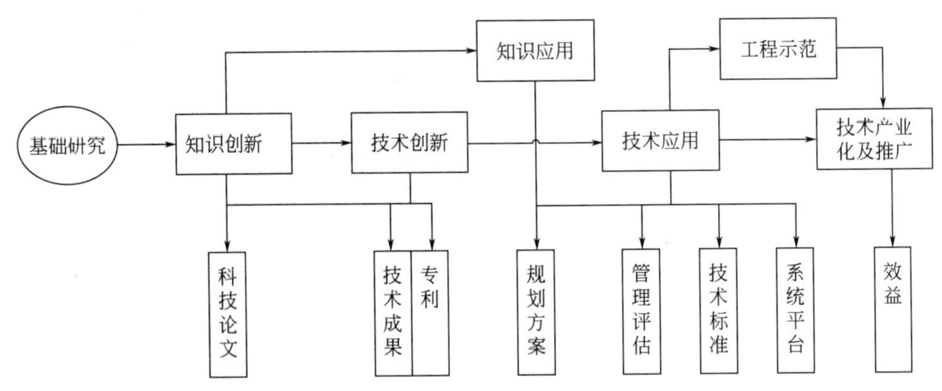

图 4-15　科技创新评估体系

知识创新以科技论文进行表征。技术创新贡献主要指科学技术产出，包括关键技术、集成技术及单项技术等。由于技术产出不易统计和比较，故用专利和软件著作权的申请及授权情况表示技术产出情况，包括发明专利/实用新型专利和软件著作权（无外观设计专利）。人才培养主要用培养硕士研究生和博士研究生的数量进行表征。环境法律法规及政策标准，包括制定的国家标准、地方标准、行业标准、政策建议、管理方案等。

水专项实施绩效评估研究

5.1 水专项组织实施体系与绩效评估方式

水专项是国家水体污染控制与治理重大科技工程，设置有湖泊、河流、城市水环境、饮用水、监控预警和战略政策6个主题，主题下设置若干项目，项目由若干课题组成，对于我国依靠科技创新，促进节能减排，控制水体污染，改善水生态环境，保障饮用水安全，提高人民生活质量和保持经济社会持续协调发展具有重要意义[201,202]。

为了保证水专项复杂体系的推进和实施，实现水专项的规范管理，提高效率，根据国务院办公厅印发的《组织实施科技重大专项工作规则》、国务院常务会议审议通过的《水体污染控制与治理科技重大专项实施方案》[202]（以下简称“水专项实施方案”）以及科技部、国家发展改革委和财政部（以下简称“三部门”）印发的《国家科技重大专项管理暂行规定》[203] 等要求，制定了如下的管理办法进行管理和协调。

5.1.1 管理单位组织构架

对水专项实施方案进行梳理和总结，如图5-1所示。水专项的组织实施是由国务院统一领导，由国家科技教育领导小组负责统筹协调，财政部、科技部、国家发展改革委进行方案的论证、综合评估、评估验收和研究制定配套政策的相关工作。

水专项领导小组由国务院批准成立，对水专项的组织实施承担领导责任。水专项牵头组织单位［环境保护部（现已更名为“生态环境部”）和住房和城乡建设部］在领导小组的领导之下，负责水专项的集体组织实施，是保证水专项顺利组织实施并完成预期目标的负责主体。水专项管理办公室（以下简称“水专办”）在领导小组和牵头组织单位的统一领导下，承担水专项领导小组办公室和水专项实施管理办公室的职能，负责协调水专项实施的日常工作。水专项重点流域跨省协调小组、省级协调领导小组和示范项目所在的地方政府组织协调和推动本辖区内相关项目的实施工作，以及配套条件的具体落实。

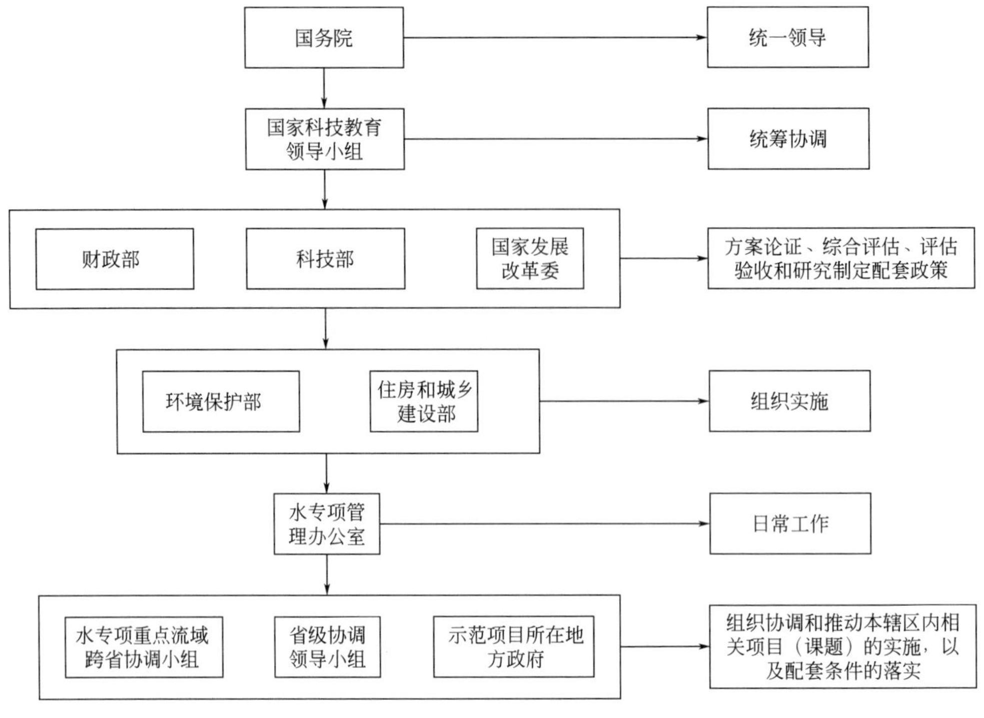

图 5-1　管理单位机构构架

5.1.2　组织实施体系

水专项的组织实施有两条并行的管理系统，分别是行政管理和技术管理。行政管理体系主要由水专项领导小组、牵头组织部门、水专项办公室、省级协调领导小组、示范课题所在地方的政府管理机构等组成，侧重于组织管理和行政协调组织落实及各项配套保障条件，保证工程目标的实现。技术管理体系主要由咨询专家组、总体专家组、主题专家组、项目组和课题组专家组成，一些重点流域还将成立流域技术小组，以确保最大限度地发挥科技对节能减排、控源治污和水质改善的支撑作用。

（1）水专项行政管理体系

水专项领导小组、牵头组织部门和水专项管理办公室严格按照《国务院办公厅关于印发组织实施科技重大专项若干工作规则的通知》（国办发〔2006〕62 号）的规定和分工要求，开展项目实施和日常管理工作。

如图 5-2 所示，水专项的组织实施由水专项领导小组统一领导，项目经由其所在地方政府有关代表部门认真筛选并初步确定示范工程建设单位和技术研发单位组成的项目承担单位联合体，报水专项领导小组审批通过。水专项领导小组审批通过后，水专项管理办公室将与示范项目所在地方政府或地方政府有关部门、项目承担单位联合体联合签订项目任务书合同。其中，示范项目所在地方政府或地方政府有关代表部门作为项目或课题示范工程的配套保障方，确保示范区非技术层面各项措施的到位和落实。第三方监督和评估机构在此过程中担任监督和评估的相关工作。

（2）技术管理体系

水专项技术管理实行矩阵式管理方式，如图 5-3 所示。水专项有主题、项目、课题 3

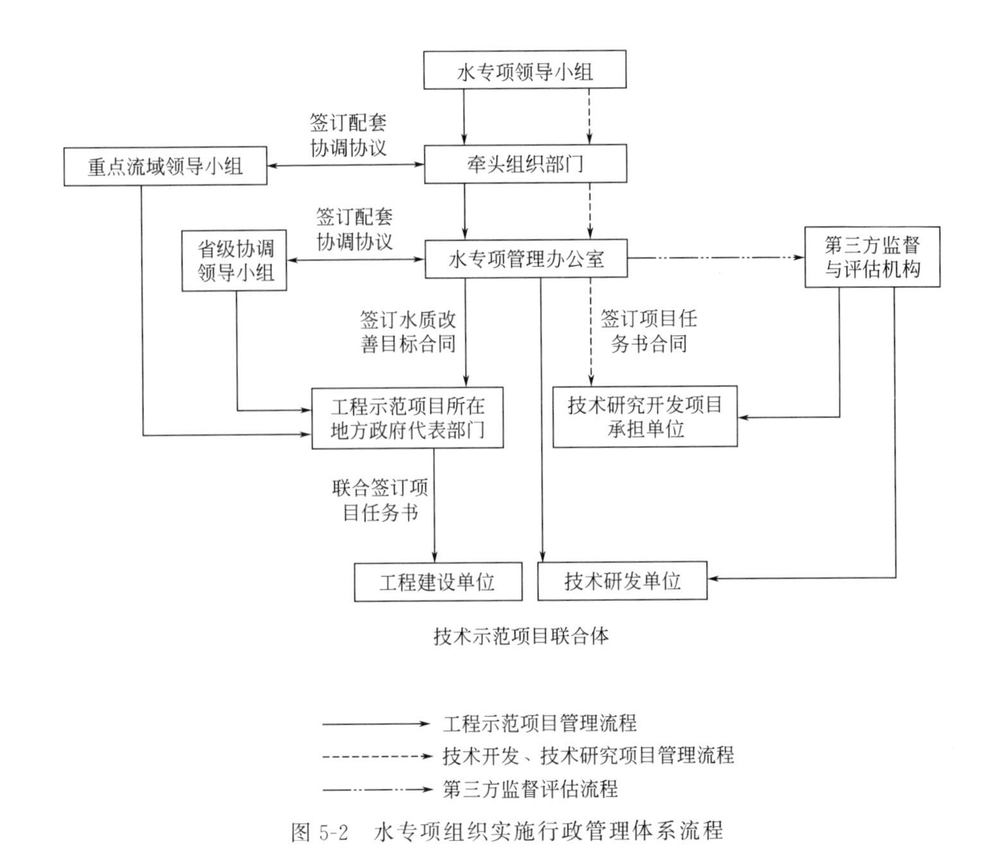

图 5-2 水专项组织实施行政管理体系流程

个层次组成，分别设置湖泊、河流、城市水环境、饮用水安全保障、监控预警和战略政策研究 6 个主题，每个主题包含若干个项目，每个项目包含若干个课题。

主题下设的工程示范项目和部分技术研究、技术开发类项目主要分布在不同的重点流域（太湖、巢湖、滇池、辽河、海河、淮河、松花江、三峡库区、洱海、东江流域）。对于分布在同一重点流域的所有不同主题的项目实行技术层面的矩阵式管理，对于不分布在重点流域但又在同一流域的不同主题的项目如有需要也实行技术层面的矩阵式管理。

为保证主题目标的实现，主题研究内容和框架的相对独立、系统和完整，各主题专家组负责本主题内项目的设置、研究目标和技术经济指标的制定，研究内容的选定。技术层面不能解决的事宜，由重点流域技术负责人向水专项管理办公室提出建议，由牵头组织部门、水专项管理办公室联合流域协调领导小组召开流域协调会议，协调解决项目研究的行政管理层面的事宜，并以会议纪要或正式文件的形式确定。具体内容包括有关重点流域的上下游污染物控源减排措施的落实，专项研究的流域综合环境、经济和管理政策的落实，统筹安排各省的工程示范，专项涉及的上下游联动治污统一行动，环境基础设施的共建共享等事宜。

5.1.3 项目过程管理方式

基于“十一五”期间水专项原有的课题管理体系和对“十二五”进程过程当中课题管理的体系进行总结，将整个课题的管理分为课题申请、课题实施进展管理、课题经费考核、课题绩效评估 4 个阶段。

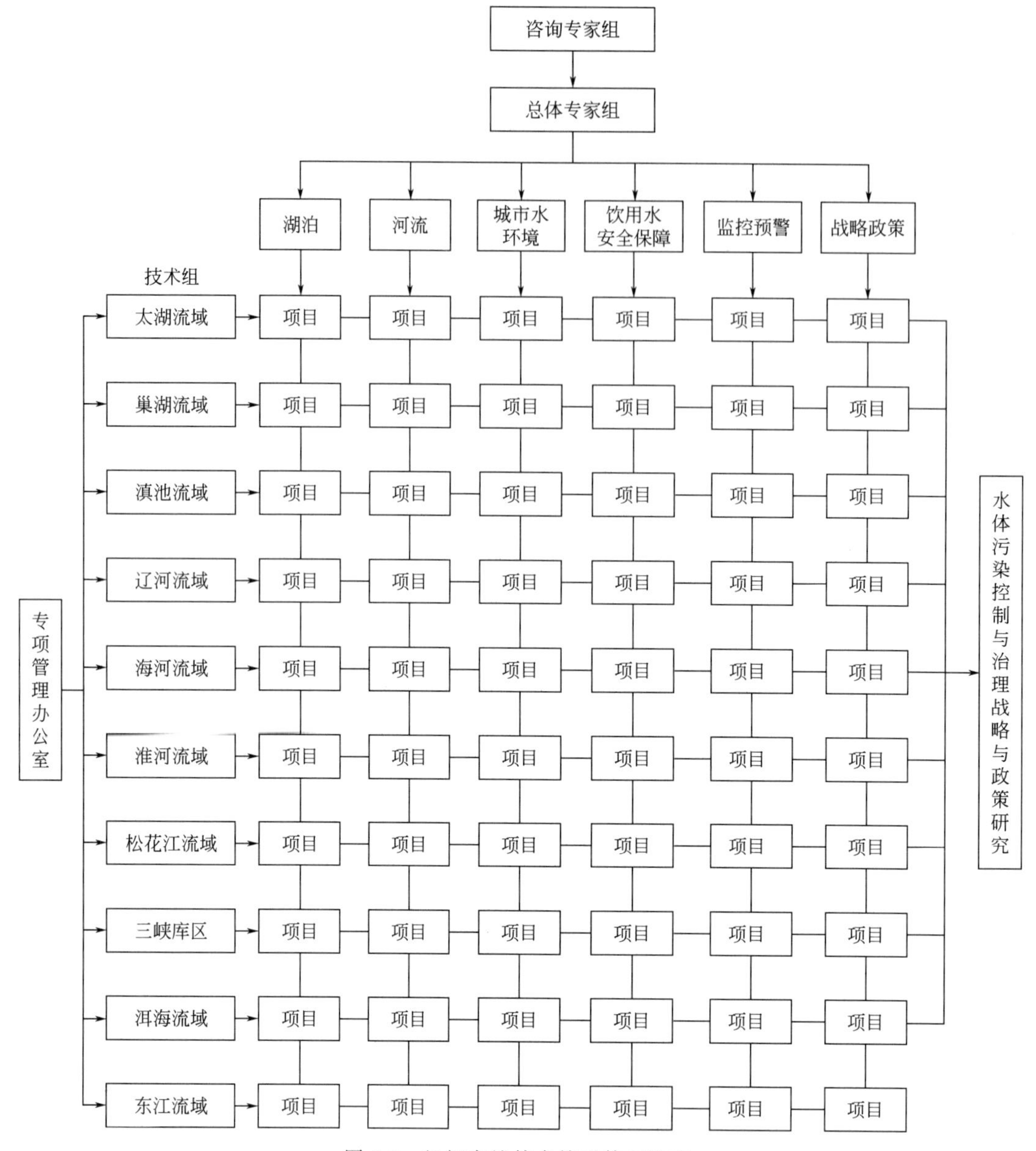

图 5-3　组织实施技术管理体系流程

(1) 课题申请

在课题申请过程中，一般由水专项管理办公室以发布申请指南、公开申报项目、择优评审的方式进行项目主题的设立（图 5-4），最后上报至水专项领导小组审批通过。审批通过后，水专项管理办公室直接与项目（课题）承担单位签订项目任务书合同及协议。

同时，对于项目的项目（课题）申报负责人，“十一五”期间水专办也制定了规范的标准。具体要求如下：在相关研究领域具有一定知名度，具有较强的责任心和较丰富的实际工作经验，组织管理和协调能力强；能够投入足够的时间和精力，具有高级技术职称；在以往审计调查、监督评估、中期检查和任务抽查中发现重大问题的课题负责人和骨干成

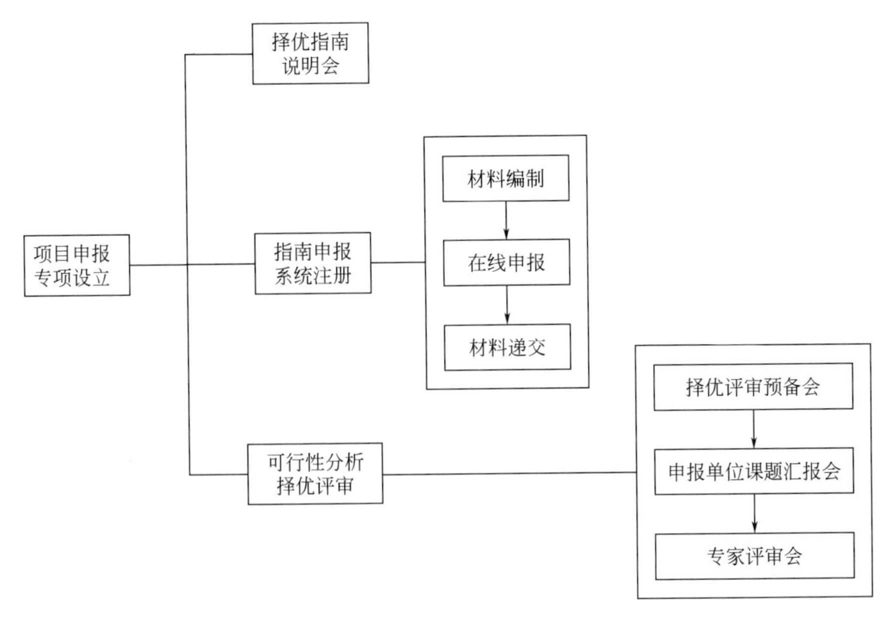

图 5-4 项目申报流程

员不得申报；“十一五”所承担的相关课题没有验收、验收未通过或验收通过后材料未按要求提交的课题负责人和骨干成员不得申报“十二五”项目（课题）；年龄原则上不超过55周岁；同期只能申报承担1项水专项项目（课题），同时可参加1项；政府部门公务员不能作为课题负责人；过去3年内没有不良信用记录。

（2）课题实施进展管理

水专项管理办公室聘请独立第三方，组织技术专家对项目（课题）的研究进度、技术经济指标的实现、示范项目的可持续运行、配套工程的落实等方面开展定期和不定期的检查，组织水质监测机构对示范区水质进行检测，核算水体主要污染物削减情况。实施进展的考核情况将作为相应项目的经费划拨以及年度考核的基本依据。作为被考核方，项目（课题）承担单位则按时上交项目阶段性报告、年度执行情况报告和中期报告，公开项目的进程及所得成果。实施进展管理如图5-5所示。

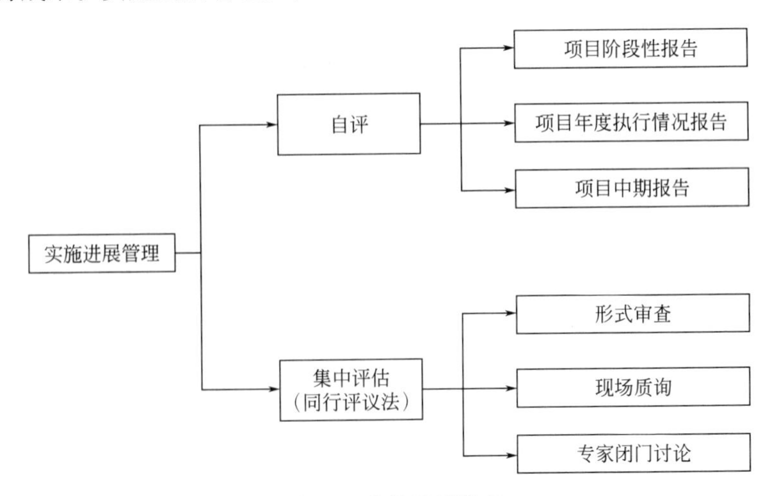

图 5-5 实施进展管理

(3) 课题经费考核

“十一五”期间，财务验收工作是根据《民口科技重大专项资金管理暂行办法》(财教〔2009〕218 号)、《民口科技重大专项管理工作经费管理暂行办法》(财教〔2010〕673 号)、《国家科技重大专项管理暂行规定》(国科发计〔2008〕453 号)和国家有关财政财务管理制度，制定了水专项的财务验收制度。

重大专项项目(课题)的财务验收是项目(课题)绩效验收的前提之一，组织财务验收旨在客观评价重大专项资金适用的总体情况，促进提高重大专项资金的使用效率。重大专项的财务验收工作由财政部统一领导，对项目(课题)的财务验收工作进行监督检查。

财务验收分为现场验收和非现场验收两种途径。现场验收是通过深入项目(课题)承担单位现场，查验会计凭证和相关财务资料、现场听取有关汇报等，形成财务验收意见；非现场验收是通过非现场的方式听取汇报、查阅资料、咨询等形式进行财务验收，形成财务验收意见，如图 5-6 所示。

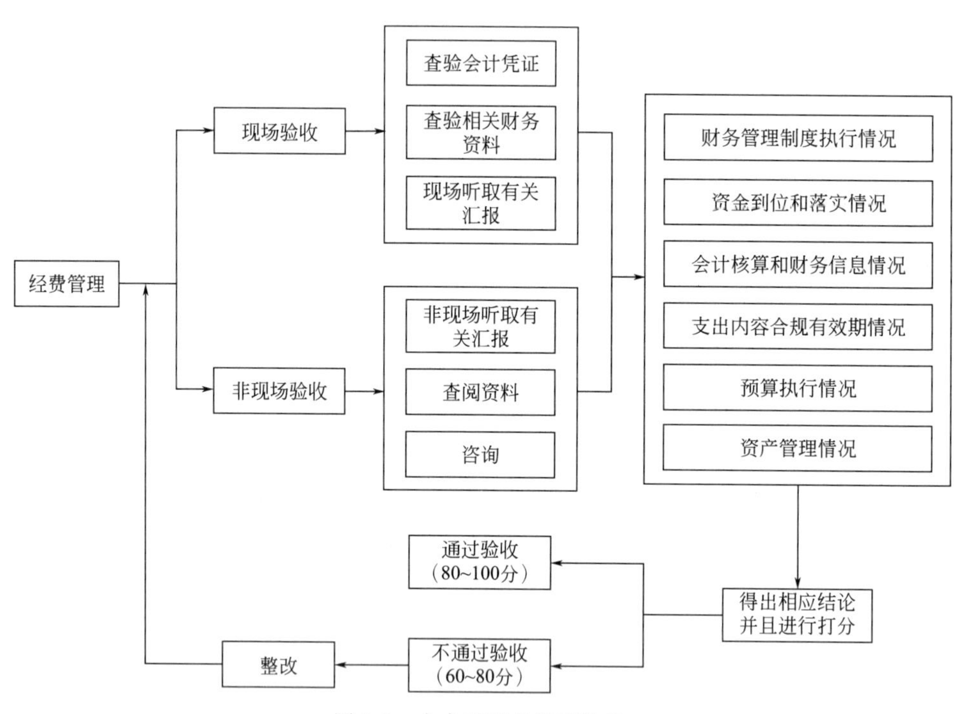

图 5-6 水专项财务管理体系

财务验收结论分为“通过验收”和“不通过验收”两种。项目(课题)综合得分在 80～100 分，则为“通过验收”；综合得分低于 80 分为“验收不通过”。其中，综合得分高于 60 分(包括 60 分)且低于 80 分的项目(课题)，承担单位应当于接到财务验收结论后一个月内，按照财务验收结论的要求整改完毕，并将整改情况书面报告牵头单位。整改到位的通过财务验收，整改不到位的不通过财务验收。

(4) 课题绩效评估

根据《水体污染控制与治理科技重大专项验收暂行管理细则》《国家科技重大专项项目(课题)验收暂行管理办法》，按照国家水专项管理办公室统一部署，水专项“十一五”

课题示范工程的绩效评估选择方式为第三方评估。采用的方法为“同行评议法”，以独立的方式进行，由水专项领导小组负责实施，具体流程如图 5-7 所示。

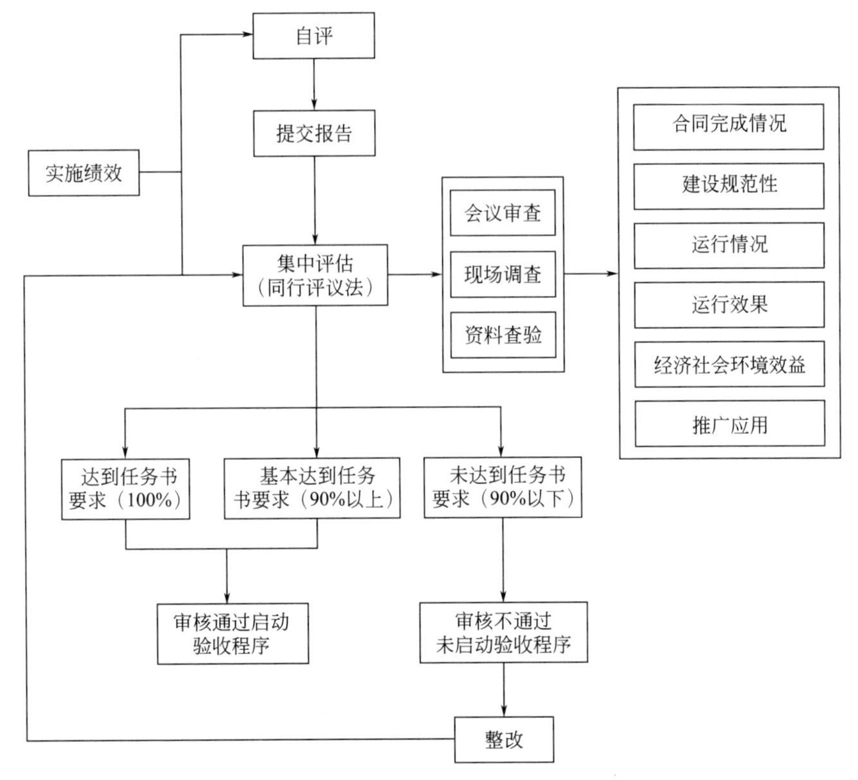

图 5-7 水专项绩效评估流程

水专项项目的绩效评估通过会议审查、现场调查和资料查验 3 种途径相结合的方式，涉及的指标有合同完成情况、建设规范性、运行情况、运行效果、经济社会环境效益和推广应用等。

单项示范工程总体评估意见分为“达到任务合同书要求”和“未达到任务合同书要求”两种。课题示范工程总体评估意见分为“达到任务合同书要求”“基本达到任务合同书要求”和“未达到任务合同书要求”3 种。课题所有示范工程达到任务合同书要求，则课题示范工程总体评估意见为“达到任务合同书要求”；90%（含 90%）以上示范工程达到任务合同书要求，则课题示范工程总体评估意见为“基本达到任务合同书要求”，其余情况则视为“未达到任务合同书要求”。

示范工程未达到任务合同书要求的课题，应进行限期整改，地方水专项领导小组办公室对整改完成的课题组织专家进行审查，审查通过的启动验收程序，审查未通过的不启动验收程序。

水专项实施具有完整的组织构架和职能分配，组织实施体系和过程管理体系也较为完善，但通过对水专项管理方式、考核指标、评估方法等的深入调查研究，发现水专项的管理仍然存在着一些问题：

① 课题过程管理缺少精确的指标及验证过程。水专项办公室以课题开始实施的时间为准，以“年”为单位进行审查，课题每年上交自评估报告、中期自评估报告，但报告上交后不会采用专家打分、实地考察等方式对课题的进度进行评审，不能做到及时反馈进度情况，以督促课题进展。

② 缺少绩效考核。在课题的管理过程当中，有单独的经费评定、工程建设评定、任务执行情况评定、效益分析等，但仍然存在课题进度拖延、效果不及预期目标、经费使用不规范等情况，缺乏能够结合课题投入产出，系统地衡量课题投入是否获得最优产出效果的绩效评估方式。

③ 现有的课题管理的最终评定方式为专家打分法。虽然专家打分法是目前应用最为广泛、也是最有效的绩效评估方法，但在环境效益等的评定过程中，无法避免地掺杂过多主观因素，缺少客观的绩效评估体系。

④ 标准化程度严重不足，过于关注数量而忽略质量。以课题发表文章为例，课题上交的论文成果信息格式不一，论文成果信息应包含论文名称、发表期刊名称、期刊类别、发表年份、论文编号等信息，而大多数课题只统计了论文名称、发表期刊名称及发表年份3项，为课题的质量评估工作增加了工作量，在核实论文发表实情时也容易出现问题。

⑤ 缺少后评估。课题的管理截止到验收，没有后评估和成果转化的相关规定，是课题管理的一大缺失。

5.2 水专项实施绩效评估模型构建

水专项课题均为多投入、多产出的科技项目。数据包络分析方法的 C^2R 模型能够对同一类型的平行决策单元进行相对有效性的评估、评定及对比。数据包络分析的基本原理是通过判断决策单元有效性的度量来描述课题的生产效率，而通过课题在 DEA 有效生产前沿面上的投影的偏离程度来评价每个课题的相对有效性[163,204]。

在模型当中，每一个水专项课题的投入和产出均用向量来表示（图 5-8）。

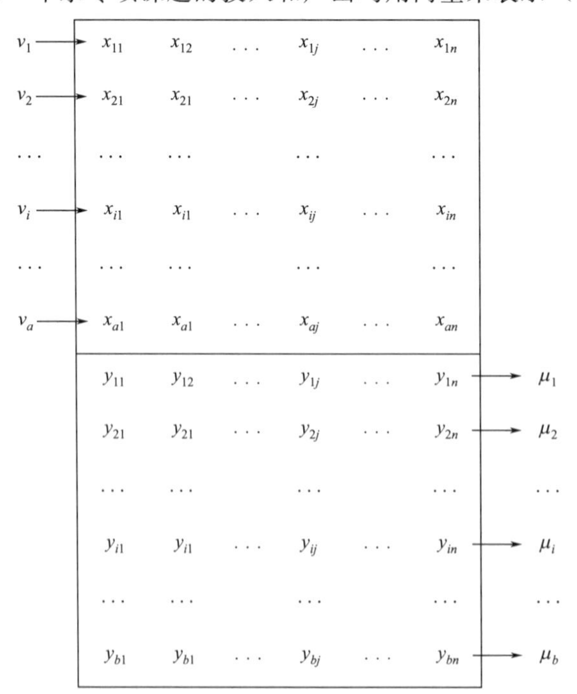

图 5-8 WPCT-DEA 模型投入产出示意

图 5-8 中，a 为科研投入指标数量；b 为科技产出指标数量；x_{ij} 为第 j 个课题对第 i 个输入指标输入量，y_{rj} 为第 j 个课题对第 r 个输出指标的输出量；ν_i 为第 i 种输入指标的度量（权重），μ_r 为第 r 种输出指标的度量（权重）。

设 θ 表示每个课题的综合效率，并有 λ_j（$j=1, 2, \cdots, n$）为权重变量；判断课题有效性的 C^2R 模型为$(\bar{q})$。为了便于利用线性规划的单纯形法求解，将$(\bar{q})$化为一个等价的线性规划问题，其对偶规划用(D_ε)表示[183,205～209]。具体算法如式（5-1）、式（5-2）所示：

$$
(\bar{q})\left\{\begin{aligned}
&\max h_{j0}=\frac{\sum_{k=1}^{s}\mu_k y_{k_{j0}}}{\sum_{i=1}^{m}\nu_i x_{ij}}\\
&\text{s. t. } h_j=\frac{\sum_{k=1}^{s}\mu_k y_{k_{j0}}}{\sum_{i=1}^{m}\nu_i x_{ij}}\leqslant 1(j=1,2,\cdots,n)\\
&\qquad \mu_i\geqslant 0(k=1,2,\cdots,s),\nu_i\geqslant 0(i=1,2,\cdots,m)
\end{aligned}\right\} \tag{5-1}
$$

$$
(D_\varepsilon)\left\{\begin{aligned}
&\min[\theta-\varepsilon(l^T s^+ + \hat{l}^T s^-)]\\
&\text{s. t. } \sum_{j=1}^{n}\lambda_j x_j+s^-=\theta x_0\\
&\sum_{j=1}^{n}\lambda_j y_j-s^+=y\lambda_j\geqslant 0(j=1,2,\cdots,n),s^-\geqslant 0,s^+\geqslant 0
\end{aligned}\right. \tag{5-2}
$$

式中 s^-——投入松弛变量；

s^+——产出松弛变量；

ε——阿基米德无穷小。

那么，根据 DEA 方法模型中变量的含义，θ 的范围应为 0～1，决策单元的 θ 越接近于 1，说明此课题的生产效率就越高。当 $\theta=1$，且 $s^+=0$、$s^-=0$，课题的 DEA 是有效的，且课题同时满足技术有效和规模有效；当 $\theta=1$，但是 s^+ 和 s^- 中有任何一个大于 0 时，课题为 DEA 弱有效，此课题不是同时为技术效率最佳或者规模效率最佳；当 $\theta<1$ 时，θ 越小课题 DEA 有效性越差。

5.3 水专项实施绩效评估指标体系构建

(1) 指标体系

指标体系是评估科技计划项目绩效的基础和依据，它通过一系列科学、完整、系统的指标衡量项目的进展实施情况，能有效地进行过程监控，对评估结果的可靠性、有效性有很大影响，是整个科技计划项目绩效评估工作的核心。系统指标的构建需遵循系统性、客观性、时效性、独立性和可操作性的原则，能够系统地反映科技项目的整体情况，尽可能地减少主观因素，各指标之间不交叉、不重叠，体系结构尽量简单，便于资料的搜集、计算和操作。在选取DEA评价体系的评估指标时，不仅要考虑指标本身，同时还要考虑指标之间的关系，全面地考虑项目中所涉及的所有相关因素，还要使各因素之间的关系明确而直观。

国内学者张渊、吴辉、张婧、陈伟维、黄玲等分别对市级工业计划项目、火炬计划实施效果、星火计划实施效果、“863计划”项目、农业高技术研发项目以及交通领域“863计划”项目的绩效评价进行了指标体系的构建和评估。总体来看，国内外研究和实践有如下特点：a. 主要包括经济、效益、效率和资源4方面的内容；b. 体系结构一般为二级或三级指标，包括准则层、目标层和指标层等；c. 资源投入指标，包括人力资源、物力资源和时间等，效益包括经济效益、社会效益和环境效益等，效率包括计划进度、经费使用情况、技术/经济指标完成情况等；d. 绩效或实施效果评估围绕投入-产出进行，产出量化指标主要为学术产出（科技论文、专著等）数量及质量、各种专利申请及授权情况、培养人才数量及成果创产值等。

水专项旨在为中国水体污染控制与治理提供强有力的科技支撑，解决制约我国社会经济发展的重大水污染科技瓶颈问题，采用技术研发与工程示范相结合的途径，从控源减排入手，改善我国的水质和水生态环境。因而环境效益、社会效益、经济效益、科技创新及投入/产出效率是水专项实施效益评估的核心内容，故水专项实施绩效评估指标体系主要包括资源投入、环境效益、科技创新、社会经济效益及执行效率等几方面的内容。

根据课题的实际情况和数据进行研究分析，资源投入二级指标包含人力资源、研究时间和经费供给；环境效益；科技创新主要分为学术创新、技术创新和人才培养及环境法律法规/标准政策4个二级指标；社会效益、经济效益；执行效率包括计划进度情况、经费使用情况、技术/经济指标完成情况3个二级指标。

① 科研人力资源。通过科研人员的结构表现，包括高级研究人员（如院士、教授）占比、中级研究员（副教授）占比、初级研究员（讲师、博士后）占比、其他参与人员（硕士、博士）占比，直观展示科研人员质量对课题的贡献能力，考察不同层次研究人员对课题的贡献度。

② 课题研究时间。研究时间通过课题研究总时间和各级别研究人员为课题工作的时间两方面进行比较和界定。其中，课题研究总时间一般设置在3～5年内不等，各级别研究人员则因课题工作的时间依照课题类型的不同和本身的任务量设置有所差异，研究以具体到某类研究人员为课题工作时间总和进行对比和考证。

③ 课题经费投入。水专项示范工程类课题的经费来源不一，投入方式也有所不同。课题通过中央、地方、企业自筹和其他4种渠道，以直接投入资金和间接投入工程设施2种方式支持课题的研究，从不同的角度对课题进行支持。

④ 科技创新。学术创新包括科技论文、专著的数量和质量，科技论文又分为SCI、EI、核心论文、会议论文及普通期刊论文等。科技创新主要指技术的提高或创新，按照种类划分多样化，分为单项技术、单元技术、全流程技术、集成技术等，缺乏统一量化及评估标准，故以申请/授权专利或软件著作权的种类及数量进行表征。专利包含国内外发明专利、实用新型专利、外观专利；“人才培养”则关注高级科技创新人才、各专业博士研究生和硕士研究生培养的数量；环境法律法规/标准政策主要包括科技报告、制度方案、

技术标准等，其中技术标准分为国家标准、地方标准和行业标准。

⑤ 环境效益。水专项通过对生态环境进行修复及改善、水处理技术改造升级、面源及点源污染控制及资源循环回收利用，实现工程示范区域的污染物控源减排、水质改善、生态环境改善及资源的节约，故水专项的环境效益评估指标包括控源减排、生态环境改善及资源节约 3 个方面。

⑥ 社会经济效益。主要指水专项实施地区或流域范围内，由于技术创新带来的经济效益及对当地经济发展的贡献情况，包括新增产值及净利润等。

综合对各级指标的考虑，对水专项课题的绩效评估投入和产出指标体系进行了初级建设，如表 5-1、表 5-2 所列。

表 5-1 水专项课题的绩效评估投入指标

准则层	目标层	指标层
投入	人力资源	高级研究人员数量/人
		中级研究人员数量/人
		初级研究人员数量/人
		其他参与人员数量/人
	时间投入	课题研究总时间/年
		高级研究人员投入时间/月
		中级研究人员投入时间/月
		初级研究人员投入时间/月
		其他参与人员投入时间/月
	经费投入	直接经费支持/元
		项目支持折算经费/元

表 5-2 水专项课题的绩效评估产出指标

准则层	目标层	指标层
环境效益	控源减排	COD 年削减量/t
		氨氮年削减量/t
		总氮年削减量/t
		总磷年削减量/t
		重金属及有毒有害物质年削减量/t
	资源节约	年节水量/t
	生态改善	生态修复及改善面积/hm^2
科技创新	学术创新	SCI 收录论文篇均影响因子数
		SCI/EI/核心期刊收录论文数
		高被引用论文数量
	技术创新	专利总申请量
		发明专利授权量
		实用新型专利授权量
		成果转让数量
	人才培养	硕士研究生培养数量
		博士研究生培养数量
		高级科技创新人才数量

续表

准则层	目标层	指标层
科技创新	管理创新	国家标准颁布数量
		地方标准颁布数量
		行业标准颁布数量
		科技报告/政策/方案数量
		系统平台构建及软件著作权数量
经济效益	直接经济效益	新增产值
		净利润
	间接经济效益	推广应用及潜力
		产业化水平

(2）水专项 WPCT-DEA 模型指标体系构建

以课题研究目标及成果产出为导向，将“十一五”水专项期间的研究课题分为：工程技术类示范课题和管理技术类示范课题两大类，该两类课题的产出侧重点有明显的区别：工程技术类示范课题侧重解决实际问题，重视环境的减排效果、环境效益及科技成果等的产出；管理技术示范类课题侧重研究管理技术，以制定行业标准、行业规范及科技报告等为目的。所以，在利用 WPCT-DEA 模型对水专项课题进行评估的过程当中，首先应根据课题的产出类别不同，选取相对应的产出指标进行计算，并对数据做进一步处理分析。

通过对水专项课题基本信息统计表、成果总结以及自评估报告的研究发现，5.2 部分筛选出的效率评价指标有许多重复的情况，指标可以进行合并。

水专项课题的投入从人员、时间、经费 3 方面考虑，研究人员等级不同，则对课题的研究贡献有所区别，所以人员投入以各级别人员数量表示。

课题研究时间并非应该关注课题持续多长时间，而应该关注研究人员为课题的研究投入多少时间，所以用研究人员投入研究的工作量作为投入时间的度量。

大多数课题的经费支持方式都是直接经费支持，个别设备支持的课题均折合为等价的经费，最终以经费投入的具体数字进行计算。WPCT-DEA 模型投入评价指标见表 5-3。

表 5-3 WPCT-DEA 模型投入评价指标

一级指标	二级指标	三级指标
投入	人员	高级研究人员数量/人
		中级研究人员数量/人
		初级研究人员数量/人
		其他参与人员数量/人
	时间	研究人员投入研究工作量/(人·月)
	经费	经费投入/万元

水专项课题的产出应细分为学术影响、技术工艺创新、人才培养、经济效益、环境效益和政策文件。课题的学术影响考虑论文及专著两个产出，论文发表期刊的类别可直观反映论文质量。WPCT-DEA 模型产出评价指标见表 5-4。

表 5-4　WPCT-DEA 模型产出评价指标

一级指标	二级指标	三级指标
产出	学术影响	SCI 论文数量
		EI 论文数量
		核心论文数量
		出版专著数量
	技术工艺创新	专利得分
	人才培养	博士研究生培养数量
		硕士研究生培养数量
	经济效益	直接经济效益/万元
	环境效益	COD 年削减量/t
		氨氮年削减量/t
		总氮年削减量/t
		总磷年削减量/t
	政策文件	政策、参考、标准颁布情况
		科技报告发布情况

在研究中发现，课题与课题之间对于关键技术的产出并没有统一的考察标准，并且课题承担单位产出的能够解决实际问题的创新性关键技术均已申请相应的专利，所以可以以专利作为课题技术产出的标准，用专利代表课题的技术产出是比较公平公正，也是比较科学的。

人才培养关注博士研究生、硕士研究生以及高级创新人才的培养数量。

在课题的成果汇报中发现许多工程技术示范类课题都有直接的经济效益。

不同课题的示范工程规模不一，基地平台运行时间不同，也无法度量是否运行完好，所以示范工程和基地平台的数量并不能表征课题的产出质量，相比减排量则更加直观、更加公平，所以用 COD、NH_3-N、TN、TP 的削减量代替示范工程和基地平台的数量来表征课题的环境效益。

管理技术示范类课题主要产出为政策、参考、标准和科技报告，政策、参考和标准可以归结为一类，用已颁布和研究制定表征其状态，科技报告则可分为已发布和未发布两种状态。

以上为最终筛选的水专项课题效率评价指标，以符合课题实际情况、不重复计算成果、不缺项少项、能够公平公开地表达成果质量为标准，课题的投入和产出都有所删减和优化，在模型计算时将以此为源数据进行计算。

5.4　“十一五”水专项实施绩效评估

5.4.1　科技成果产出

水专项课题设置湖泊、河流、城市水环境、饮用水、流域监控预警、战略与政策 6 大主题。环境保护部负责湖泊主题、河流主题、流域监控预警主题、战略与政策主题的组织实施，其中包含湖泊主题课题44个、河流主题课题56个、流域监控预警主题课题29个、战略与政策主题课题11个。住房和城乡建设部负责城市水环境主题和饮用水主题的组织实施，其中包含饮用水主题课题45个、城市水环境主题课题46个（图5-9）。

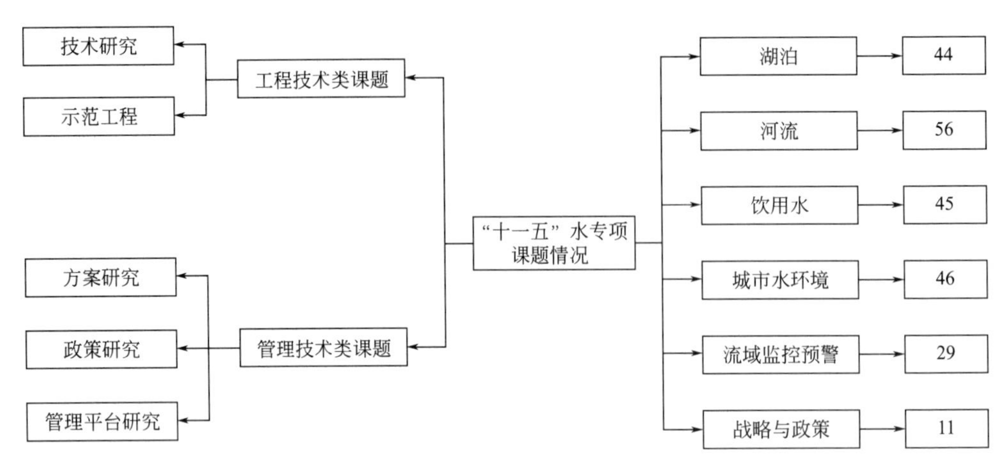

图5-9 “十一五”水专项课题设置及数量

将231个课题按照课题研究目标进行分类，以课题产出成果为导向，划分课题类别，164个课题为工程技术类示范课题，67个课题为管理技术类示范课题。“十一五”水专项课题成果产出如表5-5所示。

表5-5 “十一五”水专项课题成果产出

成果类型	环保部课题产出	住建部课题产出
示范工程/个	417	215
技术标准/个	225	163
制度与方案/项	556	72
SCI及EI/篇	1906	664
核心/篇	2235	140
专著/项	143	30
系统平台/个	103	56
软件著作/个	185	135
专利/个	1499	413
试验基地/个	81	71
数据库/个	25	0
获奖项/个	48	6
技术成果/个	715	211

5.4.2 工程技术类课题数据处理

在WPCT-DEA模型运算之前，首先确定性质相同数据之间的关系，并将这些数据进行合并。数量并不能完全反映课题的实施效果，所以在计算过程中，不仅考虑产出个数，同时应考虑产出质量和实际影响，各项指标数据处理方式如下。

论文是表现课题研究学术影响的最直接方式，同时论文发表期刊的类别及影响因子也可以直接反映论文质量，故将课题所发论文分为SCI、EI、核心期刊、会议（含普通学术期刊）4 大类，并对它们进行评分合并。其中，SCI 影响因子具有较强说服力，能够代表学术水平的高低，综合各高校及科研机构对 SCI、EI、核心期刊对学术贡献的判定，论文影响因子中 SCI 按照其公示的影响因子计数，EI 按照 0.5 分计数，核心期刊按照 0.05 分计数，会议论文及其他按照 0.01 分计数。若课题共发 SCI 论文 k 篇，每篇 SCI 影响因子用 σ_k 表示，并有 n_e 篇 EI 论文，n_h 篇核心论文及 n_q 篇其他论文，则有影响因子综合评分 S_i 如式（5-3）所示：

$$S_i = \sum_{k=1}^{n} \sigma_k + 0.5n_e + 0.05n_h + 0.01n_q \tag{5-3}$$

专利是课题申请的知识产权，受到法律保护。由于专利是现今最广泛被认知的科技成果，所以用专利代替技术成果对课题的技术进行评定。专利成果有“申请”和“授权”两种状态。根据水专项“十一五”工程技术类课题“申请”专利和“授权”专利数的总体比例为 3∶1，所以设定“申请”状态的专利为 1 分，“授权”专利为 3 分，通过分数表征专利实际质量。若课题申请专利的数量为 n_a，授权专利数量为 n_b，则有专利综合评分 S_p 如式（5-4）所示：

$$S_p = n_a + 3n_b \tag{5-4}$$

依据博士生和硕士生对课题的学术贡献率和课题工作量，设定博士生为 4 分，硕士生为 1 分，课题共培养了 n_d 名博士生，n_m 名硕士生，设 N 为高级创新型人才得分则有人员培养综合评分 S_r 如式（5-5）所示：

$$S_r = 4n_d + n_m + N \tag{5-5}$$

污染物的削减量是工程技术类课题最为重要的产出指标，课题目标就是为了能够解决实际的环境问题并对环境产生效益。水专项“十一五”期间设立的工程技术类课题主要解决 COD 年削减量、氨氮年削减量、总氮年削减量和总磷年削减量的问题，此 4 个指标的削减是同时实现的，在示范工程中不可能只削减其中一项，但是课题根据目标不同会有不同的侧重点。所以，根据计算处理 1t 水时，水处理过程中 COD、BOD、总氮、总磷的削减评分，取最高分作为污染物削减量得分，具体计算方法如下。

工程技术类课题所涉及的水质主要分为湖泊及河流的水质改善，即Ⅴ类水向Ⅳ类水的水质改善；城市水质改善，即Ⅳ类水向Ⅲ类水的水质改善，水质指标见表 5-6。以改善Ⅴ类水的水质为例，若将 1t 水（约 1000L）从Ⅴ类水质改善至Ⅳ类水质，则各项污染物的去除率计算过程如下。

COD 每削减 10t 记 1 分，公式为：

$$(40-30)\times 10^3 = 1\times 10^4\,\mathrm{mg} = 10\mathrm{g} \tag{5-6}$$

NH_3-N 每削减 0.5t 记 1 分，公式为：

$$(2-1.5)\times 10^3 = 0.5\times 10^3\,\mathrm{mg} = 0.5\mathrm{g} \tag{5-7}$$

TN 每削减 0.5t 计 1 分，公式为：

$$(2-1.5)\times 10^3 = 0.5\times 10^3\,\mathrm{mg} = 0.5\mathrm{g} \tag{5-8}$$

TP 每削减 0.1t 计 1 分，公式为：

$$(0.4-0.3)\times 10^3 = 0.1\times 10^3\,\mathrm{mg} = 0.1\mathrm{g} \tag{5-9}$$

对比 4 种污染物削减的得分，取其中最大值为课题的污染物削减量得分。Ⅳ类水向Ⅲ类水的水质改善的计算方法与上述一致。

表 5-6　水质指标

级别/(mg/L)	Ⅲ类	Ⅳ类	Ⅴ类
化学需氧量(COD)	20	30	40
氨氮(NH_3-N)	1.0	1.5	2.0
总氮(湖、库,以 N 计)	1.0	1.5	2.0
总磷(以 P 计)	0.2 (湖、库 0.05)	0.3 (湖、库 0.1)	0.4 (湖、库 0.2)

最终确定的工程技术类指标体系见表 5-7。

表 5-7　工程技术类指标体系

一级指标	二级指标	三级指标
投入	人员	高级研究人员数量/人(In1)
		中级研究人员数量/人(In2)
		初级研究人员数量/人(In3)
		其他参与人员数量/人(In4)
	时间	研究人员投入研究工作量/(人·月)(In5)
	经费	经费投入/万元(In6)
产出	学术影响	论文影响因子总分(Out1)
		出版专著数/项(Out2)
	技术工艺创新	专利得分(Out3)
	人才培养	人才培养得分(Out4)
	经济效益	直接经济效益/万元(Out5)
	环境效益	污染物削减量得分(Out6)

5.4.3　管理技术类课题数据处理

管理技术示范类课题在运算前也要进行数据处理。论文影响因子、专利情况和硕博人才培养评分和工程技术示范类课题的计算方法一致，有所区别的是在管理类课题当中不存在直接的经济效益和污染物的削减量，对于标准规范和科技报告的产出较多。

管理技术类课题专利申请与授权的比例与工程技术类课题专利申请与授权的比例有所差别，通过授权的专利相对更少。根据水专项“十一五”管理技术类课题“申请”专利和“授权”专利数的总体比例为 4∶1，所以设定“申请”状态的专利为 1 分，“授权”专利为 4 分，通过分数表征专利实际质量，课题申请专利的数量为 n_a，授权专利数量为 n_b，则有专利综合评分 S_p 公式如下：

$$S_p = n_a + 4n_b \tag{5-10}$$

标准规范有“颁布”和“研究制定”两种状态。同样，科技报告有“发布”和“未发布”两种状态。设定处于“研究制定”状态的标准规范和“未发布”的科技报告为 1 分，处于“颁布”状态的标准规范和“发布”的标准规范为 4 分。通过分数表征标准规范的公开应用情况，正在研究制定的标准规范数量为 n_a，已经颁布的标准规范数量为 n_b，则有

标准规范评分 S_q 如式（5-11）所示：

$$S_q = n_a + 4n_b \tag{5-11}$$

在管理技术类课题当中，以课题目标为导向，软件、数据库、系统平台也是非常重要的产出。但是，在课题成果的梳理总结过程中发现，一部分课题申请的软件著作权涵盖了课题数据库及系统平台的成果，而一部分课题则没有将系统平台成果申请为软件著作权，所以在应用 WPCT-DEA 模型之前，将所有课题的系统平台、数据库及软件著作权进行对比整理，去除其中重复计算的数量，将每个课题的实际产出数量带入模型中进行计算。最终确定的管理技术类指标体系见表 5-8。

表 5-8　管理技术类指标体系

一级指标	二级指标	三级指标
投入	人员	高级研究人员数量/人(In1)
		中级研究人员数量/人(In2)
		初级研究人员数量/人(In3)
		其他参与人员数量/人(In4)
	时间	研究人员投入研究工作量/(人・月)(In5)
	经费	经费投入/万元(In6)
产出	学术影响	论文影响因子总分(Out1)
		出版专著数/项(Out2)
	技术工艺创新	专利得分(Out3)
	人才培养	人才培养得分(Out4)
	标准规范科技报告	颁布与使用情况得分(Out5)
	数据库、系统平台及数据库	软件平台/个(Out6)

5.4.4　绩效评估结果分析

对于工程技术示范课题来讲，共有 88 个课题数据完整，故以数据完整的课题为研究对象，选定 88 个决策单元（DMU）；对于管理技术类示范课题，选定共有 60 个决策单元（DMU）。相对比的决策单元之间拥有相同的投入和产出指标，所以在计算模型中选取 CCR 径向模型，将课题的投入产出数据带入 WPCT-DEA 模型之中，应用软件 MAX-DEA 进行计算与分析。以课题的产出指标为导向，对课题每个决策单元 DMU_j 的效率值进行求解（即为 DMU 的值），计算过程见式（5-12）。同时，计算课题的规模效率，可以得到各个课题的综合效率、纯技术效率及规模效率，用数字直观地反映课题的实施情况及问题。

DEA 计算结果分为综合效率、纯技术效率、规模效率和规模收益。综合效率代表课题是否达到最佳收益状态，即投入-产出都是最佳状态；纯技术效率代表课题的投入是否达到最大的产出；规模效率代表课题的投入规模和方式是否达到合理的配比；规模收益代表课题需要增加或需要减少课题的投入。结果显示，67％的工程技术类课题和 75％的管理技术类课题效率值为 1，纯技术效率有效，即目前的投入达到最佳收益。60％的工程技术类课题和 55％的管理技术类课题 DEA 综合效率有效。

$$
\begin{cases}
\min\theta \\
27\lambda_1+34\lambda_2+36\lambda_3+23\lambda_4+20\lambda_5+20\lambda_6+35\lambda_7+16\lambda_8+15\lambda_9+49\lambda_{10}+43\lambda_{11}+27\lambda_{12}+ \\
\quad 55\lambda_{13}+38\lambda_{14}+28\lambda_{15}+37\lambda_{16}+20\lambda_{17}+24\lambda_{18}+39\lambda_{19}+69\lambda_{20}+s_1^-=34\theta_2 \\
41\lambda_1+31\lambda_2+23\lambda_3+12\lambda_4+25\lambda_5+14\lambda_6+18\lambda_7+13\lambda_8+5\lambda_9+18\lambda_{10}+18\lambda_{11}+10\lambda_{12}+ \\
\quad 24\lambda_{13}+33\lambda_{14}+36\lambda_{15}+27\lambda_{16}+15\lambda_{17}+12\lambda_{18}+18\lambda_{19}+62\lambda_{20}+s_2^-=31\theta_2 \\
34\lambda_1+15\lambda_2+36\lambda_3+18\lambda_4+25\lambda_5+0\lambda_6+6\lambda_7+4\lambda_8+0\lambda_9+7\lambda_{10}+16\lambda_{11}+0\lambda_{12}+7\lambda_{13}+ \\
\quad 17\lambda_{14}+28\lambda_{15}+4\lambda_{16}+4\lambda_{17}+2\lambda_{18}+0\lambda_{19}+7\lambda_{20}+s_3^-=15\theta_2 \\
25\lambda_1+24\lambda_2+13\lambda_3+26\lambda_4+85\lambda_5+34\lambda_6+63\lambda_7+40\lambda_8+33\lambda_9+12\lambda_{10}+63\lambda_{11}+84\lambda_{12}+ \\
\quad 22\lambda_{13}+71\lambda_{14}+46\lambda_{15}+93\lambda_{16}+19\lambda_{17}+22\lambda_{18}+34\lambda_{19}+204\lambda_{20}+s_4^-=24\theta_2 \\
1759\lambda_1+1056\lambda_2+1580\lambda_3+1328\lambda_4+2792\lambda_5+1533\lambda_6+1953\lambda_7+1066\lambda_8+1056\lambda_9+ \\
\quad 1578\lambda_{10}+2314\lambda_{11}+2303\lambda_{12}+2545\lambda_{13}+2626\lambda_{14}+2172\lambda_{15}+3024\lambda_{16}+ \\
\quad 1328\lambda_{17}+994\lambda_{18}+1586\lambda_{19}+3546\lambda_{20}+s_5^-=1056\theta_2 \\
2557\lambda_1+1608\lambda_2+5433\lambda_3+6930\lambda_4+8580\lambda_5+905\lambda_6+4220\lambda_7+4663\lambda_8+4335\lambda_9+ \\
\quad 5963\lambda_{10}+5879\lambda_{11}+4387\lambda_{12}+3599\lambda_{13}+3681\lambda_{14}+5739\lambda_{15}+29774\lambda_{16}+ \\
\quad 1873\lambda_{17}+1588\lambda_{18}+5073\lambda_{19}+4870\lambda_{20}+s_6^-=1608\theta_2 \\
12.08\lambda_1+17.28\lambda_2+17.09\lambda_3+9.35\lambda_4+9.14\lambda_5+8.77\lambda_6+15.37\lambda_7+16.81\lambda_8+ \\
\quad 54.3\lambda_9+19.87\lambda_{10}+12.15\lambda_{11}+13.57\lambda_{12}+2.42\lambda_{13}+4.13\lambda_{14}+29.4\lambda_{15}+ \\
\quad 44.61\lambda_{16}+1.79\lambda_{17}+57.76\lambda_{18}+13.76\lambda_{19}+10.45\lambda_{20}-s_1^+=17.28\theta_2 \\
4\lambda_1+1\lambda_2+1\lambda_3+0\lambda_4+0\lambda_5+2\lambda_6+1\lambda_7+1\lambda_8+0\lambda_9+0\lambda_{10}+0\lambda_{11}+0\lambda_{12}+3\lambda_{13}+ \\
\quad 0\lambda_{14}+0\lambda_{15}+0\lambda_{16}+0\lambda_{17}+3\lambda_{18}+0\lambda_{19}+2\lambda_{20}-s_2^+=\theta_2 \\
4\lambda_1+73\lambda_2+42\lambda_3+24\lambda_4+31\lambda_5+36\lambda_6+32\lambda_7+27\lambda_8+4\lambda_9+27\lambda_{10}+39\lambda_{11}+18\lambda_{12}+ \\
\quad 18\lambda_{13}+8\lambda_{14}+26_{15}+27\lambda_{16}+23\lambda_{17}+76\lambda_{18}+18\lambda_{19}+41\lambda_{20}-s_3^+=73\theta_2 \\
51\lambda_1+65\lambda_2+89\lambda_3+39\lambda_4+26\lambda_5+44\lambda_6+34\lambda_7+46\lambda_8+80\lambda_9+55\lambda_{10}+69\lambda_{11}+57\lambda_{12}+ \\
\quad 50\lambda_{13}+83\lambda_{14}+42\lambda_{15}+74\lambda_{16}+43\lambda_{17}+75\lambda_{18}+27\lambda_{19}+58\lambda_{20}-s_4^+=65\theta_2 \\
0\lambda_1+726\lambda_2+4025\lambda_3+147\lambda_4+0\lambda_5+0\lambda_6+1615\lambda_7+0\lambda_8+0\lambda_9+7602\lambda_{10}+0\lambda_{11}+0\lambda_{12}+ \\
\quad 0\lambda_{13}+0\lambda_{14}+0\lambda_{15}+0\lambda_{16}+0\lambda_{17}+0\lambda_{18}+0\lambda_{19}+0\lambda_{20}-s_5^+=726\theta_2 \\
585\lambda_1+1163\lambda_2+115\lambda_3+11\lambda_4+1437\lambda_5+0\lambda_6+1516\lambda_7+10\lambda_8+281\lambda_9+28032\lambda_{10}+ \\
\quad 27558\lambda_{11}+99\lambda_{12}+9138\lambda_{13}+12950\lambda_{14}+13131\lambda_{15}+9000\lambda_{16}+517\lambda_{17}+0\lambda_{18}+ \\
\quad 99\lambda_{19}+17262\lambda_{20}-s_6^+=1163\theta_2 \\
31\lambda_1+73\lambda_2+14\lambda_3+1\lambda_4+0\lambda_5+1\lambda_6+0\lambda_7+0\lambda_8+0\lambda_9+9567\lambda_{10}+2646\lambda_{11}+29\lambda_{12}+ \\
\quad 1279\lambda_{13}+0\lambda_{14}+703\lambda_{15}+0\lambda_{16}+15\lambda_{17}+0\lambda_{18}+7\lambda_{19}+425\lambda_{20}-s_7^+=73\theta_2 \\
0\lambda_1+119\lambda_2+14\lambda_3+7\lambda_4+1123\lambda_5+3\lambda_6+167\lambda_7+6\lambda_8+26\lambda_9+0\lambda_{10}+3157\lambda_{11}+ \\
\quad 0\lambda_{12}+0\lambda_{13}+0\lambda_{14}+0\lambda_{15}+0\lambda_{16}+0\lambda_{17}+0\lambda_{18}+7\lambda_{19}+0\lambda_{20}-s_8^+=119\theta_2 \\
4\lambda_1+6\lambda_2+0\lambda_3+0\lambda_4+100\lambda_5+1\lambda_6+24\lambda_7+4\lambda_8+1\lambda_9+0\lambda_{10}+496\lambda_{11}+0\lambda_{12}+ \\
\quad 0\lambda_{13}+0\lambda_{14}+0\lambda_{15}+0\lambda_{16}+1\lambda_{17}+0\lambda_{18}+2\lambda_{19}+0\lambda_{20}-s_9^+=6\theta_2 \\
\lambda_j\geqslant 0, j=1,2,\cdots,20; s_1^-,s_2^-,\cdots,s_6^-\geqslant 0; s_1^+,s_2^+,\cdots,s_9^+\geqslant 0
\end{cases}
\qquad (5\text{-}12)
$$

由于课题的设置是由多方面专家论证建立的，核准课题投入及产出考核指标，课题资金投入和人力投入以课题设立投入为准，即保持投入不变分析产出效率为主，投入规模评估为辅；故课题分析主要以技术效率为主，规模效率和综合效率为辅。工程技术类课题的DEA效率值最大为1，最小为0.45（见图5-10）；管理技术类课题最大值为1，最小值为0.42（见图5-11）。

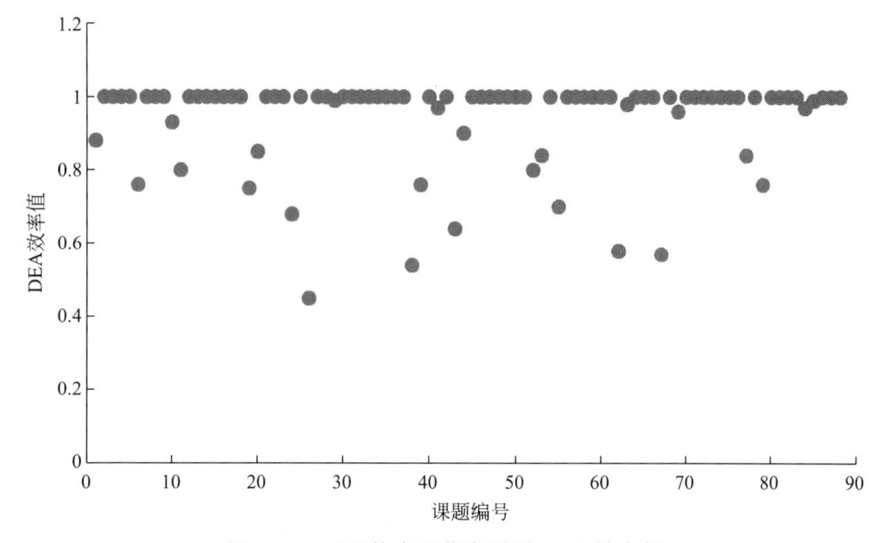

图5-10 工程技术示范类课题DEA效率值

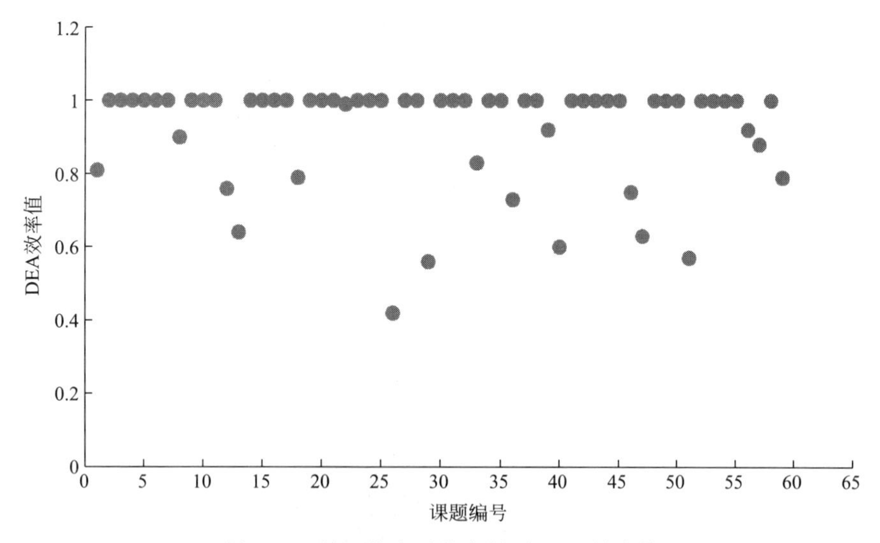

图5-11 管理技术示范类课题DEA效率值

由于DEA模型只能对量化的数据进行分析，质的问题要转化为量的指标进行分析，目前部分水专项解决的问题（如研发技术、设备的先进水平、推广应用能力、环境改善等）暂不能量化处理，故借助专家验收意见进行评估分析。分析验收完成良好的课题在DEA模型中的效率分值，其平均值为0.715，故以DEA效率值0.715为阈值，大于等于0.715的课题完成良好或优秀，低于0.715的课题完成情况相对较弱。最终93.18%的技术示范类课题，90%的管理示范类课题完成良好，达到较好的收益。

对 DEA 综合效率值小于 1 的课题进行分析，没有达到最佳收益状态的课题存在以下 4 种情况。

T1：课题相对目前的投入已收获最大产出，但增加投入量课题实施效果能够有所提高（纯技术效率为 1，规模收益递增）。

T2：课题相对目前的投入已收获最大产出，但增加投入量已经无法收获更好的效果，甚至会有所减少（纯技术效率为 1，规模收益递减）。

T3：课题相对目前的投入未达到最大产出，增加投入或者改变投入模式和投入配比，能够获得更好的收益（纯技术效率为 1，规模效率递增）。

T4：课题相对目前的投入未达到最大产出，增加投入对产出效率没有帮助作用，只需要改变投入模式和投入配比，则能够获得更好的收益（纯技术效率为 1，规模收益递减）。

未达到最佳收益课题分类如图 5-12 所示。在未达到最佳收益工程技术示范类课题中，32％课题若加大投入会有更好的产出，数据规模收益为递增类型；40％的课题达到最大收入，但增加投入量已无法收获更好的效果，应调整投入量和投入模式，以期得到更好的收益；28％的课题未达到最佳收益，其中 17％的课题（规模效率递增类）应增加投入或改变投入模式，11％的课题（规模收益递减类）应相应调整投入或改变投入模式和配比。管

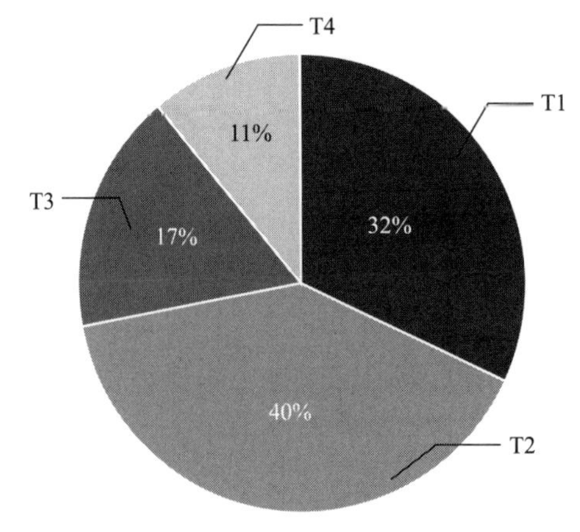

(a) 工程技术类课题

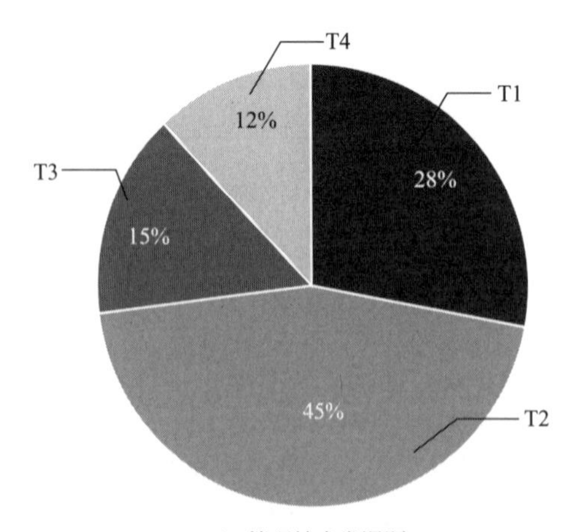

(b) 管理技术类课题

图 5-12　未达到最佳收益课题分类

理技术类课题未达到最佳收益分类如图 5-12（b）所示。

无论是工程技术类课题还是管理技术类课题，对于每一个未达到最佳收益的课题，通过模型计算都给出了相应的建议，称为“投入冗余量”和“产出不足量”。WPCT-DEA 模型可有效地区分课题的实施效率和产出质量，同时模型可以根据优质课题的投入产出比例，计算出课题的投入冗余和产出不足。当存在指标对应的 s^+ 和 s^- 均大于 0 时，说明非有效课题的投入和产出未达到最优平衡，模型计算结果给课题提出更好的改进方向。

模型所给出的目标值即为生产前沿面，是课题满足投入产出最优条件的曲线，也可以看成课题实施可行区域的边界。在生产理论当中，最好的投入产出要求选择要素投入的最优组合（即投入成本最小化组合）和产出的最优组合（即产出收益最大化组合），使生产效率最大化，利润也达到最大化[210]。分析课题实施成果，既能反映已完结课题的实施效益，又能够为即将开始研究或者正在研究的课题以指导作用。WPCT-DEA 模型给出的投入冗余和产出不足结果与其纯技术效率和规模效率进行综合分析，能够客观地反映课题的实施效果，并对“十二五”“十三五”课题的指标设定给予指导作用。

未达到最佳收益的课题存在投入冗余（见图 5-13、图 5-14）和产出不足（见图 5-15、图 5-16）等问题。

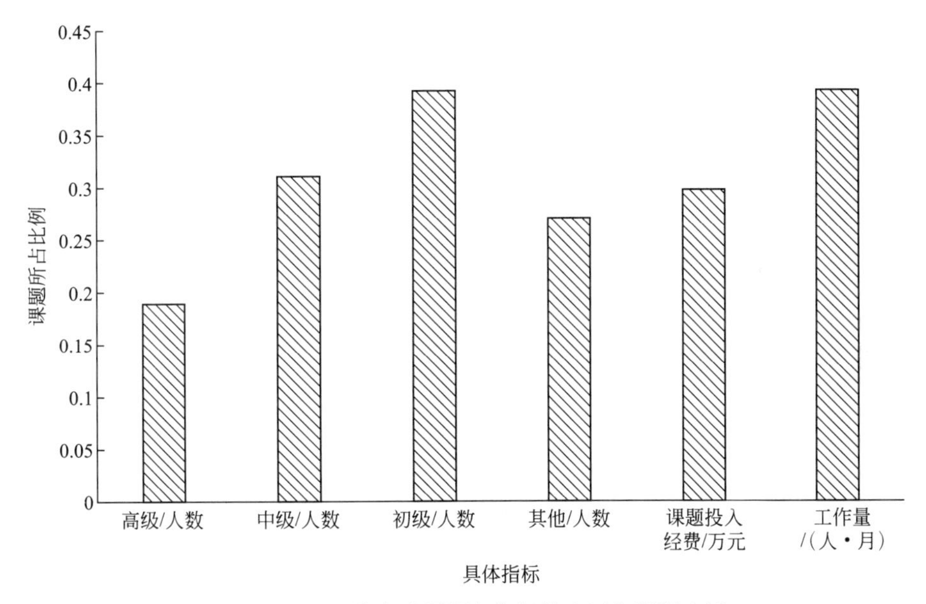

图 5-13 工程技术类课题各指标投入冗余课题比例

(1) 从投入冗余量角度分析

① 在研究人员方面，高级、中极、初级和其他研究人员 4 类可以相互比较，两类课题都是中级研究人员和初级研究人员投入过多，而高级研究人员在课题实施过程中起到了非常重要的作用，只有 20%的课题的高级研究人员存在投入冗余的情况。这说明高级研究人员的工作贡献度较高，而其他级别的研究人员投入冗余较为严重，有 30%～40%的课题分别存在着中级及以下研究人员投入量过大的情况，说明高级研究人员在课题中的贡献率较大，而其他研究人员则应提高对课题的贡献程度。

② 课题管理方对经费的把控情况较好。绝大部分的工程技术类课题经费投入良好，

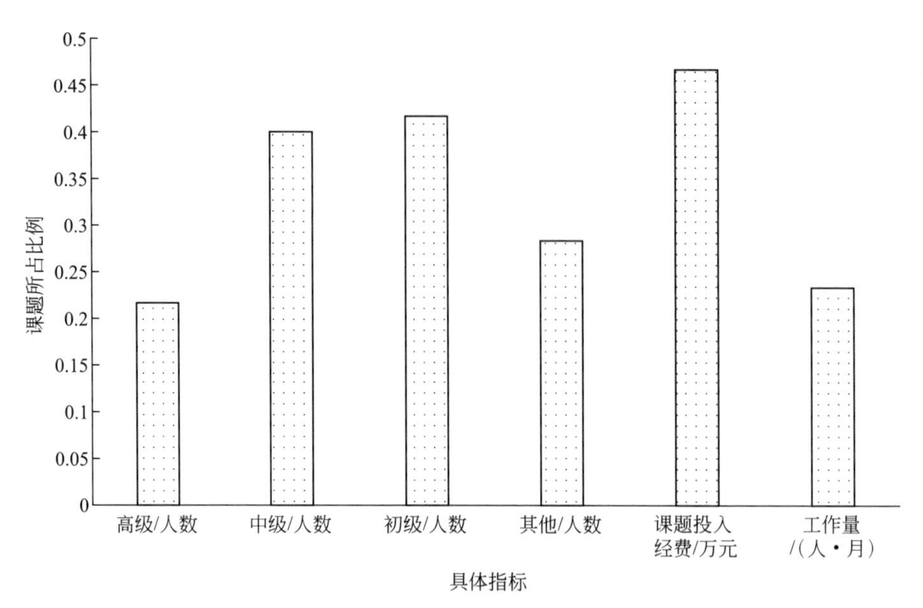

图 5-14 管理技术类课题各指标投入冗余课题比例

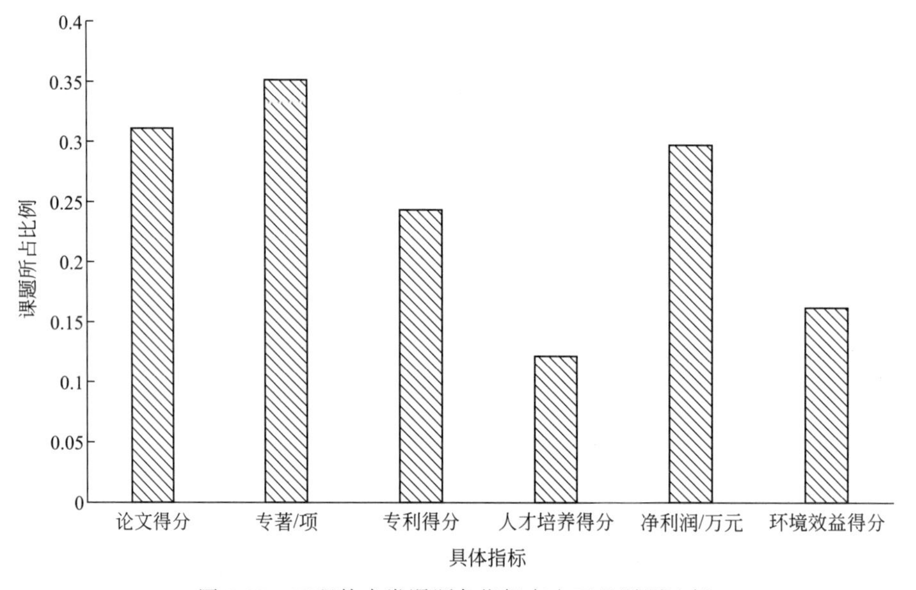

图 5-15 工程技术类课题各指标产出不足课题比例

课题立项时上交的预算申请与课题实际支出情况相当，少部分课题多少存在投入冗余情况，应在立项时有所改进；管理技术类课题相对目前的产出，投入冗余量过大，应提高课题的整体研究能力，改变投入规模和投入配比，提高工作效率才能达到更好的课题实施效果。

③ 研究人员为课题投入的工作量比单纯的课题实施时间更能说明投入情况。工程技术类和管理技术类分别有60%和75%的课题科研投入时间与课题的产出成果相匹配，其余课题的人员投入的科研时间相对较长，说明这些课题科研人员的研究效率有待提高。

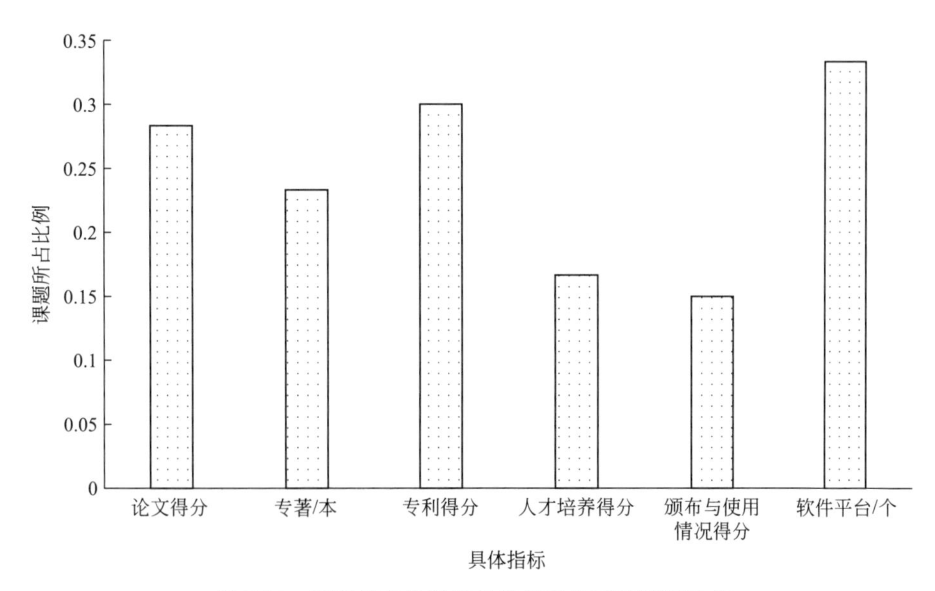

图 5-16 管理技术类课题各指标产出不足课题比例

(2) 从“十一五”水专项课题产出不足角度分析

在界定课题实施效果的 6 个产出指标中，由于根据课题的目标导向进行分类，所以不同类别的课题产出指标的情况各有不同，但是也可以进行如下的归纳总结。

① 在学术影响方面，论文产出和专著的产出差异十分明显。在工程技术类课题中，一些课题的 SCI 论文数量和影响因子非常高，课题实施在环境领域中产生了极大的科技影响，而部分课题论文得分则较低。受研究领域的制约，管理技术类课题 SCI 论文产量极少。因为是同类课题间平行比对，所以分数相差不大，但工程技术类课题和管理技术类课题两大类的论文发表情况相差很多。无论是工程技术类课题还是管理技术类课题，论文的学术影响均有待提高。

② 在专利的产出情况分析中，工程技术类课题比管理技术类课题的专利产出较多，评价分数也高出许多。因此，工程技术类课题的成果更适合申请专利，而管理技术类课题则相对困难。

③ 两类课题的人才培养情况都很好。

④ 工程技术类课题的直接经济效益有待挖掘。30％左右的课题在经济效益净利润这一指标中存在产出不足的情况，说明课题的成果转化率并不高。

⑤ 工程技术类课题实施所带来的环境效益良好，80％以上的课题环境效益产出较好，能够达到课题目标所设立的环境效益值。

虽然管理技术类课题的产出侧重点应为标准、规范的制定或颁布，科技报告的发布和系统平台的应用，但在评估结果中显示，大部分课题在标准与规范的制定中得分较低，多数规范仍处于研究制定的状态，并没有颁布出台。

水专项管理组织机构较为复杂，参与部门众多。为了有的放矢地协调各部门的工作，水专项设立之初就成立了完备的专项行政管理体系和专项技术管理体系。作为课题研究的坚实后盾，这些体系与制度是保障课题顺利开展的重要基石。但在“十一五”课题的实践过程当中，在课题实施过程管理方面仍有许多细节需要完善。在原有水专项课题的管理过程当中，设计了单独的经费评定、工程建设评定、任务执行情况评定、效益分析管理体系，并且制定了较完备的评定规则。然而，在过程管理中缺少综合课题投入产出、直观反映课题效率的评价方法，不能对关键时间节点的课题进展情况全面掌握，难以在课题日常监督管理过程中主动提出有效的预判性建议等问题。该模型方法的建立能够为水专项的管理和绩效评估提供有效的技术支撑和管理依据。绩效评估方式、立项方式、经费管理、过程管理及组织机构规范5个方面应加强完善。

5.4.4.1 绩效评估方式

水专项包含十大流域六大主题，主要包括工程技术类课题和管理技术类课题。考核指标体系应该以课题研究目标为导向进行指标的设计，以保证评估的效率。WPCT-DEA效率评估方法能够作为水专项课题考核的依据，从科研投入和科技产出的角度给课题绩效评估的指标选取提供着力点。

（1）绩效考核流程

对于评估指标和评估方法的选择，许多发达国家的做法非常值得借鉴。德国科学活动评估将产出量化，特别关注发表论文著作、组织会议、专利的情况，对自然科学、医学、经济学和社会学研究的科研项目，着重评估在学术杂志上发表的论文数量；对人文科学研究项目，着重评估出版专著和在专业杂志、非专业杂志和论文集上发表的论文数量；对工程科学类项目，淡化评估论文数量，尤其重视专利数量和工业产出的具体事例及社会影响[134]。

日本科技项目的评估不仅依托承担单位提交的自评估报告和成果统计数据，还采取召开座谈、成果发布会、现场问卷调查、抽样调查、实地考察等多种形式，直接、间接地收集与评估指标相关的信息，强调评估的意义是提高科研项目成果，在惠及国民方面发挥重要的作用，而非单纯地检查成果数据[211,212]。

英国的科技项目评估则分为硬指标和软指标两种：硬指标包括论文引用、科研成果收入、获得学位的研究生数量等；软指标则依靠同行评议法。最终评估组会根据软硬指标的结合进行评估，综合计算科研项目的效率[213]。

水专项课题绩效评估指标应分成“定量指标考核”与“定性指标考核”，对应不同的评估方法分开评估。定量数据包括论文在学术期刊中的发表数量及影响因子、专利申请及授权数量、硕博研究生的培养数量、成果出版专著数量、科技报告产出数量、政策标准的研究制定及发布情况、课题的直接收益，使用WPCT-DEA效率评估法进行客观评估；定性指标包含关键技术的开发及投产情况、污染物削减所带来的环境效益、示范工程和基地平台的运行情况、课题预期的社会影响等，选取实地考察、问卷调查、现场抽查、同行评议的方法综合评价。课题评价的目的是为了让课题达到预期的效果，专家对课题的改进意见应及时反馈，评价流程如图5-17所示。

（2）考核指标设置

不同类别的课题所设置的考核指标体系也应该有所差异。水专项以解决实际污染问题、改善水质为目标，主要解决制约我国社会经济发展的重大水污染科技瓶颈问题，所以

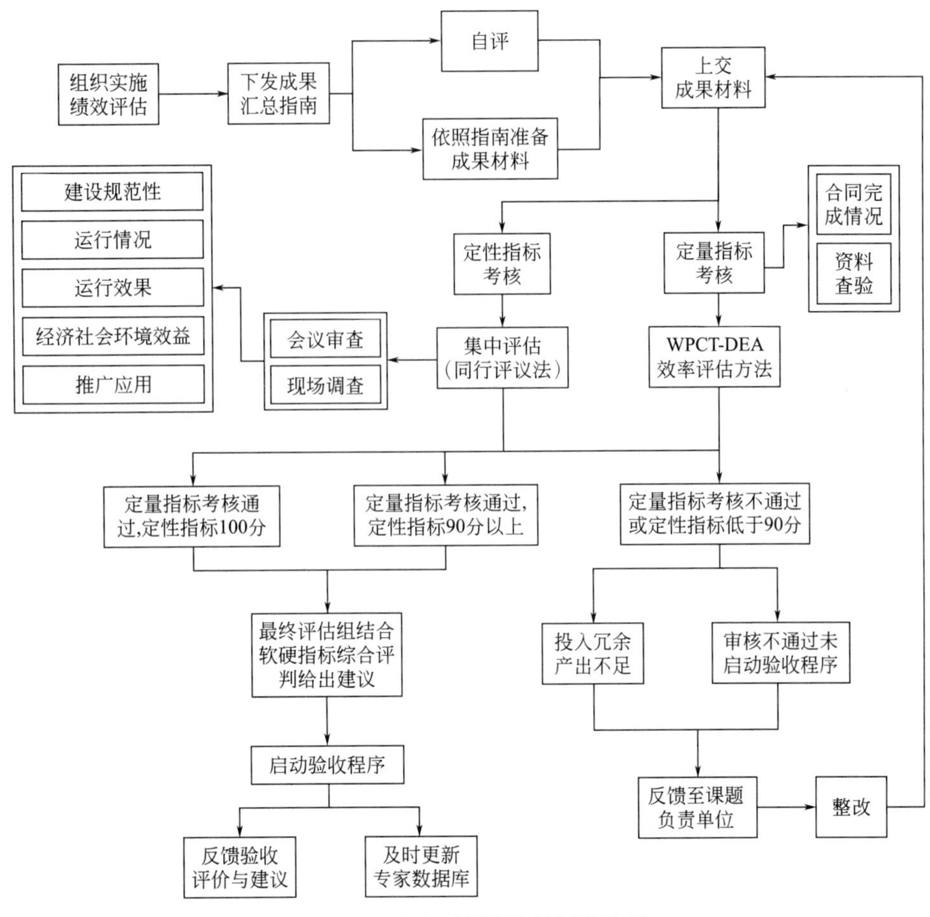

图 5-17　水专项课题绩效评价流程

属于工程科学类研究，应侧重技术产出、环境效益及社会影响的评估，不应该禁锢于指标的完成数量及学术影响。近年来，发达国家越来越重视科研是为社会服务的理念，并将这一理念投入到科技项目的评估当中，注重评估项目的科研服务和咨询能力。

日本规定项目评价者不仅要包括专家还应包含非专家人士，尽可能反映社会各界的意见[214]。德国认为科研资助来自纳税人，理应为纳税人服务，更关注科研地位在社会中的影响、公众的需求和满意程度、投入产出比例、对外服务项目的有效利用率、项目对外开放程度等[134]。美国对科研项目评估结果的处理同样与目标紧密相关，项目产出数量可观、学术影响广泛并不意味着必然的后续支持，更重要的是其社会经济影响将会怎样，技术发展的环境是否有利于项目的推进[215]。

发达国家对于评估的先进理念，应该广泛应用于水专项的评估当中，加大对“定性指标”的评估力度，淡化“定量指标”的考核压力。所以，在设置绩效评估指标时，对于工程示范类课题应加大力度关注环境效益及社会效益，关注“关键技术”的产出和依托“关键技术”申请的专利情况，以解决实际问题为目标导向，必要时应广泛听取课题研究受益地区居民的反馈，多以问卷调查、实地考察的方式了解课题的实施效果，将成果嵌套于生活、生产及社会大环境当中；管理示范类课题则应减少 SCI、EI 的发文数量及专利申请数量的考核，多关注专著的撰写情况，科技报告，规范、政策研究制定情况与发行情况，保证评估的针对性及高效性。

5.4.4.2 立项方式改革

绩效评估是评价课题产出质量的关键，但立项是决定课题发展和产出趋向的最重要环节。课题设立不仅要符合国家科技发展的战略政策，更应确保课题能够解决实际的问题、带来实际效益。水专项是《国家中长期科学和技术发展规划纲要（2006—2020年）》出台之后，政府组织相关专家，经过两年的实地考察、可行性论证，锁定十大流域、六大主题所设立的课题。这些课题的立项申请采用社会招标制，通过择优评审选出优质团队承担课题研究。

通过收集发达国家科技项目的立项及评审制度，发现许多先进思想能够运用到水专项课题立项中来。在20世纪70年代生产发展带来的巨大环境压力之下，20世纪80年代日本对科技计划“前评估”的重视程度远远超过其他阶段的评估。在项目选择过程当中，负责提出任务的政府部门、负责组织项目选择活动的学术组织者和负责调研并提出方案的研究单位要召开会议共同协商课题方案，通过召开论证会、听证会和函审等方法，充分征求和利用相关专家及外部有识之士的意见和建议。项目的评估报告、预算及经费安排情况必须通过网络向全体国民公布，做到全面公平公开[215～217]。

美国前沿科技计划的评选标准主要体现在两个方面：一是要有极强的科技优势；二是要有广泛的国家经济效益潜力。遴选步骤分为项目粗选、技术和商业价值评估、商业计划及预算评估、复试、资助选择。美国鼓励企业竞争参与投标并提供配备资金，做到将技术嵌套于广泛的生产、市场与财政金融政策等商业环境之中的项目才会被批准实施[216,218]。

德国科研项目的立项过程就是研究争取资金的过程，立项直接影响政府对项目的资助问题，立项评估的结论直接影响项目能够从企业争取到多少科研经费，因此，清晰的定位对研究来讲非常重要[219～221]。

综合发达国家科技项目立项的先进做法，水专项课题设置宜分为两个部分：一部分延续“十一五”立项制度，由政府设定课题，实施公开招标制度，通过召开实施方案论证会对比投标单位方案，邀请专家、水专办组织方、课题投标方及非科研人员共同商讨课题的实施方案的可行性，充分重视课题的“前评估”，此类课题以政府资助为主，以其他资助形式为辅；另一部分参照美国前沿科技计划的做法，吸纳科研机构申报的能够解决国家水体污染问题的课题，通过专家、课题申报方、水专办组织方、课题可能的资助单位及课题研究地点的外部代表召开课题论证会议，从课题能够带来的经济效益、环境效益及社会效益等方面充分讨论立项的必要性和可行性。同时，立项过程也是课题申报方筹集科研经费的过程，清晰的定位和高效的方法才能获得足够的资金支持。

5.4.4.3 经费管理灵活

水专项“十一五”期间课题经费验收采取现场验收和非现场验收两种方式。在课题实施的过程当中，经费支出管理也非常严格。在立项阶段对课题经费做严格的预算之后，课题开销需精确到设备费、材料费、测试化验加工费、燃料动力费、差旅费、会议费、国际合作与交流费、知识产权事务费、劳务费、专家咨询费、基本建设费、其他间接费用等，课题每年研究所用开销需严格按照预算设置支出，但在课题研究进程中，经费支出难以与预算一致。

日本政府在经费管理方面非常严格，但由于项目在发展过程中，经费的支出无法完全预估，所以采取年度预算编制，一旦确定，每笔开支必须按照计划执行[216,222]。欧盟引入了集体和单独无限责任制，不再进行资金能力的预评审，项目组每年可先得到85%的拨款，当年度评审完毕后再支付剩余的15%，这种模式需要建立在欧盟与项目组足够信任的基础之上，经费使用由项目组自行承担[223]。美国的科研项目经费通常为政府提供部分资金，企业竞争性地参与投标并提供配额资金的方式，每一次项目的评估，意味着只要项目具有发展前景就有机会得到更多资助[218]。

从美国、日本、欧盟对于科研项目的资助情况来看，发达国家科研经费来源包含政府、企业和基金会等多种渠道，而我国基础研究的资助基本上来源于国家[224]。水专项课题的经费资助渠道和管理方式应吸取发达国家科研项目的经费管理办法，从立项阶段开始拓宽资助渠道，吸引非政府基金投入，弥补政府基金投入的不足和缺陷，同时给课题承担单位更大的空间支配课题经费。虽然无法做到取消经费预评审环节，但应淡化资金指定用途的概念，在上报预算之后课题研究单位也应有权依照课题研究需要进行调整。

5.4.4.4 过程管理转变

水专项“十一五”实施期间的过程管理采用年度自评估和中期自评估的方式，提交文字版材料至水专项管理办公室。但是，此过程存在较严重的问题：第一，目前水专项课题的过程管理处于“被动管理”的状态，在课题承担方提交自评估报告后，水专项办公室难以及时进行评估和结果反馈，缺乏对课题的实时调整决策；第二，水专项课题的实施周期较短，年限为3～5年不等，多次提交评估报告对人力、物力、财力均为极大的浪费。

德国的过程评估强调充分参与和真实可靠，评估者和被评估者在过程评估当中必须充分参与评估活动，评估专家必须全程参与评估，充分占有与评估有关的信息，以给出正确的判断和建议；为了保证被评估单位数据、档案、成果的真实性，评估经常选择实地考察和抽查的方式进行评估，避免被评估单位做“突击性”准备，以免提供虚假信息[134,225]。

日本的科研项目通过中期评估决定项目是否有成功的可能性或者继续开展下去的必要，评估标准包括技术可行性和对经济社会发展的意义两个方面，是非常重要的环节，需要对项目进行展示、现场勘查，项目能否继续进行取决于评估结果[215]。

由此可见，水专项课题的过程管理应从“被动评估”变为“主动参与”，实地考察课题的实施情况、邀请专家参与课题中期汇报、及时反馈评估意见和建议是提高课题中期评估效率的有效方法。改进冗余的自评估报告提交制度，用成果汇报和现场勘查的方式代替纸质版报告，将评估落到实处。

此外，应建立绩效考评数据库，如美国国家科学基金库（NSF）项目绩效考评数据来源于中心数据库和独立的专项数据库，必要时还要利用外部合同数据库，为最终的绩效评估提供基础数据保障[226]。在水专项的过程管理当中，也应该建立数据库，从课题立项开始，记录课题每一实施阶段的数据，在每次过程评估之后及时更新数据，确保数据的准确和公开，为课题的绩效评估提供数据资源。

5.4.4.5 组织机构规范

水专项的组织实施是由国务院统一领导，由国家科技教育领导小组负责统筹协调，财政部、科技部、国家发展改革委进行方案的论证、综合评估、评估验收和研究制定配套政策的相关工作。水专办在领导小组和牵头组织单位的统一领导下，承担水专项领导小组办公室和水专项实施管理办公室的职能，负责协调水专项立项、实施、管理、评估等工作。所以在课题的全过程管理当中，水专办起到了极其重要的作用。目前，水专办中工作人员大部分从其他政府机关借调，每人在水专办的工作时间为1～2年，人员流动较快，投入精力有限，使得课题实施期间的监督管理工作难以有效衔接。

发达国家的评估机构分为两种。一种为政府机构，如1983年日本政府决定设立国家级的科技评估机构，在科学技术会议政策委员会设科技评估分会，职责是对科技振兴调整费资助的项目进行前期、中期和后期评估[227]。美国的科技评估机构分为国会科技评估机构和州政府科技评估机构，如美国国会技术评价办公室（OTA）主要任务为美国国会提供更深层次的、技术含量高的评价报告，美国管理科学开发资讯中心（MSD）为政府机构各类商业组织科研机构提供信息咨询、技术评价、人力资源开发与项目指导等服务[118]。另一种是第三方评估机构或评估协会，如美国、加拿大、澳大利亚、新西兰等国都成立了评估协会，主要由来自政府各个部门的评估官员、研究机构或者大学的专家教授以及一些开展评估服务的咨询公司代表组成。美国评估协会（American Evaluation Association）、澳大利亚评估协会（Australasian Evaluation Society）在国家科研项目的评估中非常活跃，定期开展国际会议，为课题评估工作提供相关培训和评估服务，同时为各国的科技评估工作者们提供交流的场所[227]。

从发达国家的经验中可以看到，无论是政府机关还是第三方评估机构，专业的评估人员、规范的评估体系、高效的评估方法对于科研项目的评估缺一不可，回顾水专项“十一五”期间的课题管理问题，与组织架构尚未完善有直接的关系。为了更好地管理水专项“十二五”“十三五”的课题，水专项办公室应吸纳更多管理专业人才，以在水专项专职工作为基础，策划水专项全过程管理实施方案，同时充分运用第三方评估的优势，在课题评估时尽量避免“熟人效应”，确保课题绩效评估的公平、公正。

水专项科技创新贡献评估

按照“自主创新、重点跨越、支撑发展、引领未来”的环境科技指导方针，水专项确定以环境科技创新促进流域水质改善为目标，在水专项实施的过程中体现理念创新、关键技术创新和体制机制创新。由于水专项是针对我国水体污染等环境问题设立的重大专项，故本书以水专项的环境科技创新贡献为核心进行评估。

“十一五”期间水体污染控制与治理科技重大专项的设立突破了化工、冶金等5个重污染行业的控源减排关键技术、城市污水处理厂提标改造和深度脱氮除磷关键技术、饮用水安全保障净化及水质监测预警应急关键技术、水环境监测核心技术、流域控源减排关键技术等多领域的关键技术，初步建立基于流域水生态功能分区的水质目标管理技术体系，综合集成了多项关键技术，在太湖流域和辽河流域等的水环境质量改善中初见成效，起到有力的科技支撑作用。

水专项组织实施贡献能力研究流程如图6-1所示。系统调查梳理“水专项”研究的科技成果，包括论文、专利、技术规范、技术指南等。根据技术类型、数量以及影响程度对科技成果进行分类，形成“水专项”科技成果分类体系。根据研究成果类型的特点，围绕

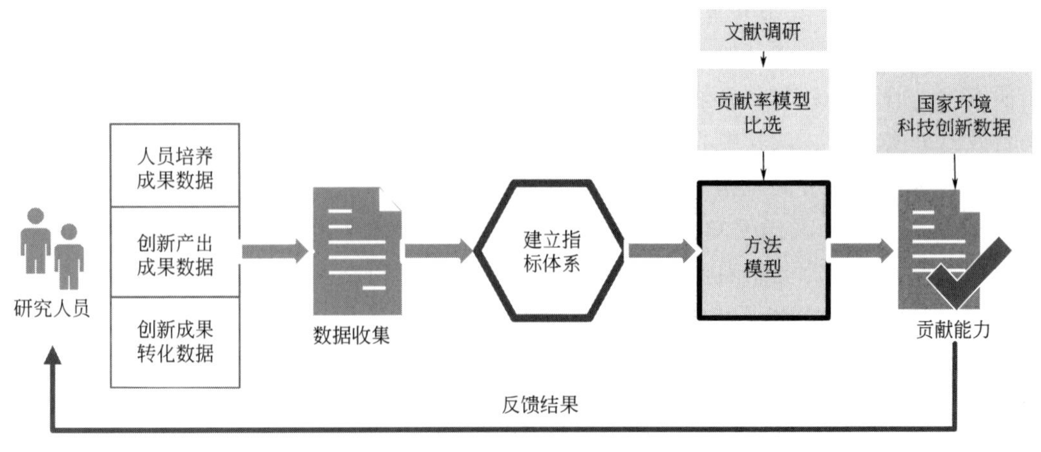

图6-1　水专项组织实施贡献能力研究流程

成果数量和影响程度等关键点，研究符合“水专项”特点的科技成果评价方法和指标，进而构建“水专项”成果对国家环境科技创新支撑作用和贡献的评估方法。收集“十一五”和“十二五”期间“水专项”课题的科技成果数据，根据上述指标体系和技术方法，评估“水专项”科技成果对国家环境科技创新的贡献和效果。

水专项对环境科技创新评估，首先通过水专项科技成果梳理及统计以及对我国环境科技整体统计数据的搜集，包括技术、专利、系统平台、技术规范、政策建议、科技论文及人才培养等，然后遴选出适合评价水专项组织实施贡献能力的方法模型，建立适用于评价水专项贡献能力的指标体系，从知识创新、技术创新、管理创新及创新人才培养 4 方面进行评估，最后与国家环境科技创新的整体情况进行比对，通过方法模型的计算得出水专项实施对环境科技创新贡献率、科技水平、创新重点以及创新科研团队的培养，技术路线如图 6-2 所示。

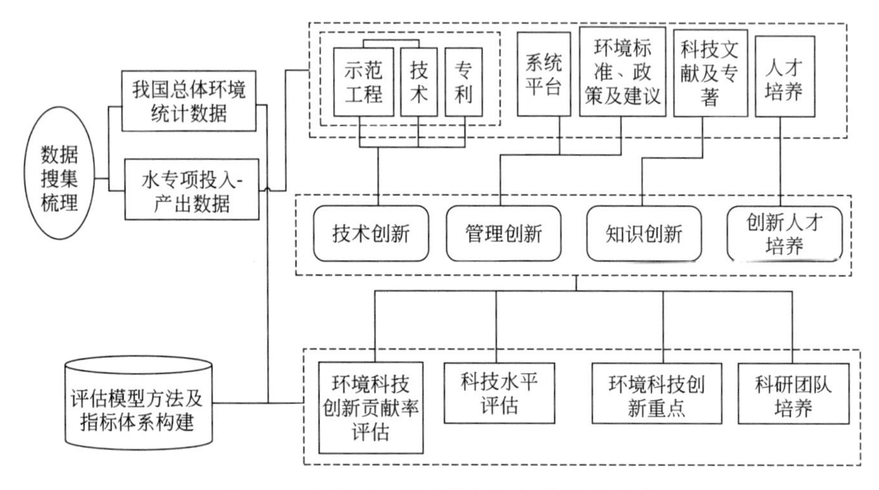

图 6-2 水专项环境科技创新评估技术路线

知识创新以中英文科技论文进行表征。技术创新贡献主要指科学技术产出，包括关键技术、集成技术及单项技术等。由于技术产出不易于统计和比较，故用专利和软件著作权的申请及授权情况表示技术产出情况，包括发明专利、实用新型专利（无外观设计专利）。创新人才培养主要用人才引进、人才培养和科研团队培养进行表征，人才培养包括高级创新人才（如千人计划、中青年科技创新领军人才等）、硕士研究生和博士研究生。管理创新包括环境法律法规、政策、技术标准的制定和颁布，监测、管理平台及野外实验站、试验中心等的建设。具体的评估方法如图 6-3 所示。应用文献计量学、数理统计、网络模型构建等方法，利用中国科学引文数据库、中国知网、科学引文（SCI-E）数据库及国家知识产权局专利检索数据库，对中文科技论文、SCI 论文及专利进行检索，然后分析科技论文的引用率、发表期刊影响因子、专利类别以及技术是否获奖等评估科技水平及质量，最后根据科技论文及专利的字段提取、作者及专利发明人及权利人统计，构建网络模型，分析水专项对我国环境科技创新贡献的重点内容和科研团队产出。

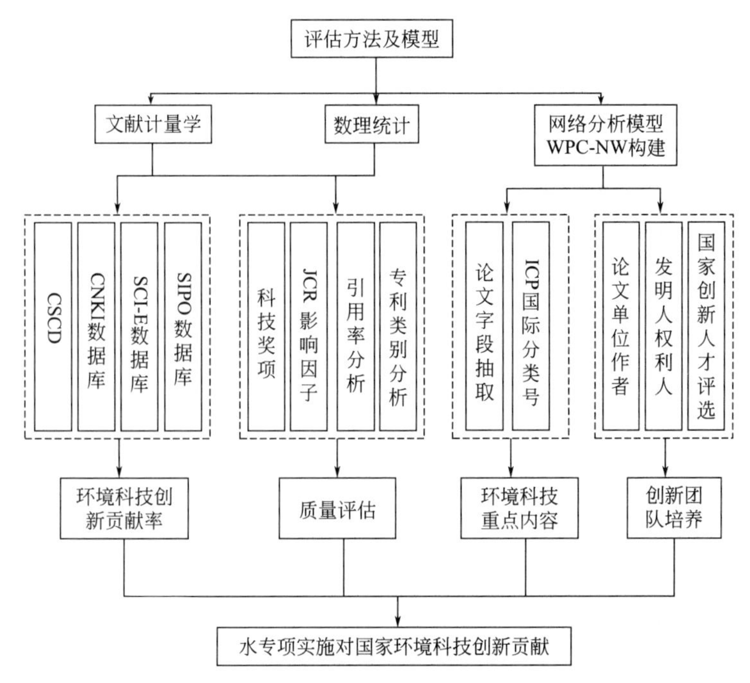

图 6-3　水专项环境科技创新评估方法体系

6.1 知识创新贡献评估

水专项知识创新贡献评估模型如图 6-4 所示。以科技论文数据集为分析对象，分别评估水专项发表科技论文的贡献率、发表论文的质量以及贡献量，主要借助于中国科学引文数据库（CSCD）、中国知网（CNKI）和科学引文索引（SCI-E）数据库，分析发表科技论文的影响因子和引用率，得出水专项对我国环境科技论文的贡献率以及水专项科技论文在我国环境领域的水平。贡献量分析主要通过构建水专项网络分析模型（WPC-NW）对科技论文的作者及关键词进行网络贡献分析，探讨水专项主要针对的环境问题、研究应用的关键技术以及科研团队的产出情况。

水专项发表科技论文数据的获取，主要包括两种途径：水专项管理办公室提供的统计

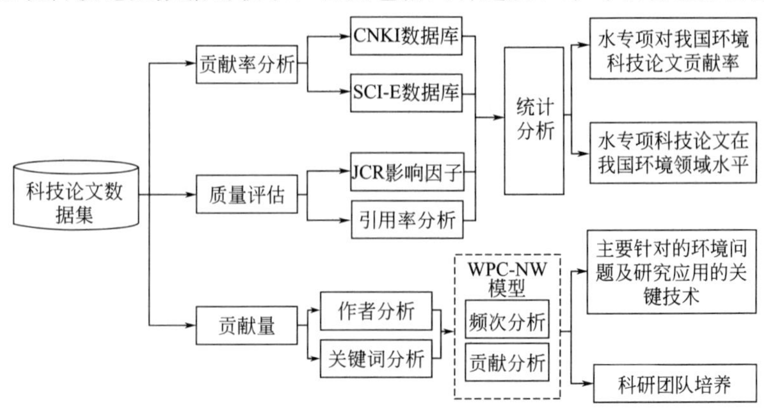

图 6-4　水专项知识创新贡献评估模型

数据和基于数据库的检索获得的数据。由于各课题在汇总科技成果时存在多家合作单位同时申报成果、一篇论文由若干水专项课题支撑，以及存在项目结题时正在投稿（尚未录取）的成果等问题，本研究对两个数据源进行筛查对比，最终确定水专项在“十一五”期间发表科技论文数量。“十二五”项目结题目前尚未完成，水专项管理办公室无法提供官方数据，故结合“十一五”数据处理经验对“十二五”期间水专项科技论文进行统计分析，主要分析2017年之前的数据。

“十一五”期间水专项共发表科技论文6089篇，专著156项，其中SCI类论文1365篇，EI论文1061篇（会议论文516篇），核心2238篇，会议论文以及其他论文1425篇，如图6-5所示。由于EI论文中英文EI期刊论文只有58篇，中文EI论文同样是核心论文，故以Web of Science核心数据库（SCI）、中国知网（CNKI）数据库和中国科学引文数据库（CSCD）为基础，计算“十一五”期间的水专项学术贡献率。

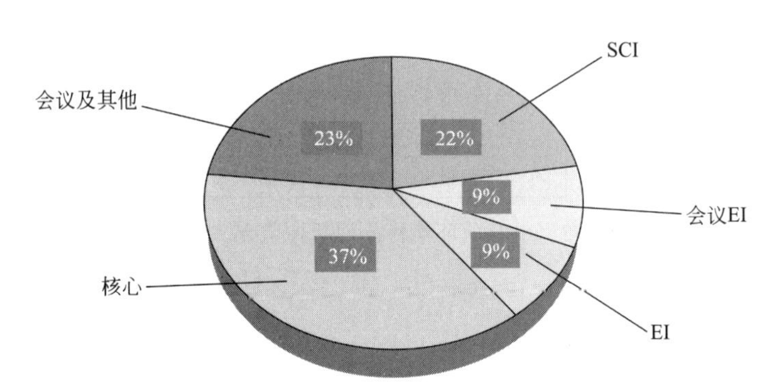

图6-5　水专项各类论文所占比例

6.1.1 SCI论文贡献统计

2008～2016年，全球环境领域相关SCI论文和水处理领域SCI论文保持逐步增长趋势。在整个环境领域，全球发表SCI论文总量为612628篇，h指数为380。美国发表SCI论文最多，其次为中国、英国、加拿大、澳大利亚等。美国h指数为303，其次为英国216，中国为213。引用率大于380的文章，美国有184篇，英国有63篇，中国、加拿大和德国各有43篇。在水处理领域，2008～2016年，全球发表SCI为109541篇，中国论文数最多，其次为美国、西班牙和印度。中国论文总被引频次排在第二位，论文他引率最高。篇均引用频次西班牙最高，为42.4次/篇，美国的篇均引用频次为21.05次/篇，中国的篇均被引频次为13.49次/篇，相对较低。2008～2016年，我国在环境领域和水处理领域发表SCI论文数量增长迅速，这两个领域2016年论文数量分别是2008年的4.32倍和4.68倍。

“十一五”和“十二五”水专项课题发表SCI论文主要基于SCI-E数据库，科技论文数据获取主要采取“基于基金进行筛选”的方法。水专项表达方式不一，即在SCI核心集数据库对“FU”赋值所有可能的水专项英文表达方式，限定论文发表国家为中国。经过筛重，总结最终可能的水专项基金表达方式。Major Science and Technology Program for Water Pollution Control and Treatment（水污染控制和治理主要科学和技术项目）是最常用的表达方式。水专项在该阶段内发表SCI论文5000余篇，其研究主要集中于环境科学和工程技术领域期刊，其次为化学、生物以及地学领域，在农林科学、物理、数学、综合等领域期刊也有少量文章，其分布情况如图 6-6 所示。

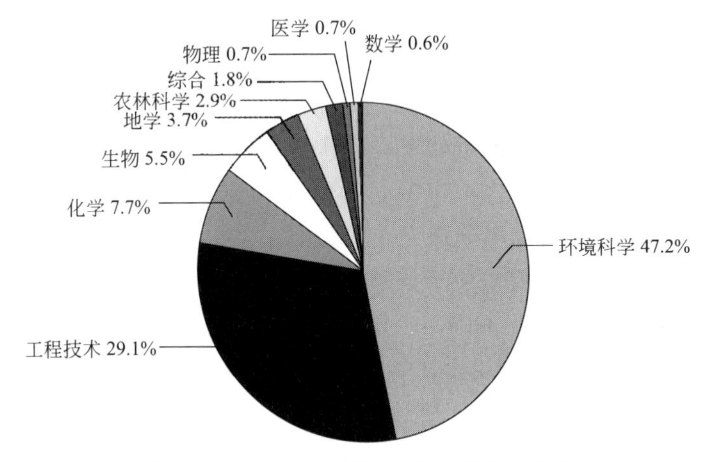

图 6-6 2008～2016 年水专项 SCI 论文分布

2008～2016 年期间水专项产出 SCI 论文在我国环境领域的贡献率。如 2008～2015 年水专项发表 SCI 论文逐年增多，贡献率也逐年上升，2015 年达到最高值，为 5.29%，2016 年有所降低，为 4.33%。

“十一五”期间，发表 SCI 文章量前 10 的期刊如表 6-1 所列。在 Journal of Hazardous Materials 期刊发表文章最多，为 70 篇，约占 5.1%；该期刊 2010 年影响因子为 4.173，2016 年影响因子为 6.065，平均每篇文章引用次数为 29.9。其次为 Journal of Environmental Science（64，4.69%）和 Fresenius Environmental Bulletin（61，4.47%），2010 年影响因子分别为 1.412 和 0.531。同时，在 Water Research、Bioresource Technology 等高水平期刊发表论文数量分别为 38 篇和 58 篇，平均引用频次为 26.2 和 25.3。

表 6-1 水专项发表文章量前 10 的期刊

期刊	文章				平均引用频次
	数量	百分比	IF_{2010}	IF_{2016}	
Journal of Hazardous Materials	70	5.13%	4.173	6.065	29.9
Journal of Environmental Science	64	4.69%	1.412	2.937	9.9
Fresenius Environmental Bulletin	61	4.47%	0.531	0.425	2.3
Bioresource Technology	58	4.25%	4.494	5.561	25.3
Water Science and Technology	49	3.59%	1.094	1.197	3.6
Chemical Engineering Journal	46	3.37%	2.816	6.216	25.7
Water Research	38	2.78%	4.355	6.942	26.2
Chemosphere	32	2.34%	3.253	4.208	18
Desalination	32	2.34%	2.034	5.537	27.3
Ecological Engineering	27	1.98%	2.745	2.914	16.4

以研究方向为环境科学与生态学（Environmental Sciences&Ecology）为限定条件，计算 2009～2013 年期间水专项产出 SCI 论文在环境领域的贡献率。根据文献计量学布拉

德福定律的理论，可将该方向的期刊分为核心区期刊、相关区期刊和外围区期刊，即如果将科学期刊按其登载某个学科的论文数量的多少，以渐减顺序排列，那么可以把期刊分为专门面向这个学科的核心区和包含着与核心区同等数量论文的几个区，这时核心区与相继各区的期刊数量成 $1:n:n^2$ 的关系。根据该理论，将每年期刊进行分组，核心区期刊约为 9～11 个，相关区期刊为 38～41 个，故选定指标为 TOP10、TOP40 以及总量 3 个指标计算水专项产出环境类 SCI 论文的贡献率。计算结果（图 6-7）显示，2011 年水专项 SCI 论文产出量最大，贡献率最高，为 4.95%，2012 年和 2010 年其次，为 2.97%和 2.81%。2011 年 TOP10、TOP40 的贡献率分别为 6.75%、6.20%，明显高于 SCI 总量的贡献率，说明水专项发表的 SCI 论文主要集中于该领域的核心区和相关区期刊。2009～2013 年水专项发表 SCI 期刊累计影响因子 3209.1，篇均影响因子为 2.36。

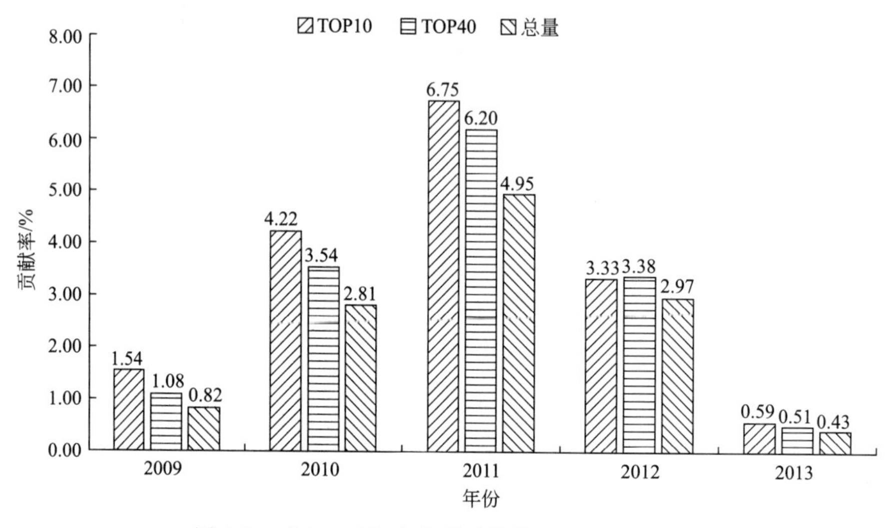

图 6-7 “十一五”水专项环境类 SCI 论文贡献率

“十二五”期间 SCI 文章量最多的 20 个期刊如表 6-2 所列，发表在这 20 个期刊的文章量占“十二五”期间水专项发文量的 50.12%。Environmental Science and Pollution Research 期刊发表文章最多，为 126 篇，占总量的 6.28%，近几年影响因子为 2.75 左右。其次为 Desalination and Water Treatment 和 Bioresource Technology，发表文章量分别为 100 篇和 75 篇，占比分别为 4.98%和 3.74%。Bioresource Technology 2016 年的影响因子为 5.65。Desalination and Water Treatment 期刊虽然影响因子只有 1.63，但近几年一直处于上升趋势。同时，在环境及其他领域高水平期刊如 Environmental Science&Technology、Water Research、Chemical Engineering Journal、Journal of Hazardous Materials 等也发表了大量的科技论文，这些期刊影响因子均在 6 以上。这 20 个期刊的 2016 年平均影响因子为 3.68。由此可见，“十二五”期间水专项的课题发表了大量的高水平期刊论文。

以研究方向为环境科学与生态学（Environmental Sciences&Ecology）为限定条件计算 2011～2016 年期间水专项产出 SCI 论文在我国环境领域的贡献率。如图 6-8 所示，2011～2015 年水专项发表 SCI 论文逐年增多，贡献率也逐年上升，2015 年达到最高值，为 5.29%，2016 年有所降低，为 4.33%；与“十一五”期间相比有上升趋势。

表 6-2 “十二五”期间水专项发表 SCI 论文 Top 20 的期刊

期刊	论文					
	数量	百分比/%	IF_{2016}	IF_{2015}	IF_{2014}	IF_{2013}
Environmental Science and Pollution Research	126	6.28	2.74	2.76	2.83	2.76
Desalination and Water Treatment	100	4.98	1.63	1.27	1.17	0.99
Bioresource Technology	75	3.74	5.65	4.92	4.49	5.04
Environmental Earth Sciences	61	3.04	1.57			
Chemical Engineering Journal	59	2.94	6.22	5.31	4.32	4.06
Chemosphere	56	2.79	4.21	3.70	3.34	3.50
Ecological Engineering	52	2.59	3.45	3.09	3.03	3.55
RSC Advances	50	2.49	3.06	3.42	3.87	3.74
Journal of Environmental Science	48	2.39	2.94	2.21	2.00	1.92
Water Science and Technology	45	2.24	1.20	1.06	1.11	1.21
Fresenius Environmental Bulletin	43	2.14	0.43	0.42	0.51	0.53
Journal of Hazardous Materials	43	2.14	6.07	4.83	4.53	4.30
Water Research	41	2.04	6.94	5.99	5.53	5.32
Science of the Total Environmental	40	1.99	4.90	3.98	4.10	3.16
Environmental Pollution	35	1.74	5.10	4.84	4.14	3.90
Science Reports	34	1.69	2.91	2.45	2.64	2.85
PLOS One	27	1.35	3.11	3.32	3.54	3.94
Ecotoxicology and Environmental Safety	25	1.25	3.74	3.13	2.76	2.48
Clean-Soil Air Water	24	1.20	1.47	1.72	1.95	
Environmental Science and Technology	22	1.10	6.20	5.39	5.33	5.48

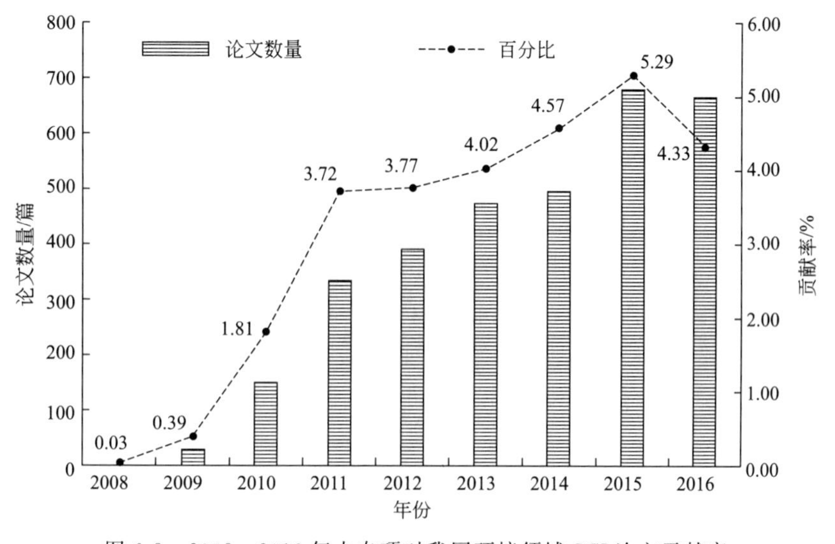

图 6-8 2008～2016 年水专项对我国环境领域 SCI 论文贡献率

6.1.2 CNKI论文贡献统计

中文数据库中水专项的基金名称比较一致，统一采用官方发布的“水体污染控制与治理科技重大专项”，也有少数几篇论文为“国家水体污染控制重大专项”，并有课题编号（20××ZX07××××）。CNKI数据库的数据获取应用高级搜索，限定支持基金，并通过课题编号进行识别“十一五”及“十二五”课题。

CNKI涉及的期刊包括中文EI期刊、中文核心期刊、中文普通期刊等。根据布拉德福定律选定环境领域核心区期刊及相关区期刊，核心区期刊包括《环境工程学报》《环境科学》《中国环境科学》《中国给水排水》《环境化学》《水处理技术》《环境科学学报》等期刊。

2008～2016年，我国环境领域及水处理领域的中文科技论文发表数量呈上升趋势。其间，水专项发表中文科技论文10706篇，以CSCD所涉及期刊为统计标准，水专项对我国环境领域中文科技论文贡献情况如图6-9所示。2011年和2012年是中文科技论文发表量最高年，贡献率也最高，分别为10.96%和11.49%。2013年及以后发表数量呈现下降趋势。

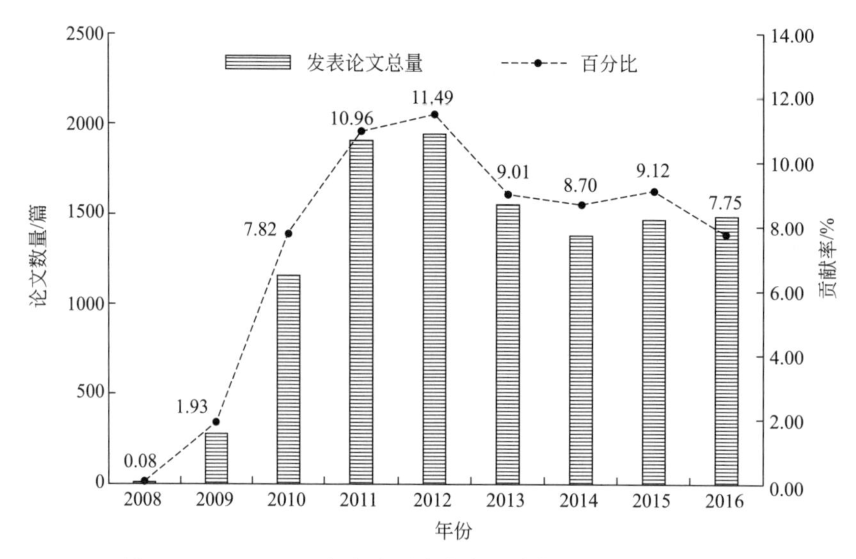

图6-9 2008～2016年水专项发表中文科技论文数量及贡献率

2008～2014年水专项对我国水处理领域论文贡献如表6-3所列。2011年开始，水专项的产出论文数量快速增长，在水处理领域中的占比超过1/3。之后，水专项每年的产出论文均超过千篇，在水处理领域中的占比也保持在33%以上，其中，2012年的水专项论文的占比最高，为43.64%。水专项作为新中国成立以来投入最大的水处理领域的重大国家项目，不但有直接产出论文的快速增长，同时，使得整个领域的产出论文数量也有较大增加。

水专项发表于环境科学类核心期刊的文章数量约占41%，其次为地理学类、工程材料科学类及综合性农业科学类期刊，分别占比为27%、14%和12%，还包括少量经济类、安全科学类等期刊，如图6-10所示。

表 6-3 2008～2014 年水专项产出论文及与水处理领域论文占比情况

时间	水专项产出论文/篇	水处理领域论文/篇	水专项论文占比/%
2008	20	3151	0.63
2009	44	2344	1.88
2010	1076	2489	43.23
2011	1407	3765	37.37
2012	1636	3749	43.64
2013	1056	3112	33.93
2014	1198	3291	36.40

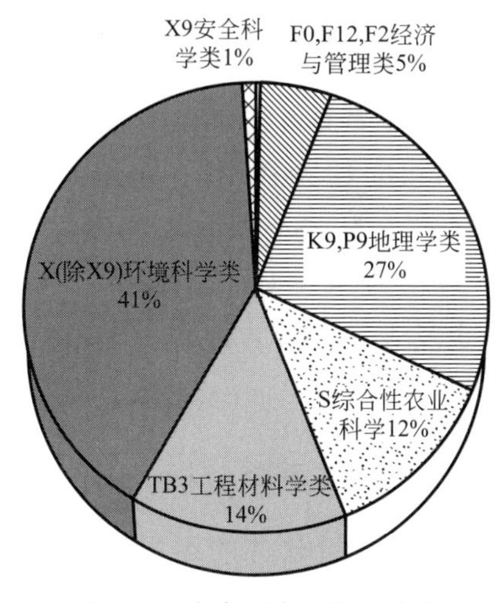

图 6-10 水专项中文期刊分布

对“十一五”期间水专项发表的国内环境类期刊论文进行统计，分别计算核心区、相关区及论文总量在环境领域的学术贡献率，结果如图 6-11 所示。“十一五”期间水专项论文产出数量和贡献率最高的是 2011 年，贡献率为 8.45%，2010 年为 6.12%，2012 年为 5.48%，说明科技论文的产出一般集中在课题研究的第 3～4 年。与 SCI 类论文相比，中文文章发表的较为分散，核心区期刊及相关区期刊文章发表量略低于文中总量的贡献率。“十一五”期间水专项各区论文贡献率如图 6-12 所示。

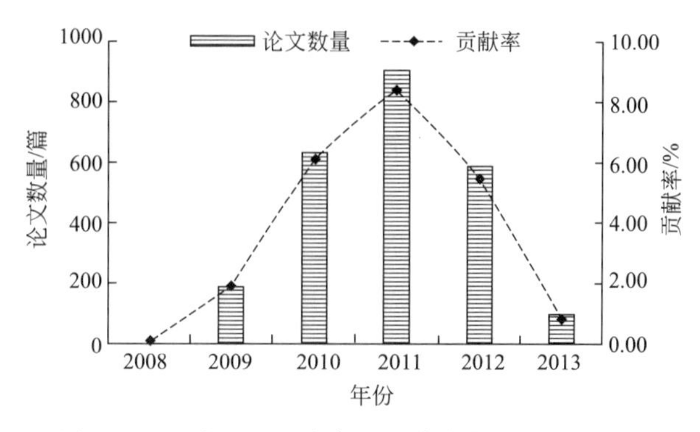

图 6-11 “十一五”水专项环境类中文论文贡献率

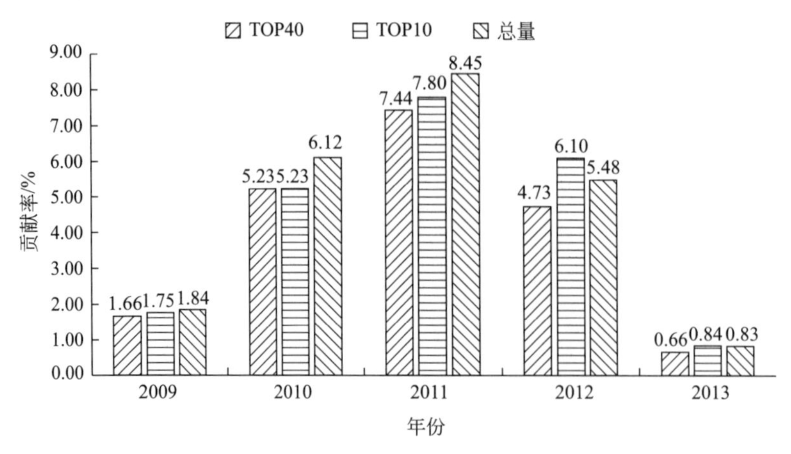

图 6-12 “十一五”水专项各区论文贡献率

“十二五”课题研究期间，发表中文科技论文3346篇，中文核心期刊及以上约占总论文量的60%。排名前10的期刊主要是中文EI期刊，均为中文核心期刊。在《中国给水排水》期刊发表论文量最多，为336篇，其次为《环境工程学报》和《环境科学》，分别为168篇和162篇。《环境科学学报》《给水排水》《环境科学研究》《中国环境科学》《环境科学与技术》也发表了大量的论文。这8个期刊发表的论文量占到总量的38%。

6.1.3 基于WPC-NW模型的论文贡献分析

通过对文献计量学方法和文献分析软件的运用，利用文献分析工具SATI和可视化工具Ucinet进行耦合，构建基于共词分析的WPC-NW网络模型，对科技论文的关键词进行分析，进而分析水专项在某流域或地区主要解决的问题及研发应用的关键技术。

共词分析主要基于对已有文献进行研究和分析。共词分析方法的主要原理是将具体某一类词分为两两一组，统计它们在同一篇文献中共同出现的次数，在此基础上对这些词进行分层和聚类，揭示出词间关联关系的强弱，进而分析其关联性中所隐含的实际意义。高频关键词可从多方面展示水专项的研究热点，但仍无法了解各关键词之间的关联关系。为进一步探索研究的热点方向，需要基于关键词进行共词分析，将分析结果以网络图的形式进行展示。以知网作为国内论文的主要来源，利用文献题录信息统计分析工具SATI为水专项所支持论文的关键词创建共现矩阵。

共现矩阵是以对角线为对称轴的对称矩阵。共现矩阵的对角线代表高频关键词出现的总次数，其他位置代表行、列上的两个关键词共同出现的次数。SATI软件可直接将共现矩阵导入Ucinet软件，并基于Net Draw可视化软件生成网络图，节点间以2为共现次数阈值，得到如图6-13所示的研究热点关联图。其中，关键词的共现次数通过连接线条的粗细进行表示，节点的大小用来描述该节点的中介中间性（betweenness），节点越大代表其重要程度越高。

分别对CNKI中文期刊文献和SCI英文科技文献进行网络可视化分析，通过选取频次

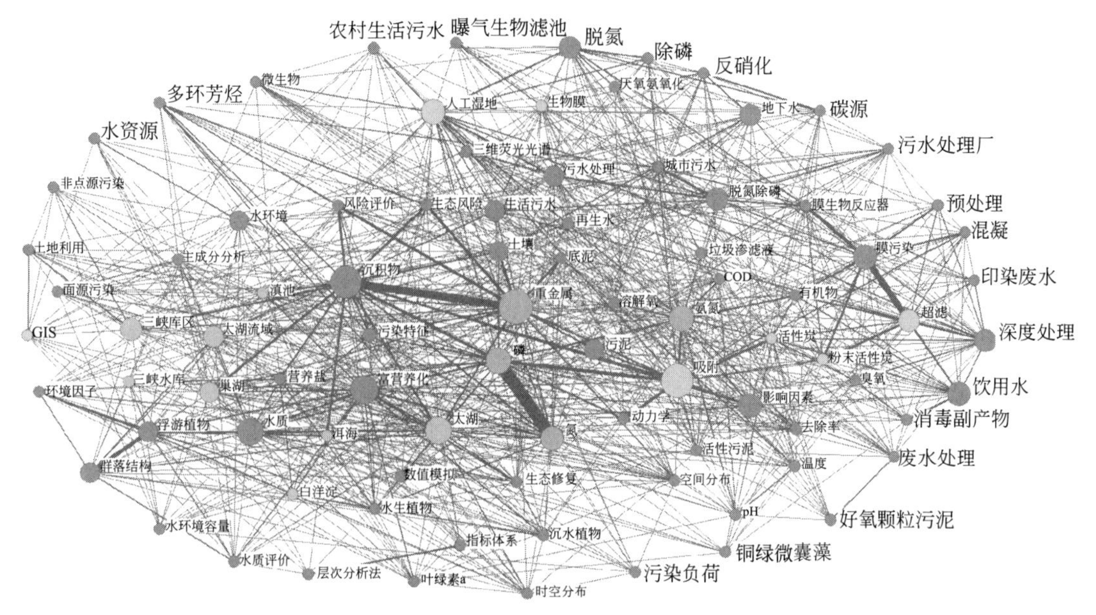

图 6-13 基于 CNKI 水专项研究热点的 WPC-NW 网络模型

最高的 100 个关键词进行共词分析，得到水专项研究主要涉及的热点方向。

CNKI 中文期刊文献和 SCI 英文科技文献进行网络可视化分析结果表明，“十一五”期间水专项的研究主要集中在沉积物中重金属的研究和河流湖泊富营养化问题上。主要研究区域包括太湖流域、三峡库区、巢湖、白洋淀、洱海、滇池和辽河。研究和应用最多的技术为吸附，其次为人工湿地、超滤及生物膜法等。

基于 CNKI 的 WPC-NW 模型的分析结果表明，“十一五”期间，针对太湖等湖泊流域的研究主要集中在对面源/非点源污染、水质、水生植物以及生态风险评价进行研究。水体水质的评价方法主要应用层次分析法和主成分分析法，同时也对水体的环境容量进行了评估。叶绿素 a 浓度是水体富营养化的典型表征值，其与环境因子相关性的研究得到关注。铜绿微囊藻是我国典型的水华蓝藻，各因素对铜绿微囊藻的影响以及其抑制/净化机理在“十一五”期间得到了充分的关注和研究。同时，大量研究对浮游植物、群落结构与环境因子间的关系进行了探讨分析。

吸附是解决沉积物中重金属污染和水体中氨氮、氮、磷的主要研究方法。活性炭和粉末活性炭是最常用的吸附剂，不少学者对吸附的动力学进行了研究，并分析了温度等影响因素对去除率的影响。人工湿地技术方法是农村生活污水和城市生活污水进行脱氮除磷最为关注的处理方法。同时，饮用水的深度处理和印染废水等也得到了较多关注。超滤是最常用的饮用水深度处理技术，但膜污染是在该技术应用中的主要问题之一。

相对于中文期刊论文，基于 SCI-E 的 WPC-NW 模型的分析结果略有不同（见图 6-14）。研究方法除吸附和人工湿地外，厌氧消化、光催化技术、臭氧氧化技术在英文 SCI 期刊论文中得到较多的应用。厌氧消化主要用于污水污泥的处理，臭氧氧化技术和光催化技术主要用于水的深度处理。

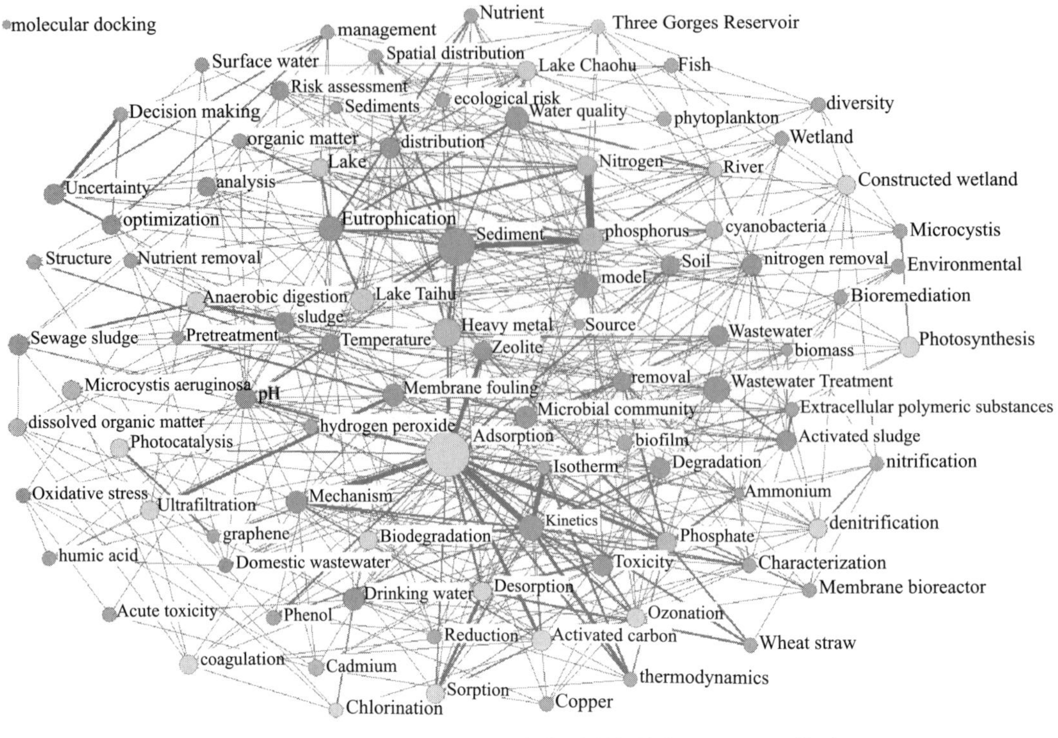

图 6-14 基于 Web of Science 水专项研究热点 WPC-NW 模型

6.2 技术创新贡献评估

水专项技术创新贡献评估模型如图 6-15 所示。以专利信息数据集为分析对象，分别评估水专项发表专利的贡献率、质量评估以及贡献量。水专项发表专利信息主要通过结合水专项官方提供数据，并通过中国国家知识产权发布的 SIPO 专利检索库进行核验，获得

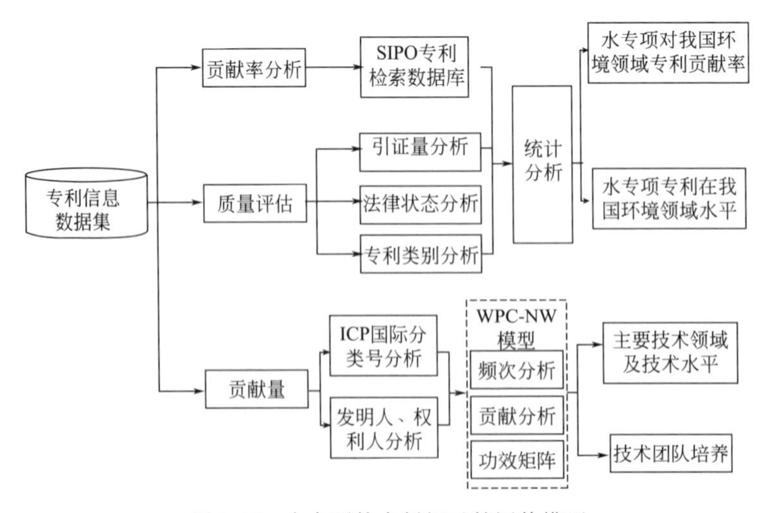

图 6-15 水专项技术创新贡献评估模型

专利相关信息。以ICP国际分类号为标准，分析水专项发表专利的主要技术领域，并以全国在该技术领域的专利数量为基础，计算水专项对我国环境技术创新的贡献。贡献量分析主要通过构建水专项网络分析模型（WPC-NW）对专利发明人、权利人进行分析，评估水专项技术团队的培养，同时分析专利的引证量与法律状态。

2008～2015年，全球水处理领域授权专利共计24726件，整体保持了逐年递增的趋势。该阶段是水处理领域专利技术的快速发展期，专利授权量保持了较高的年均增长率，专利授权总数也有了较大提高。中国是授权专利总数和比例最高的国家，2008～2016年间整体呈现逐年递增的趋势，且保持较快的增速。一般来说，一项技术的专利申请与该技术的应用市场密切相关，专利的授权地也是专利权的保护范围，因此，专利权人在进行专利申请时会较多地考虑技术最有可能的转化市场，专利申请也常常被看作是相关机构对于市场的战略布局。因此，某一项专利在某些地区的授权量越多，说明该技术在这些地区的市场潜力与前景也越大。

图6-16所示为2002～2015年中国水处理领域的授权专利在各主要技术方向上的分布情况。从图中可以看出，多级处理技术方面的研究最为活跃，排在第1位；其次是悬浮杂质的絮凝或沉淀、吸附处理技术和化学处理技术。中国专利集中于多级处理技术的最多，而对于在全球范围内表现突出的生物处理技术，在中国位于第5，即在技术分布方面中国与国际上的主要技术方向大致相同，但侧重点略有不同。

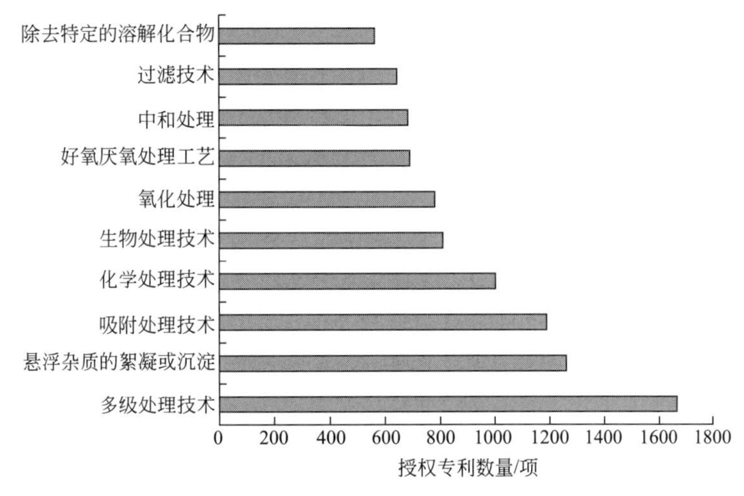

图6-16 2002～2015年中国水处理领域的授权专利技术方向分布（Top10）

“十一五”期间，水专项申请发明专利2300余项，截至2016年6月6日，已获授权发明专利892项，授权实用新型专利443项；申请专利主要为国内专利，另外新加坡专利1项，中国台湾2项，德国2项，加拿大2项，世界知识产权专利2项。2008～2013年申请及授权分布情况如图6-17所示。整体来讲，2010年和2011年申请的专利占整个“十一五”期间申请量的70%左右，2010年发明专利申请量最大，为552项，2011年授权量最大，为364项。“十一五”水专项立项时间为2008年和2009年，立项当年成果产出较少，随着研究的推进，成果逐步释放，第2～3年为技术成熟期，成果集中释放。

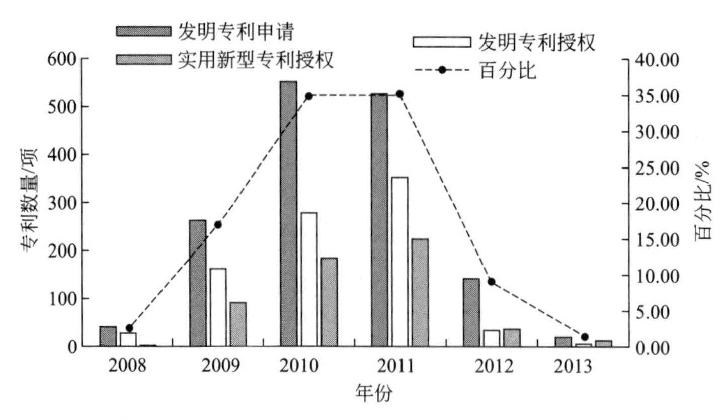

图 6-17　2008～2013 年水专项专利申请及授权情况

6.2.1 水专项技术创新贡献率评估

以专利类别和 ICP 国际分类号为基础，对水专项发表专利进行分类，“十一五”期间水专项申请各专利分类号数量如图 6-18 所示，类型最多的是 C02F 9/08（至少有 1 个生物处理步骤的水、废水或污水的多级处理），申请专利量有 203 项。2008～2013 年在水环境领域申请与获得授权的发明专利与实用新型专利的数量，及其对我国水环境领域的科技创新贡献率，如图 6-19 所示。贡献率最高的是 2010 年，其次为 2011 年和 2009 年。授权发明专利贡献率明显高于申请发明专利和实用新型专利的贡献率，2010 年授权发明专利贡献率达到 6.52%。

分析各单项专利的贡献率（图 6-20），以 2010 年为例，C02F 3/32（以利用动物或植物为特征的专利）类专利贡献率最高，授权发明专利贡献率达到 23.02%，共有 8 个类型

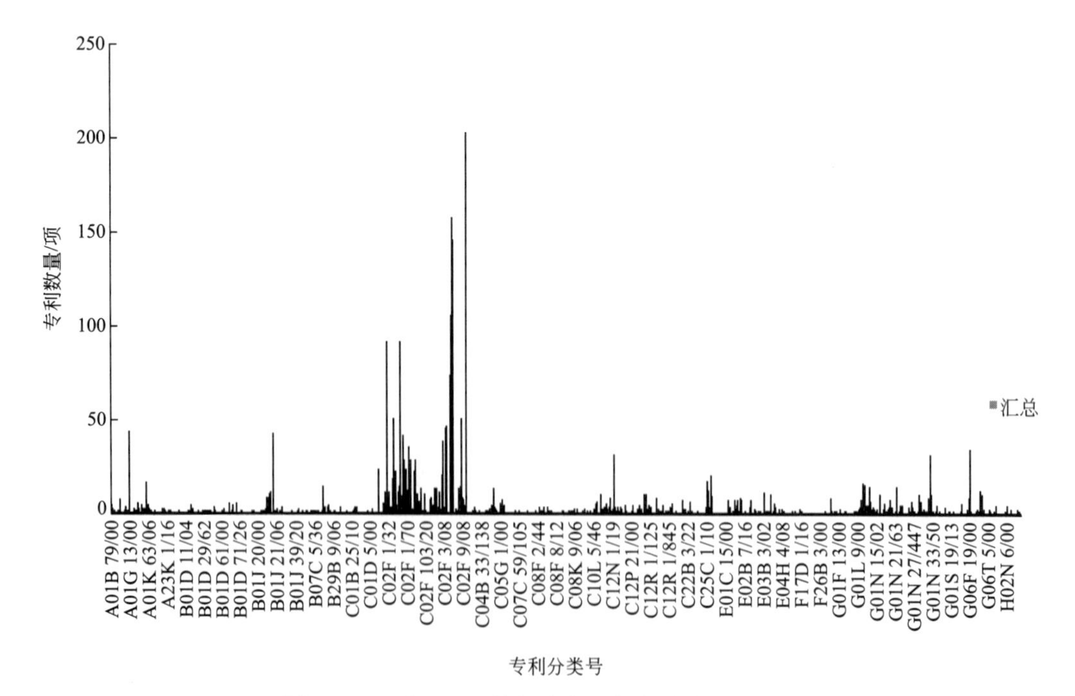

图 6-18　“十一五”期间水专项各专利分类号数量

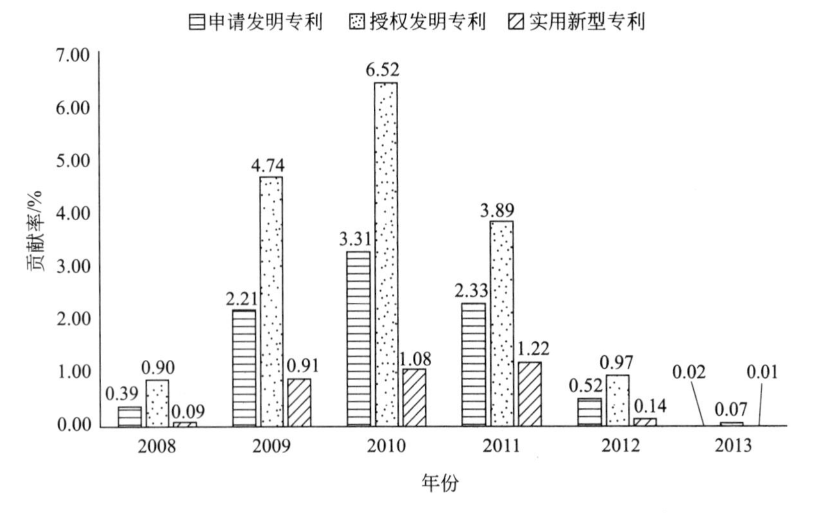

图 6-19 “十一五”水专项在水环境领域专利贡献率

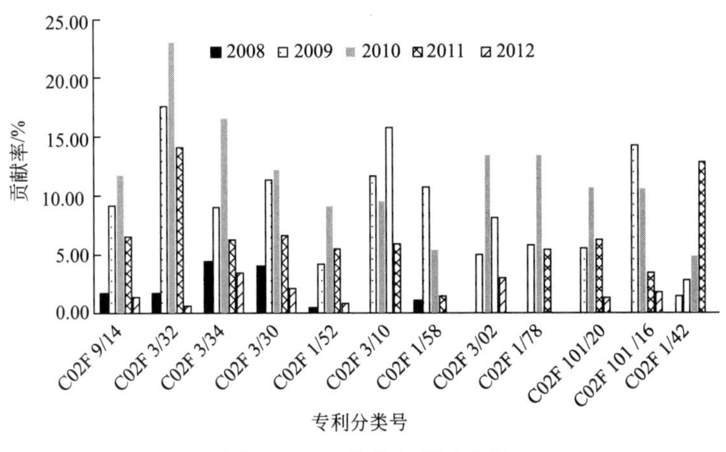

图 6-20 各单项专利贡献率

的专利贡献率超过10%，其余分别为C02F 3/34（16.53%，以利用微生物为特征的专利）、C02F 1/78（13.43%，臭氧）、C02F 3/02（13.43%，好氧工艺）、C02F 3/30（12.18%，水、废水或污水的生物处理）、C02F 9/14（11.69%）、C02F 101/20（10.67%，重金属或重金属化合物）和C02F 101/16（10.64%，水、废水、污水或污泥的处理污染物的性质）。评估结果说明，水专项研究较多地集中在生物处理、植物或微生物处理、臭氧氧化、好氧工艺等水处理技术，产出和对环境科技的贡献率较高，注重水体中重金属及其他污染物的处理和净化方面。

6.2.2 各技术领域贡献量评估

水专项实施以来，围绕国家水污染治理大局，在大江大河污染防治、排污许可证制度推行和国务院即将发布的水污染防治行动计划中发挥了科技支撑和示范引领作用，体现了重大专项的应有价值。水专项第一阶段共研发1000余项关键技术，建设500余项科技示范工程。为推动水专项相关技术成果的社会共享和应用转化，水专项牵头组织部门环境保护部和住房和城乡建设部对水专项第一阶段实施以来产出的1000多项关键技术进行了评估筛选，邀请国内各行业专家评审遴选出283项技术先进、经济可行、推广简便、可复制性强的代表性技术成果，编制形成第一本《水污染防治先进技术汇编》。该书涵盖了重污染行业水污染控制技术、农村污染控制技术、水体治理与修复技术、城镇污染治理控制技术、饮用水安全保障技术、监测与预警技术和管理技术7个领域。

6.3 创新人才与团队培养贡献评估

水专项从立项阶段就高度重视人才培养工作。“十一五”阶段，水专项采用地方推荐、部门筛选、公开择优等多种方式遴选出近300个水专项科技攻关团队，共有15000余名科研人员参与专项工作。通过五年来的实施，水专项培养了上百名学科带头人、中青年科技骨干和五千多名博士、硕士，建立人才凝聚、使用、培养的良性机制，形成大联合、大攻关、大创新的良好格局。

6.3.1 人才引进

水专项建立三级筛选制度，引进各研究领域急需的领军人才，推荐创新人才；用人单位首次推荐、水专项办公室形式审查以及总体专家技术审查，确保了引进人才水平。经科技部海外高层次引进人才评审会议评审，并报中央人才引进办批准同意，水专项已引进了4位海外高层次人才，分别是2008年引进至中国水利水电科学研究院的黄国和教授（长期）、2009年引进至同济大学的戴晓虎教授（长期）和引进至清华大学的解跃峰教授（长期）、2012年引进至中国环境科学研究院的孟晓光研究员（短期）。已引进的4位海外高层次人才在水体污染控制与治理领域具有高水平的技术研发海外工作经历和显著的学术成就，目前都已在水专项研究工作的岗位上发挥了很大的作用。

2013年，水专项积极组织开展了第十批“千人计划”国家重点创新项目平台引进人选的推荐工作，经单位推荐和总体专家组审核，水专项向科技部推荐了英国萨里大学邱顺添教授和日本国立环境研究所徐开钦研究员作为“千人计划”引进人选。

6.3.2 人才培养

2013年，水专项组织各科研单位积极申报科技盛典——中央电视台科技创新人物候选人，并向科技部推荐了中国水利水电科学院王浩等10人。水专项还积极配合科技部科技人才中心开展2013年创新人才推进计划境外研修项目的报名工作，共组织报送3人，其中中国环境科学研究院席北斗和中国科学院过程工程研究所曹宏斌通过了科技部审查并获得项目支持。

2009～2017年，共有11位主持水专项项目、课题或子课题的负责人当选中国科学院/中国工程院院士（表6-4）。其中，9位院士曾承担水专项项目/课题负责人，5位院士曾主持参与多个水专项课题的研究。

表 6-4 参与水专项课题后当选的院士

序号	姓名	单位	参与课题编号	评为院士时间
1	曲久辉	中科院生态环境研究中心	2008ZX07209(项目负责人)	2009
2	任南琪	哈尔滨工业大学	2009ZX07207-005	2009
3	段宁	中国环境科学研究院	2010ZX07212-006	2011
4	王超	河海大学	2008ZX07101-008 2012ZX07101-008	2011
5	杨志峰	北京师范大学	2008ZX07209-009	2015
6	倪晋仁	北京大学	2008ZX07212(项目负责人) 2009ZX07212-001 2009ZX07212-005	2015
7	夏军	武汉大学	2009ZX07210-006 2014ZX07204-006	2015
8	彭永臻	北京工业大学	2012ZX07302-002	2015
9	王金南	中国环境规划院	2008ZX07633(项目负责人) 2008ZX07633-003 2013ZX07603-004	2017
10	吴丰昌	中国环境科学研究院	2008ZX07101-013 2009ZX07106-001 2013ZX07503(项目负责人) 2012ZX07503-003	2017
11	黄小卫	北京有色金属研究总院	2009ZX07529-005	2017

在 2008 年、2009 年、2012 年、2013 年分 4 批向科技部推荐了 11 位“千人计划”候选人。水专项管理办公室推荐的中国科学院过程工程研究所曹宏斌研究员、中国环境科学研究院王圣瑞研究员等 2 人入选中青年科技创新领军人才。此外，2012～2016 年，参与水专项课题研究人员中有 20 余人入选中青年科技创新领军人才。

“十一五”期间，参与水专项的各科研院所及高校借助水专项课题培养了大量的高学历人才及科技工作人员，其中博士研究生 1674 人，硕士研究生 3527 人，科技工作人员若干。培养人才专业分布如图 6-21 所示，培养科技人才主要为环境相关专业，约 51.06%；其次为水文水利专业、地理相关专业、市政及生态学专业，分别占比为 15.6%、11.88%、6.21%和 6.21%，并培养了部分生物、化学、通信与控制专业研究生等。

基于统计学基本原理，通过归纳演绎的方法抽取样本，选取设有环境专业的高校和科研院所 64 所（包括 985 类院校、211 类院校、普通高等院校和科研院所等），计算其招收环境专业硕士研究生和博士研究生的比例系数以及开设环境专业高校在全国高校的比例系数，最终以每年全国招生总量为总体基数计算每年环境专业招生的环境专业硕士研究生和博士研究生的数量，最终得出水专项在环境人才培养创新方面的贡献率。2008～2013 年全国研究生招生总人数如表 6-5 所列，设有环境专业院校招生人数如表 6-6 所列，全国环境专业研究生招生人数如表 6-7 所列；硕士研究生和博士研究生的贡献率分别为 5.56%和 13.19%，985 类院校贡献比分别为 8.82%和 12.60%，211 类分别为 6.43%和 12.46%（图 6-22）。硕士培养贡献率 985 类院校明显高于 211 类院校和整体贡献率。

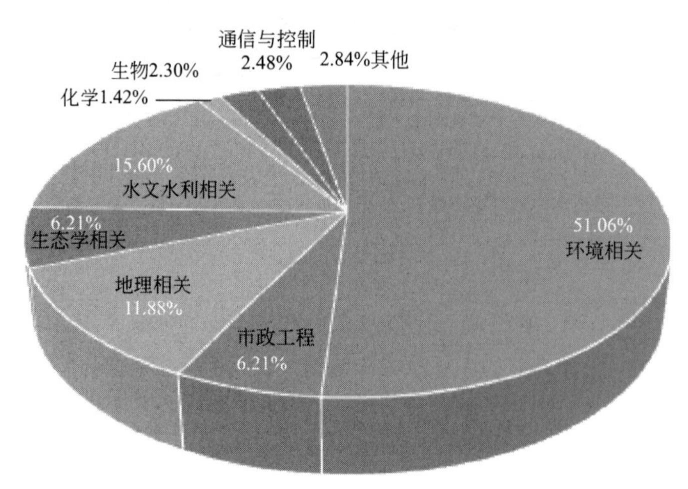

图 6-21 “十一五”水专项培养人才专业分布

表 6-5 全国研究生招生人数

项目	2008 年	2009 年	2010 年	2011 年	2012 年	2013 年
硕士	386658	449042	474415	494609	521303	540919
博士	59764	61911	63762	65559	68370	70462

表 6-6 开设环境专业院校招生人数

项目	2008 年	2009 年	2010 年	2011 年	2012 年	2013 年
硕士	254228	295245	311928	325205	342757	355654
博士	47817	49535	51016	52454	54703	56377

表 6-7 全国环境专业研究生招生人数

项目	2008 年	2009 年	2010 年	2011 年	2012 年	2013 年
硕士	8557	9938	10499	10946	11537	11971
博士	1711	1988	2100	2189	2307	2394

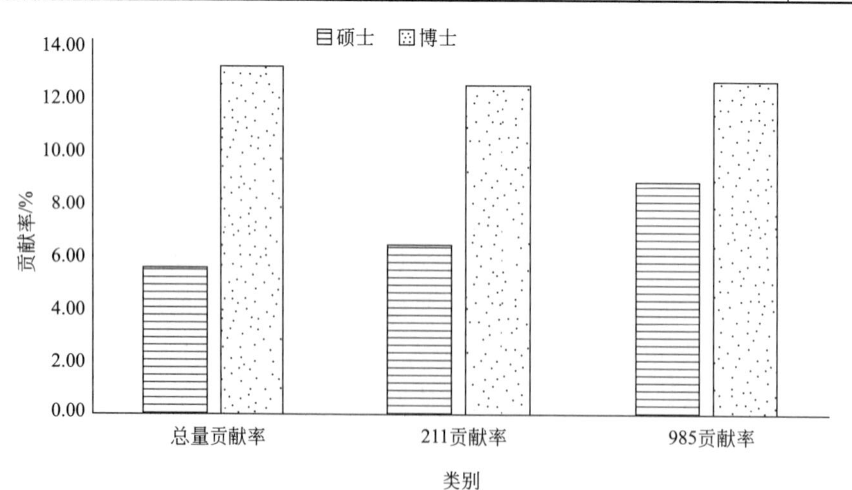

图 6-22 水专项人才培养贡献率

6.3.3 团队培养

近几年，水专项培育了大量的科技攻关团队。2013 年，水专项管理办公室推荐南京大学李爱民教授的再生水利用与风险控制创新团队入选重点领域创新团队。截至 2017 年，共有 8 个参与水专项课题研究的攻关团队入选科技部重点领域创新团队（表 6-8）。

表 6-8 参与水专项课题研究后入选的科技部重点领域创新团队

序号	团队名称	负责人	单位	参与课题
1	再生水利用与风险控制创新团队	李爱民	南京大学	2009ZX07210-001 2012ZX07204 2012ZX07204-001
2	良好湖泊保护创新团队	郑丙辉	中国环境科学研究院	2009ZX07528 2012ZX07101 2012ZX07101-001
3	水质基准创新团队	吴丰昌	中国环境科学研究院	2008ZX07101-013 2009ZX07106-001 2013ZX07503 2012ZX07503-003
4	废水处理与资源化创新团队	俞汉青	中国科学技术大学	2009ZX07212-005 2008ZX07103-001 2010ZX07102-006
5	流域水循环模拟与水资源高效利用创新团队	贾仰文	中国水利水电科学研究院	2009ZX07207-006 2009ZX07209-009
6	水中污染物定向转化与资源/能源回收创新团队	冯玉杰	哈尔滨工业大学	2009ZX07207-008
7	鱼类生物学及渔业生物技术研究创新团队	殷战	中国科学院水生生物研究所	2012ZX07205-002
8	重大水利工程安全与防灾创新团队	练继建	天津大学	2012ZX07205-005

（1）基于 CNKI 科研团队及其主要贡献

基于水专项知识创新贡献分析框架和技术创新评估框架，根据研究者发表的论文数量及专利数量，应用 WPC-NW 模型对水专项研究者间的合作关系进行分析，得到科研团队的合作情况（图 6-23）。“十一五”期间，共有 7380 名研究者参与水专项中文科技论文的发表。中国环境科学研究院是产出科技论文最多的机构，其中产出较高的团队有中国环境科学研究院环境基准与风险评估国家重点实验室、中国科学研究水污染控制技术研究中心等。

中国环境科学研究院环境基准与风险评估国家重点实验室的研究团队是中国环境科学研究院发表中文科技论文最多的团队，在“十一五”期间主要侧重于流域水生态环境重金属污染、空间特征及湖泊富营养化的研究，发表中文科技论文 37 篇。在“十二五”期间该团队发表中文科技论文 134 篇，其中 2012 年产出量最高，主要集中于太子河、大辽河、太湖、丹江口、滇池、浑河等流域的研究。

中国环境科学研究院的其他团队在“十一五”及“十二五”期间也做出很大的贡献。

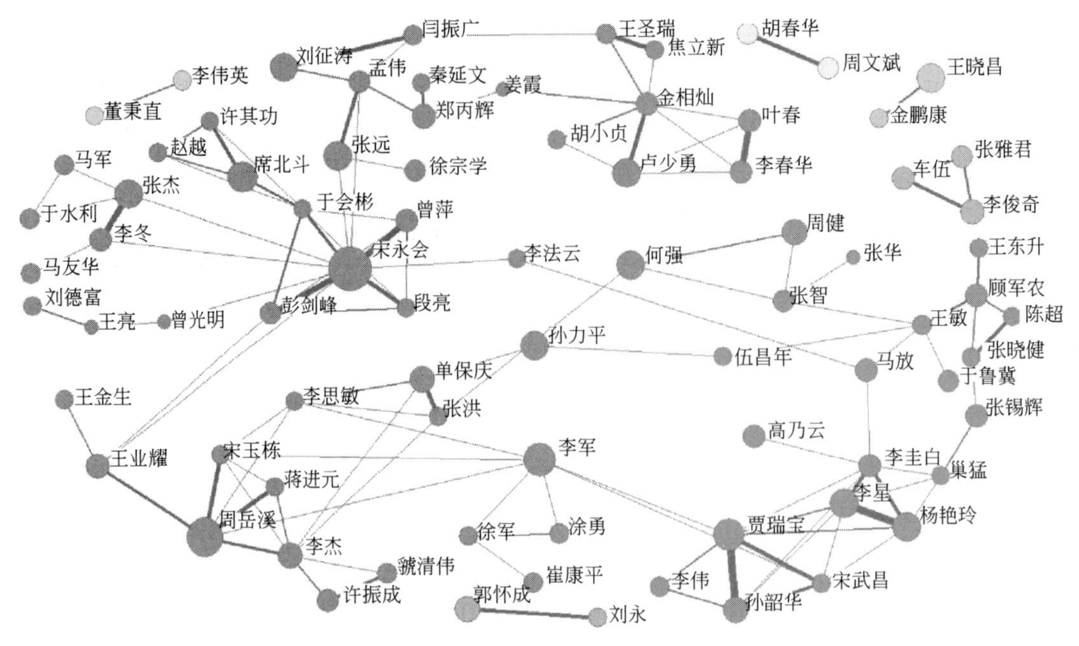

图 6-23 基于 CNKI 数据库的作者合作情况

中国环境科学研究院城市水环境研究室的研究团队在“十一五”和“十二五”期间发表中文科技论文共 60 篇，主要侧重于辽河和浑河流域重污染行业废水、制药废水的研究，以及浑河微生物群落结构的分布变化特征研究等。中国环境科学研究院水污染控制技术研究中心的研究团队在“十一五”期间发表中文科技论文 53 篇，主要侧重于工业生产废水有机污染物质的处理，如 ABS 生产废水、腈纶废水等，主要采用电解、电催化还原、电-Fenton 法等，并利用三维荧光特性分析有机污染物质的变化规律。该团队“十二五”期间发表中文科技论文 41 篇，主要侧重于石化企业工业废水的处理。中国环境科学研究院湖泊生态环境创新基地的研究团队在“十一五”和“十二五”期间共发表 43 篇中文科技论文，主要侧重于湖泊治理与生态修复等。

除科研院所外，高校研究团队也做出了很大贡献。北京工业大学建筑工程学院的研究团队在“十一五”期间发表中文科技论文 69 篇，主要针对饮用水的深度处理进行研究，主要应用微生物反应器、混凝-超滤、粉末活性炭-超滤等方法对微污染水进行净化处理，去除污染原水中的藻类等物质。在“十二五”期间共发表中文科技论文 42 篇，主要侧重于垃圾渗滤液的处理和污水脱氮除磷研究。同济大学污染控制与资源化研究国家重点实验室的研究团队在“十一五”和“十二五”期间共发表中文科技论文 111 篇。对饮用水及微污染水处理展开研究，侧重于氟化合物、碘类消毒副产物、溴酸盐等物质的控制，以及应用光解法对水体中的六六六、微囊藻毒素等进行降解的研究。天津城市建设学院“十一五”和“十二五”期间共发表中文科技论文 53 篇，主要侧重于 CAST 工艺的脱氮除磷研究以及 Fenton 法处理有机污染物的研究。

除不同科研院所及高校研究者组成的大的合作外，一些团队的研究虽然和其他研究者合作不多，但也发表了大量的科技论文，产出较多的科研成果。北京大学环境科学与工程学院团队对环境区域规划、环境信息系统、生态足迹及风险评价进行研究，为流域管理提供方法和理论依据。西安建筑科技大学环境与市政工程学院团队在人工湿地应用于高污染河水的净化、城市雨水管理及水体景观等方面展开深入研究。“十二五”产出成果较多，主要集中在2014～2016年。北京建筑大学城市雨水系统与水环境省部共建教育部重点实验室主要参与城市雨水控制及减排和海绵城市建设等方面的研究，针对城市雨水径流及污染物削减发表多项中文科技论文。南昌大学鄱阳湖环境与资源利用教育部重点实验室则对鄱阳湖流域的重金属污染、营养盐、有机氯农药的分布特征等展开重点研究，并对其生态风险及健康风险进行评价。

(2) 基于SCI-E科研团队及其主要贡献

基于web of science数据库，对“十一五”和“十二五”期间水专项发表SCI论文进行分析，应用WPC-NW模型对水专项研究者间的合作关系进行分析，得到科研团队的合作及产出情况。

共计3500名作者在“十一五”水专项研究过程中发表过SCI论文，“十二五”期间则有5320名作者发表过SCI论文。基于SCI-E的作者合作分析（图6-24），科研团体体现更为明显，如中国环境科学研究院环境基准与风险评估国家重点实验室团队、山东大学环境科学与工程学院团队以及同济大学污染控制与资源化研究国家重点实验室的科研团队等均为SCI论文产出量较大的团队。

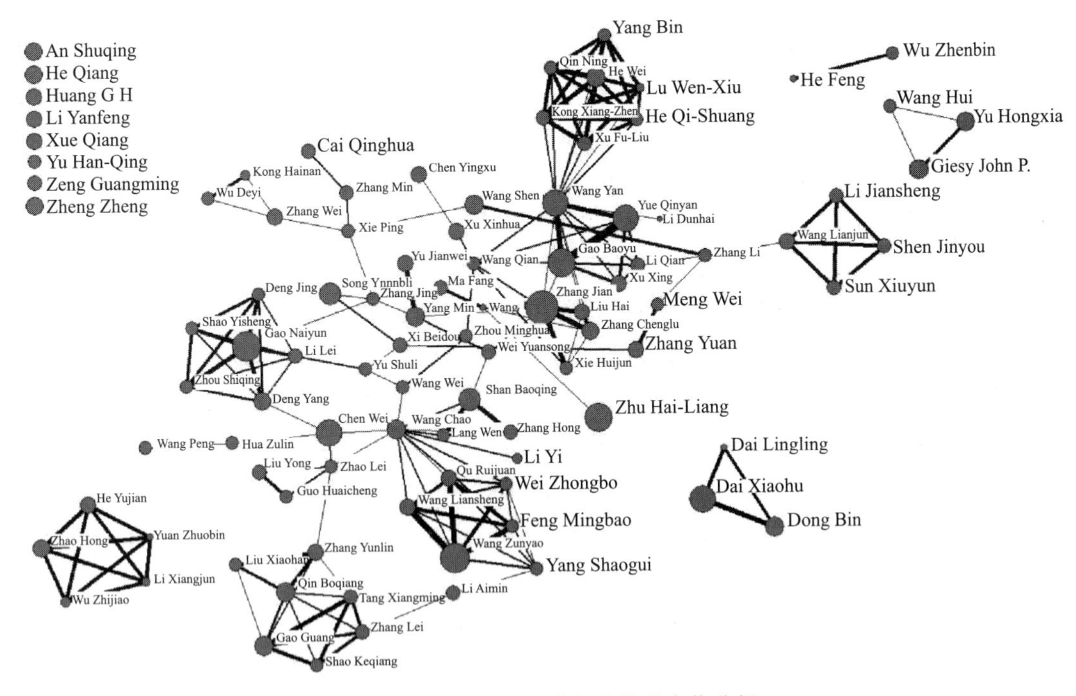

图6-24　基于SCI-E数据库作者合作分析

在“十一五”课题实施期间，山东大学环境科学与工程学院团队发表SCI论文32篇，主要发表在Desalination，Chemical Engineering Journal，Ecological Engineering以及Bioresource Technology期刊。在“十二五”期间发表了SCI论文36篇。湖南大学环境科学与工程学院发表SCI论文32篇，研究包括水中重金属的去除及风险评价、石墨烯材料在吸附水中污染物的应用等。山东省水污染控制与资源化重点实验室团队在“十一五”期间发表SCI论文29篇，主要集中在絮凝沉淀对水体中有机物质去除方面的研究，期刊主要为Chemical Engineering Journal和Journal of Hazardous materials。兰州大学化学化工学院生物化工及环境技术研究所的科研团队发表SCI论文23篇，主要研究内容为应用吸附法去除水中的重金属离子，其中8篇发表于Chemical Engineering Journal，7篇发表于Journal of Hazardous materials。在“十一五”期间同，同济大学污染控制与资源化研究国家重点实验室的科研团队发表SCI论文为22篇，主要发表在Chemical Engineering Journal，Chemosphere，Journal of Environmental Science和Journal of Hazardous materials，在“十二五”期间，发表了SCI论文38篇，主要集中在污水污泥/活性污泥的厌氧消化、应用高固体厌氧消化技术对脱水污泥、污水污泥和食品残渣进行处理等。中国环境科学研究院环境基准与风险评估国家重点实验室团队水专项课题研究期间发表SCI论文为92篇。济南大学资源与环境学院团队研究主要集中在比色荧光探针及磁性荧光纳米传感器的构建及在环境毒性物质净化的定量分析中的应用。

通过比较研究可以看出，除中国环境科学研究院环境基准与风险评估国家重点实验室、同济大学污染控制与资源化研究国家重点实验室的科研团队外，其他在SCI论文方面高产出的研究团队发表的中文论文较少，故两个数据库的科研团队分析要进行互补，不管是中文科技论文还是SCI论文的发表，水专项给予的资金和平台支持促进了科研团队的成果产出。

南京大学环境学院污染控制与资源化研究国家重点实验室的科研团队发表SCI论文46篇，主要发表期刊包括Water Research，Journal of Hazardous Materials，Environmental Science and Pollution Research，Aquatic Toxicology，Chemosphere，Ecotoxicology and Environmental Safety和Environmental Science & Technology。主要侧重于水体中有机污染物的降解方法与降解机理研究，时间主要在“十二五”期间发表。中国科学院生态环境研究中心环境水质学国家重点实验室的科研团队发表SCI论文为23篇，主要针对中国北方及东部河流，尤其是海河流域沉积物中的氮、磷、重金属、氨基酸及DDT和需氧量分布现状及污染特征，并提出北方海河流域生态恢复的先决条件，以及污染河水除氮的一种新型湿地系统，主要在“十二五”期间发表。北京大学对巢湖水体及周边大气中的有机氯农药、多环芳烃等持久性有机污染物进行研究，对该类有机物质的来源、分布、水平及风险评价进行分析，并进行水-气交换分析模拟。中科院南京地理与湖泊研究所的研究团队主要集中在太湖流域蓝藻水华发生机理方面的研究，分析了风浪搅动、温度、季节等各因素对太湖营养物质、有色溶解性有机物、浮游植物、沉水植物及光学特性的影响。该团队主要发表在Environmental Science and Pollution Research，Science of the Total Environment以及Journal of Hazardous Materials期刊等，共发表SCI论文26篇。

(3) 基于专利技术科研团队的培养

水专项课题研究期间，北京师范大学环境学院水环境模拟国家重点实验室的科研团队对专利技术的贡献率最大，做出大的贡献的科研团队还有南京大学环境学院污染控制与资源化研究国家重点实验室、重庆大学三峡库区生态环境教育部重点实验室、中国环境科学研究院环境保护部清洁生产中心、中国环境科学研究院水污染控制技术研究中心、中国环境科学研究院湖泊环境创新基地、中国环境科学研究院城市水环境科技创新基地、中国环境科学研究院水环境系统工程研究室、哈尔滨工业大学深圳研究生院、中国科学院过程工程研究所等。

北京师范大学环境学院水环境模拟国家重点实验室的科研团队申请发明专利 73 项，1 项实用新型专利。主要技术领域包括水体净化与生态修复技术、生态需水量估算方法、河流生态流量调控方法、植物生态节水技术等。水体净化技术包括一种 A^2/O 型人工浮岛水体净化方法、升流式滤层-浮床净水装置以及多氧化还原环境交替的河流脱氮装置等。生态需水量估算方法包括人为干扰河流生态需水阈值计算方法以及考虑污染胁迫的浅水湖泊生态需水量估算方法等。

南京大学环境学院污染控制与资源化研究国家重点实验室的科研团队申请发明专利 30 项，其团队研究主要集中在磁性吸附树脂的制备及脱附液的处理领域，基于磁性吸附树脂的工业废水及饮用水的深度处理，为印染废水、电镀废水、造纸废水、城市污水的深度处理提供经济可行的技术支持。

重庆大学三峡库区生态环境教育部重点实验室的科研团队申请发明专利 17 项，全部获得授权，主要包括大管径污水管道清淤系统和污水的生物处理方法两大技术领域。另外，还包括山体滑坡实时监测系统、初期雨水弃流井及雨水弃流的方法等。大管径污水管道清淤系统包括作业装置、污水水位控制装置、清淤小船等，旨在提高管道清淤效果及效率，降低成本及运行费用；污水的生物处理方法包括一体化生物协同污水处理方法及反应器、处理高浓度有机废水的高效组合式厌氧生物处理系统、生物滤池设备等，旨在提供一种适应能力强、占地少、投资省、管理方便的污水生物处理方法。

中国环境科学研究院环境保护部清洁生产中心的科研团队申请发明专利 14 项，8 项实用新型专利。该团队主要致力于电解锰过程中污染削减、阴极板循环利用及稳定等技术的研究，旨在从源头降低电解锰过程的废水污染，实现重金属废水及资源的循环利用，削减成本。主要包括锰电解流程重金属污染削减移动平台工艺动作及分解、原位削减电解锰阴极板挟带钝化液的方法、干法清除阴极板硫酸铵结晶并循环利用的装置等。

中国环境科学研究院水污染控制技术研究中心的科研团队申请发明专利 13 项，1 项实用新型专利。该团队主要研发了 ABS 树脂生产废水的预处理及处理方法、二步湿法腈纶废水生物膜处理方法以及丙烯酸废水回收丙烯酸的方法。ABS 预处理方法包括铁碳微电解、三相三维电化学反应器处理、活性炭-序批式膜反应器等。

中国环境科学研究院湖泊环境创新基地的科研团队申请发明专利 10 项，实用新型专利 1 项。该团队申请或授权的专利主要包括人工湿地脱氮除磷装置、农田浅层地下水采集装置、采集沉积物的水-沉积物复合模拟试验装置、均匀布水器、用于湖泊富营养化藻类的试验分析方法及其样品采集装置、水生植物栽种器等。

中国环境科学研究院城市水环境科技创新基地的科研团队申请发明专利 11 项。该团队申请专利主要集中在微电解废水处理装置及其水处理方法、污染河流水质净化系统等技术领域。另外，其针对难降解工业废水，发明了多种技术协同催化气泡臭氧高级氧化塔；研发了一种将城市重污染河流清淤底泥改性制造陶粒的方法，一种潮汐流与水平潜流组合湿地处理污水的方法和系统。

中国环境科学研究院水环境系统工程研究室的科研团队申请发明专利 11 项。该团队主要针对湖泊富营养化问题，研发了水质信息获取装置、水体富营养化程度识别方法和系统、湖泊营养物标准的技术评估方法、湖泊营养物基准向标准转发技术以及污水有机氮的处理方法等。除此之外，还发明了一种化粪池——人工湿地，用于农村生活污水庭院式景观化处理装置。

哈尔滨工业大学深圳研究生院的科研团队申请发明专利 9 项，获得授权 7 项，7 项实用新型专利。该团队主要侧重于轻质生物滤池的研发应用、紫外消毒装置及高浓度生化制药废水的深度处理及资源化回收装置等的研究。生物滤池的研发主要包括轻质滤料的制备、反冲洗装置、高效脱氮除磷的曝气生物滤池装置及工艺、碳氮预分离的曝气生物滤池装置及工艺等。紫外消毒装置主要包括具有导流板的紫外线消毒装置、灯管垂直排布的紫外线消毒装置、灯管交错排布的紫外线消毒装置等。

中国科学院过程工程研究所的科研团队申请并授权发明专利 9 项，1 项实用新型专利。该团队针对焦化厂脱硫废液、焦炉煤气脱硫脱氰废液研发了资源化利用的方法。同时，其研发技术涵盖了曝气-沉淀一体式好氧反应器、难降解有机废水的酶处理方法、安装在管状陶瓷过滤器中使用的强化过滤除油装置、非均相催化臭氧氧化废水深度处理的方法和装置及厌氧微生物分离培养方法。

“十一五”和“十二五”期间，清华大学和中国科学院生态环境研究中心的研究团队在中文科技论文、SCI 论文和专利方面的产出均较为丰硕。清华大学环境学院和深圳研究生院等团队共发表中文科技论文 348 篇、SCI 论文 166 篇，申请专利 47 项，主要针对城镇污水处理、饮用水深度处理等领域。中国科学院生态环境研究中心发表中文科技论文 310 篇、SCI 论文 91 篇，申请专利 60 项，侧重于地下水模拟及修复、河流水质改善及净化、生态环境修复等领域的研究。

综上所述，在水专项课题研究期间，中国环境科学研究院环境基准与风险评估国家重点实验室在中文科技论文和 SCI 论文总量上是产出最高的科研团队，中国环境科学研究院水污染控制技术研究中心在中文科技论文和专利技术总量上是产出最高的科研团队，南京大学环境学院污染控制与资源化研究国家重点实验室在 SCI 论文和专利技术总量上是产出最高的科研团队。综合中文科技论文、SCI 论文和专利技术的总数量，中国环境科学研究院环境基准与风险评估国家重点实验室是产出总量最高的科研团队。

中国环境科学研究院、清华大学、中国科学院生态环境研究中心、同济大学、北京师范大学、南京大学、北京大学、山东大学等科研团队科技成果产出丰硕，在我国湖泊、河流等流域的管理，工业废水处理，城市水环境改善及饮用水安全保障等方面做了大量的研究，为我国水环境保护与治理技术的发展提供了理论支持和依据。

6.4 环境管理创新贡献评估

管理创新主要从管理平台和基地的数量、地域覆盖范围、管理内容范围等方面进行定性分析；通过制定、颁布技术标准的贡献率及范围进行定量评估（图 6-25）。

“十一五”水专项课题研究为流域及地方水污染治理、生态修复及综合整治提供了有力支持。以太湖流域为例，针对全流域提出的太湖流域产业结构调整方案及流域“生态四

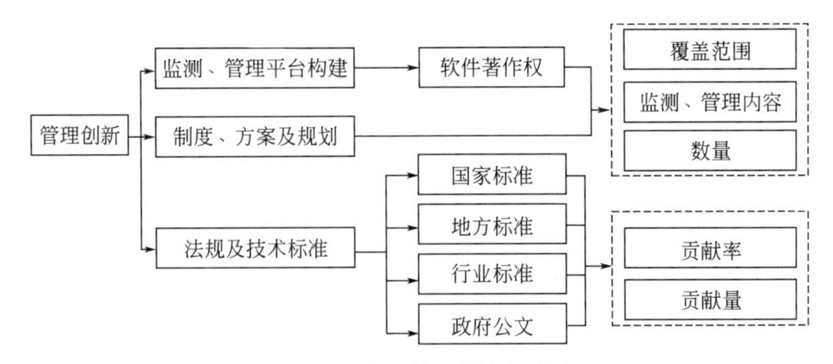

图 6-25 水专项管理创新评估方法

圈”控制理念、太湖流域上游重污染区污染物削减综合方案、东太湖底泥调查和疏浚规划方案、东太湖沼泽化防治与生态保育方案等被江苏省、浙江省及地方管理部门采纳，应用于流域水环境综合整治方案的编制过程中，为太湖流域污染物减排、水环境综合整治及环境保护规划提供了有力支持。

针对辽河流域制定的流域污染控制总体方案和辽河源头区水污染控制总体方案应用于《辽河流域水污染防治“十二五”规划》、辽宁省的工业经济发展“十二五”规划和环境保护“十二五”规划、吉林省的辽河流域“十二五”规划及总量控制规划及铁岭、鞍山、沈阳等地的规划中，为流域水环境管理、支流河整治、重点企业治理等方面提供了重要支撑。同时，“十一五”水专项制定的《辽宁省辽河流域水污染防治条例》于 2011 年开始实施；提出的流域水库群调度方案被辽宁省供水局采纳并共同编制了《辽宁省水库供水调度规定》，首次将生态供水写入水库供水调度规定中；辽宁省河道生态用水保障办法、辽宁省水利厅应对突发水污染事件应急预案及太子河流域水污染突发事件应急决策支持系统为辽河流域水质水量联合调度及应急管理提供了有力支持。

(1) 环境法规及技术标准

“十一五”期间，水专项河流主题、湖泊主题、流域监控预警主题、战略与政策主题共制定标准 338 项，饮用水主题及城市水环境主题制定标准 116 项。截至 2017 年，颁布国家标准、行业标准、地方标准、企业标准、技术指南等共 99 项，逐步完善了我国环境领域技术规范体系。其中，颁布国家标准 7 项，地方标准/地方规程 30 项，行业标准 26 项，企业标准 19 项，技术指南/技术导则 10 项，政府公文 5 项，标准样品 3 项。

2009～2017 年，颁布环境行业标准包括城镇污水处理工程技术规程 2 项（曝气生物滤池和生物接触氧化）、工业废水治理技术规范 3 项（制药工业，石油炼制与乙烯工业，皮革、毛皮加工及皮革制品）、水质测定标准 3 项（松节油的测定、阿特拉津的测定以及丁基黄原酸的测定），以及畜禽养殖业污染治理工程技术规范、农药使用环境安全技术导则、水质六价铬在线监测技术要求和监测方法、人工湿地污水处理工程技术规范和环境空间基础数据加工处理技术规范等，共 13 项。

城市建设行业标准 4 项，城镇建设工程行业标准 4 项。包括小型生活污水处理成套设备，生活饮用水净水厂用煤质活性炭，非接触式给水器具，城镇供水管理信息系统技术标准第 2 部分：供水水质指标编码，村庄污水处理设施技术规程，城镇排水管道非开挖修复更新工程技术规程，生活垃圾堆肥处理技术规范和城镇再生水厂运行、维护及安全技术规程。水利行业标准包括城市供水应急预案编制指南和村镇供水工程设计规范2项。环境、城建行业标准的发布总量和水专项制定量及贡献率如表6-9所列，环境行业标准贡献率为2.48%，城建标准为2.16%。

表6-9 环境、城建行业标准的发布总量和水专项制定数量及贡献率

项目	2009～2015发布数量	水专项制定数量	百分比
环境标准	443	11	2.48%
城建标准	370	8	2.16%

水专项制定且已颁布的地方标准包括辽宁省2项，1项为强制性标准（辽宁省污水排放标准），1项为推荐性标准（浑河流域上游地方标准）；河南省强制性排放标准2项，即发酵类制药工业和啤酒工业水污染物间接排放标准；北京市城镇节水评价规范系列4项（通则、机关、工业企业及居民小区评价规范）和排水管道评定标准2项（结构等级评定和功能等级评定）；宁夏推荐性地方标准6项，包括引黄灌区水稻秸秆还田、农田低污染水寒轮作、冬小麦-水稻农田低污染种植及冬小麦-白菜农田低污染技术规程4项，农村生活垃圾处理技术规范和农村畜禽养殖污染防治技术规范2项；上海市住宅二次供水设计规程、自来水处理用煤质活性炭技术规程和二次供水设计、施工、验收、运行维护管理要求3项；广州市深度净水工艺设计与运行管理技术规程、二次供水设施清洗保洁和二次供水系统水质监测技术规范3项；山东省南水北调沿线水污染物综合排放标准和高锰酸钾复合药剂使用技术导则2项；陕西省黄河流域（陕西段）污水综合排放标准和“水质 丙烯酰胺的测定 高效液相色谱/质谱法”2项；另外，还有安徽省的环巢湖地区油菜氮磷减量控制栽培技术规程（推荐性）和天津市城镇再生水厂运行、维护及安全技术规程。

另外，在农村生活污水治理方面，制定并颁布了河南省农村连片综合整治农村生活污水处理技术指南（豫环文〔2012〕19号）、常熟市分散式污水处理设施集中运营管理规范（常政办发〔2015〕145号）。在工业污染治理方面，制定并颁布制药行业污染高防治技术政策（环保部2012年第18号文）和电解锰行业污染防治技术研究（环发〔2010〕150号）。在城镇节水、供水等方面，制定并颁布城镇供水设施建设与改造技术指南（建科〔2012〕156号）、国家节水型城市申报与考核办法（建城〔2012〕57号）、城镇污水再生利用技术指南（建城〔2012〕197号）和城市供水系统应急净水技术导则（建城〔2009〕141号）等。

（2）监测、管理平台

“十一五”水专项课题实施期间，建成管理平台89项。其中，构建全国水环境监测管理类平台及城市水环境管理平台11项，包括水环境质量监测方法体系平台，流域水环境监测质量管理基础信息平台，监测点位申报管理系统，现代仪器装备技术测试与转化平台，遥感监测业务平台以及监测信息集成、共享与决策支持平台和国家、省（市）、市（区）三级城市水环境系统设施监控预警管理信息平台等，为全国水环境质量管理及决策提供支持。同时，构建重点流域水生态功能分区信息集成系统和水生态承载力与总量控制集成技术平台，对流域水生态管理技工进行技术支撑。

在太湖流域，构建太湖综合数据库与水质目标管理系统、污染源控制与污染减排信息管理系统、环境与生态综合管理平台以及苕溪流域水环境数字化信息平台等，突破了以往管理信息平台缺乏跨部门和跨区域数据共享机制、数据分散并缺乏交换的瓶颈，完成了从水质监测数据为主的单一数据管理模式到水质和生态数据并重的集成数据管理模式的转变，在一个综合性平台中实现了太湖水质和水生态数据大规模集聚和集成管理。在辽河流域，构建辽河流域水质目标管理技术平台、源头区地表水环境管理系统以及河口区湿地管理系统，为辽河流域污染物削减以及水环境管理决策等提供智能的、可视化的辅助决策支撑平台。

在三峡库区，构建水量水质调度数据库系统及决策支持系统、香溪河水质管理专家系统以及小江水华控制生态调度模拟及可视化管理系统，集成水文水质模拟与预报、水库调度、风险评估及应急响应等多项功能，针对三峡库区管理给出改善水质的调度优化方案。针对海河流域，构建流域河流水环境数据库系统、北运河水环境实施调控决策支持系统和白洋淀流域水生态综合调控决策支持系统，对海河流域的社会经济、生态、水质等基础数据进行管理，为海河流域综合管理及水质改善提供数据基础及系统支持。同时，构建淮河流域综合管理平台、东江流域有机污染物研究平台以及松花江流域中俄界河及松花江出境河段高环境风险源信息服务平台，为我国重点流域综合管理、水质水量调控及决策管理提供技术支持。

通过软件平台的构建，“十一五”水专项课题实施共获得软件著作权 269 项，其中城市主题及饮用水主题共获得 134 项，河流主题、湖泊主题、监控预警主题及政策建议主题获得 135 项。

(3) 创新平台和基地

“十一五”水专项课题实施期间，建成野外站点、实验室、中试平台及研究中心等 179 项，环境保护部牵头的“湖泊富营养化控制与治理技术及综合示范”“河流水环境综合整治技术研究与综合示范”“流域水污染防治监控预警技术与综合示范”和“水体污染控制与治理战略与政策研究”四大主题建成野外站点（实验室）66 项。在太湖流域、滇池流域、巢湖流域、三峡库区、洱海流域、松花江流域、辽河流域、海河流域和淮河流域均建立野外实验站，为流域监测和实验研究提供条件。

在太湖流域无锡市宜兴市、常州市武进区、杭州市余杭区及苏州等地建立太湖研究基地、生态环境研究基地、生态综合观测站等 19 个工作站，在漕桥河、滆湖-太滆运河、前黄、城东港、符渎港、八房港等分别建立工作站，为太湖流域实验研究奠定坚实基础。在滇池流域建立 7 个野外工作站，可容纳上百人进行科学实验、办公及住宿。在北京、广东等地及多个高校建立水专项重点研究实验室及研究中心，在各重点流域建设中试基地及平台 59 个，为各项技术的示范应用奠定基础。

综上所述，“十一五”水专项课题实施，对我国环境科技创新贡献显著。在知识创新方面，SCI 论文及中文科技论文贡献率最高达 5.29% 和 8.45%，高水平科技论文发表量持续提高。在技术领域，水专项授权发明专利的贡献率高达 6.52%，其中生物及微生物处理等 10 个类型的专利贡献率超过 10%。在人才培养方面，多名科研人员或团队被评为中青年科技创新领军人才、千人计划和重点领域创新团队，为国家培养环境领域硕、博士研究生贡献率达到5.56%和13.19%。制定标准/规范/指南400余项，颁布近100项，获得国家部委、地方及企业认可，完善了我国环境领域法规及规范；在太湖、滇池等10大流域建成野外站点、实验室及中试平台近200项，为流域监测及实验研究奠定坚实基础；建成国家、省（市）、市（区）及流域范围内管理及监测平台89项，为国家水环境质量监测、管理及决策提供支持，提高管理水平和决策依据。

第7章 水专项对流域控源减排与水质改善贡献

7.1 全国重点流域环境质量及污染治理状况

由于人口密度高、经济活动强度大的特点，我国的重点流域面临的环境压力大，水质达标率明显低于全国平均水平，劣Ⅴ类水断面明显高于全国平均水平。自“九五”（1996～2000年）期间，我国开始展开重点流域的水污染防治工作，主要针对淮河、海河、辽河、太湖、巢湖、滇池、三峡库区及其上游、南水北调东线等流域。

2001～2015年，国家用于环境污染治理投资总额及占GDP比重情况如图7-1所示。2001～2015年，用于环境污染治理投资的资金总额由1166.7亿元增长到8806.4亿元，增幅高达近7倍。2014年投资额最高，达到9575.5亿元，2015年有所降低。“十五”期间，重点流域水污染防治计划总投资1926亿元，实际完成投资663亿元，完成项目950项。“十一五”期间，完成规划投资1389亿，启动/完成治理项目2605项，三峡库区及其

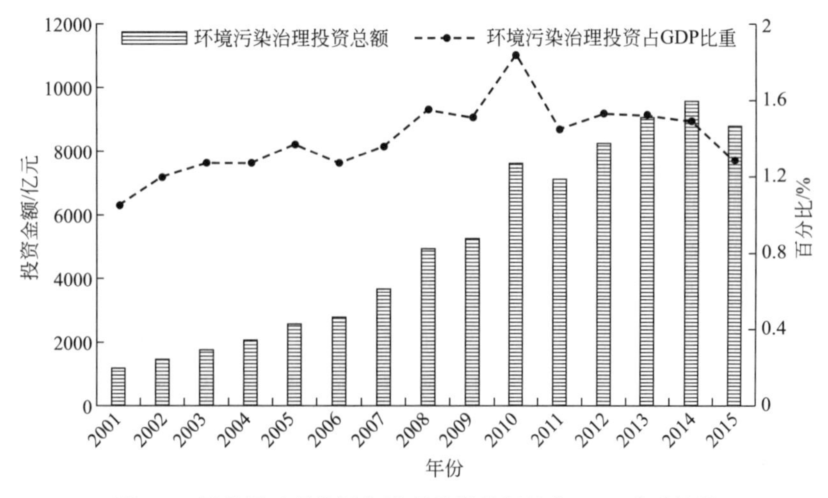

图7-1 国家用于环境污染治理投资总额及占GDP比重情况

上游、黄河中上游、辽河、海河、松花江考核指标完成良好，重点流域水污染防治取得积极进展，水质有所好转。

“十二五”期间，针对城镇集中式地表水饮用水源地水质、跨省界断面、城市水体和支流水环境、湖泊富营养化等主要问题，对松花江流域、淮河流域、海河流域、辽河流域、黄河中上游区域、太湖流域、巢湖流域、滇池流域、三峡库区及其上游、丹江口库区及其上游等10个重点流域进行了水污染防治规划❶。2010年，松花江流域、淮河流域、海河流域、辽河流域、黄河中上游区域、巢湖流域等重点流域范围内总人口约占全国的56.5%，GDP占全国的51.9%，而面积为全国的32.2%。区域内达到或优于Ⅲ类的河流断面占43.7%，湖库点位占19.8%；劣于Ⅴ类的河流断面占23.4%，河库点位占13.9%。规划共安排6844个水污染防治项目，完成了4985个项目。辽河流域考核断面达标最高，为96.0%；其次为淮河流域和松花江流域，分别为84.1%和82.9%；巢湖流域达标率最低，为50%；黄河中上游、三峡库区及其上游、长江中下游区域达标比例为72.5%～78.7%。

7.1.1 太湖流域状况

太湖流域地处长江三角洲，北抵长江，东临东海，南滨钱塘江，西以天目山、茅山为界，总面积3.69万平方千米[228]。流域地势西南高，多为山区丘陵；东北低，多为平原、洼地。整个流域以太湖为中心，河网密布，纵横交错，湖泊众多，水资源丰富。上游水系为西部山丘区独立水系，包括苕溪水系、南河水系及洮滆水系，下游主要为平原河网水系，包括黄浦江水系、北部沿江水系和南部沿杭州水系。西部山区河流来水汇入太湖后，经太湖调蓄从东部流出。望虞河连接长江和太湖，是流域内重要的引水和泄洪河道，可在枯水期直接引长江水入湖；太浦河既是太湖的泄洪通道，同时也是上海市水源地黄浦江上游的主要供水通道。流域内湖泊众多，水面面积在0.5km^{2}以上的湖泊有189个，总面积3159km^2，多为浅水湖，平均水深1.89m。

太湖流域属亚热带季风气候，四季分明，雨水丰沛。流域年平均气温15～17℃，南高北低。年平均降水量为1177mm，空间分布自西向南向东北逐渐递减，受季风强弱变化影响，降水年际变化明显，年内雨量分布不均。受地形和气候的影响，太湖流域易发生洪涝灾害。太湖流域土地类型包括滩涂、低湿河湖洼地、海积平地、冲积平地、丘陵地、山地等。人口稠密，土地利用率很高，垦殖指数达到48.6%，耕地、园地和鱼池等集约型农业用地约占55%，非农业用地比重达10.8%。

太湖流域地跨江苏（苏州、常州、无锡、镇江）、浙江（嘉兴、湖州、杭州市市区和临安区）、上海（崇明区除外）两省一市（以下简称“两省一市”），是长江三角洲的核心区域，是我国人口密度最大、工农业生产发达、国内生产总值和人均收入增长最快的地区之一。2014年，太湖流域人口5976万人，占全国总人口的4.39%，人口密度每平方千米1620人左右，城镇化率达61.6%。2005～2014年期间，太湖流域总人口增加了22.2%，城镇人口增加了37.0%，城镇化率提高了6.6%，太湖流域人口及其城镇化率变化情况详见表7-1。

---

❶ 重点流域水污染防治规划（2011—2015年）。

表 7-1 太湖流域人口及其城镇化率变化情况表

太湖流域	2005 年	2006 年	2007 年	2008 年	2009 年	2010 年	2011 年	2012 年	2013 年	2014 年
城镇人口/万人	2688	2969	3084	3167	3241	3443	3526	3584	3633	3683
总人口/万人	4891	5074	5283	5415	5530	5777	5849	5901	5951	5976
城镇化率/%	55.0	58.5	58.4	58.5	58.6	59.6	60.3	60.7	61.0	61.6

产业结构不断优化升级。“两省一市”大力推进产业结构的调整和升级，执行了严于全国其他地区的 13 个重点行业特别排放标准和造纸行业水污染物排放新标准。江苏省苏州、无锡、常州三市分别确定以新能源、新材料、节能环保、电子信息、生物医药等为主的战略性新兴产业。

太湖流域 GDP 及其三次产业比重变动情况如表 7-2 所列。自 2006 年以来，太湖流域 GDP 呈快速增长态势，由 2006 年的 50242 亿元增加到 2014 年的 101855 亿元，年均增长率约 9.7%。从三次产业比重来看，第二产业比重呈下降趋势，第三产业比重呈上升趋势，第一产业基本维持 2006 年的比重。第三产业比重由 2006 年的 40.9%增加到 2014 年的 52.8%，约提高了 12 个百分点。2012 年之后，太湖流域第三产业比重开始超过第二产业，流域整体产业结构趋于优化。产业比重变动情况详见图 7-2。

表 7-2 太湖流域 GDP 及其三次产业比重变动情况

年份	总值/亿元	GDP/亿元			产业结构/%		
		第一产业	第二产业	第三产业	第一产业	第二产业	第三产业
2006	50242	969	28706	20567	1.9	57.1	40.9
2007	59068	1037	33549	24482	1.8	56.8	41.4
2008	67872	1151	38597	28124	1.7	56.9	41.4
2009	58684	1357	30093	27234	2.3	51.3	46.4
2010	68732	1504	35254	31974	2.2	51.3	46.5
2011	79676	1707	40155	37814	2.1	50.4	47.5
2012	87327	1853	42657	42817	2.2	48.8	49.0
2013	94201	1952	44516	47733	2.1	47.2	50.7
2014	101855	1959	46088	53808	2.0	45.2	52.8

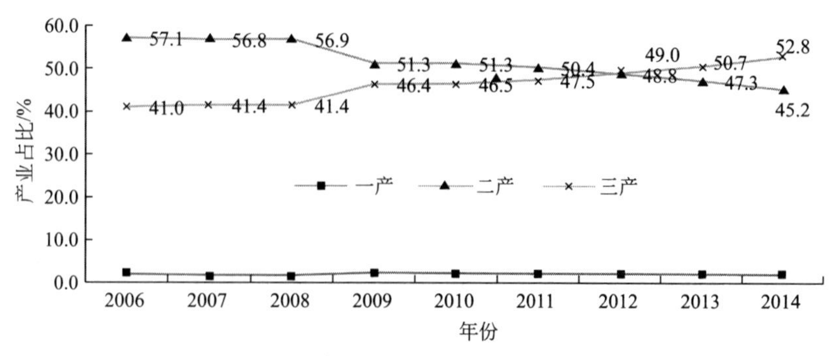

图 7-2 太湖流域三次产业比重变动情况

注：数据来源：根据太湖流域所覆盖市（区、县）各年的统计年鉴录入整理，GDP 及其产值以当年价格计算。

随着流域社会经济快速发展，流域水污染、水资源短缺问题日趋严重，已成为制约流域经济社会可持续发展的重要因素。从20世纪80年代初期至90年代初期，太湖平均水体水质由以Ⅱ类水为主下降到以Ⅲ类水为主；从90年代中期至2010年，全湖平均水质下降为劣Ⅴ类[1]；2011年后有所好转，为Ⅳ类水。2006年，太湖水质在空间分布上呈现由北向南、由西向东水质逐渐变好状态，如表7-3所列。竺山湖、梅梁湖水质最差，东太湖和东部沿岸区水质最好。

表7-3 2006年太湖各区水质情况

项目	五里湖	梅梁湖	竺山湖	西部沿岸区	南部沿岸区
总体水质	劣Ⅴ	劣Ⅴ	劣Ⅴ	劣Ⅴ	劣Ⅴ
水质(不含总磷、总氮)	劣Ⅴ	Ⅴ	劣Ⅴ	劣Ⅴ	Ⅳ
项目	东太湖	东部沿岸区	贡湖	湖心区	
总体水质	Ⅳ	Ⅴ	劣Ⅴ	劣Ⅴ	
水质(不含总磷、总氮)	Ⅲ	Ⅲ	Ⅲ	Ⅲ	

太湖主要污染物为总氮、总磷、氨氮和化学需氧量，2006年太湖湖体总氮为劣Ⅴ类，总磷为Ⅳ类，氨氮为Ⅱ类，高锰酸盐为Ⅲ类。太湖湖体除东太湖和东部沿岸区外，总体水质均为劣Ⅴ类水；若不含总磷和总氮指标，湖心区、贡湖、东太湖和东部沿岸区为Ⅲ类水，南部沿岸区为Ⅳ类，梅梁湖为Ⅴ类，五里湖、竺山湖和西部沿岸区仍为劣Ⅴ类水质。

太湖流域包括228条环湖河流，2008年太湖流域河流水质评价总河长2624.6千米，Ⅱ类、Ⅲ类、Ⅳ类、Ⅴ类以及劣Ⅴ类水质标准的河段分别占4.8%、11.5%、17.2%、15.6%和50.8%。在重点监测的32条环湖河流中，包括入湖河流23条，出湖河流9条，2008年全年期水质达到Ⅲ类标准的河流占31.2%。位于太湖西部、西北部的河流水质较差，入湖段河流除望虞河、乌溪港水质达到Ⅲ类标准外，其余河道为Ⅴ类或劣Ⅴ类。太湖南部入湖河流水质较好，大部分达到Ⅱ～Ⅲ类标准，夹浦港为Ⅳ类，仅长兴港水质为劣Ⅴ类。出湖河流水质差异较大，太浦河和胥江水质较好，为Ⅱ类水。

从“九五”计划开始，国家和地方就开始展开太湖流域水污染防治。“九五”期间，太湖水污染防治投资100亿元，建设城镇污水处理项目54个；“十五”期间投资168.7亿元，建设城镇污水处理厂93个，城镇垃圾处置项目13个，工业点源治理项目87个，特殊行业防治项目8个，环境管理能力建设项目17个。同时，开展湖滨带及生态修复、河湖清淤工程、生态示范工程、饮用水源地保护工程，使得太湖流域工业点源污染防治、城镇生活污染源治理及生态修复取得一定成效。由于太湖有机物和营养物质的长期积累，2007年太湖梅梁湖蓝藻水华爆发引发的供水危机引起国家和地方的高度重视。

2008年，国务院批复《太湖流域综合治理总体方案》，指出环太湖地区饮用水安全形势仍然严峻，污染物排放量远超水环境容量；该区域产业结构布局存在不合理之处，仍有较多的工业企业不能达标排放；存在污水处理水平不高、农村面源污染治理滞后、化肥农

[1] 太湖流域综合整治方案2008。

药使用量高于全国平均水平、水环境监测和预警应急能力不强等问题和挑战。同时，方案也指出科技进步是推进水环境综合治理的重要支撑，运用经济杠杆是减少污水排放量的有效手段。

2008～2012年，太湖流域水污染治理实际投资960亿元，通过水源地改造和水源地保护项目，多水源供水和区域应急备用水源地建设，区域联合供水工程以及供水实施深度处理改造工程等保障饮用水水源地水质及饮用水安全；通过整治、淘汰落后企业以及工业企业废水处理设施建设和改造对工业点源污染进行治理；对现有污水处理项目改造，新建、扩建污水处理厂，建设和完善污水收集管网、建设城镇生活垃圾处置项目和村庄污水及垃圾处置项目；通过减少化肥和农药施用量、农药替代、农田氮磷流失生态拦截、畜禽养殖场废弃物处理利用、水产围网养殖清理以及池塘循环水养殖技术等分别对种植业、畜禽养殖业及水产养殖业进行控制，以实现太湖面源污染治理；通过河流疏浚及引江济太等工程提高水环境容量及纳污能力；同时，开展湿地保护与修复、生态林建设、水体生态修复、湖泊清淤等工程对太湖流域生态进行修复，进行环太湖河道整治及清淤，控制船舶污染，开展农业、工业及城镇生活节水工程，建设监管体系及信息共享平台，提高科技支撑能力等项目及工程。

在《太湖流域水环境综合治理总体方案》（2013年修编）中，确定了2015年及2020年水质目标及污染物COD、NH_3-N、TP和TN的总量控制目标。2015年太湖湖体高锰酸盐指数、NH_3、TP及TN达到Ⅲ类、Ⅱ类、Ⅳ类（0.06）及劣Ⅴ类（2.2）的指标，2015年较2010年COD、NH_3、TP及TN排放量下降12.0%、11.6%、11.9%和10.1%。

经过十余年的综合治理，太湖流域水质呈现好转趋势（表7-4）。2015年除总磷外，其他指标均达到预期目标，高锰酸盐指数不断下降，由2006年的5.88mg/L降到2015年的4.28mg/L，保持Ⅲ类水质标准；氨氮由0.56mg/L降低到0.15mg/L，由Ⅱ类水质标准升为Ⅰ类标准；总氮由2.85mg/L降低到1.85mg/L，由劣Ⅴ类标准转变为Ⅴ类标准；总磷由0.096mg/L降低到0.069mg/L（2014年），但2015年有所回弹，仅次于2006年平均浓度，比2007～2014年年均浓度值都要高，尚未达到总体方案预期目标。

表7-4 太湖流域水质指标 单位：mg/L

年份	高锰酸盐指数	氨氮	总磷	总氮
2006	5.88(Ⅲ)	0.56(Ⅱ)	0.096(Ⅳ)	2.85(劣Ⅴ)
2007	5.10(Ⅲ)	0.39(Ⅰ)	0.074(Ⅳ)	2.35(劣Ⅴ)
2008	4.41(Ⅲ)	0.39(Ⅰ)	0.072(Ⅳ)	2.42(劣Ⅴ)
2009	5.10(Ⅲ)	0.39(Ⅰ)	0.074(Ⅳ)	2.35(劣Ⅴ)
2010	4.08(Ⅲ)	0.23(Ⅰ)	0.071(Ⅳ)	2.48(劣Ⅴ)
2011	4.25(Ⅲ)	0.22(Ⅰ)	0.066(Ⅳ)	2.04(劣Ⅴ)
2012	4.34(Ⅲ)	0.18(Ⅰ)	0.071(Ⅳ)	1.97(Ⅴ)
2013	4.83(Ⅲ)	0.15(Ⅰ)	0.078(Ⅳ)	1.97(Ⅴ)
2014	4.25(Ⅲ)	0.16(Ⅰ)	0.069(Ⅳ)	1.85(Ⅴ)
2015	4.28(Ⅲ)	0.15(Ⅰ)	0.082(Ⅳ)	1.85(Ⅴ)

太湖流域各个湖区水质变化情况如图 7-3 所示。2009～2014 年高锰酸盐指数除竺山湖外均达到Ⅲ类水质标准，竺山湖由Ⅲ类降低为Ⅳ类，贡湖区域由Ⅱ类降为Ⅲ类。各湖区氨氮指数均有下降，2013～2014 年竺山湖浓度最高，为Ⅲ类，其他湖区均为Ⅰ类或Ⅱ类。各湖区总磷指数略有下降，但不明显，东太湖和东部沿岸区为Ⅲ类标准，竺山湖和西部沿岸区为Ⅴ类，其他湖区为Ⅳ类。总氮指数偏高，仅有五里湖和东太湖区由Ⅳ类水变为Ⅲ类，其他湖区均超标；东部沿岸区由Ⅴ类变为Ⅳ类，贡湖区保持为Ⅴ类水质标准，其他湖区为劣Ⅴ类。总体而言，2009～2014 年各湖区水质有变好趋势，尤其是五里湖区。东太湖水质最好，东部沿岸次之；竺山湖污染最重，其次为西部沿岸区和梅梁湖区。

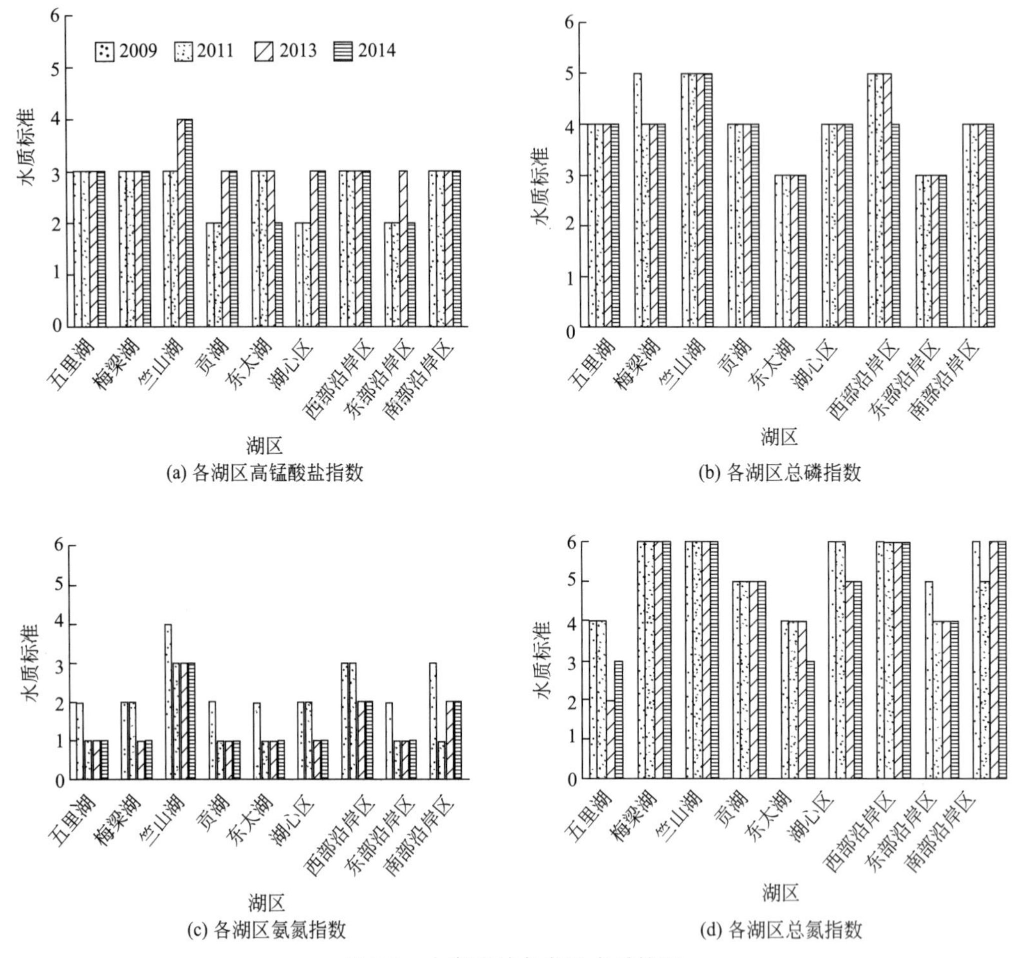

图 7-3 太湖流域各湖区水质情况

注：图中纵坐标 1 代表Ⅰ类水质标准，2 为Ⅱ类水质标准，3 为Ⅲ类水质标准，4 为Ⅳ类水质标准，5 为Ⅴ类水质标准，6 为劣Ⅴ类水质标准。

7.1.2 辽河流域状况

辽河流域涉及内蒙古自治区的东南部、吉林省西部和辽宁省的大部分地区，包括 15 个地市、56 个县（市、旗），流域面积约 21.96 万平方公里[1]。辽河流域东部、西部地区

[1] 辽河流域水污染防治规划（2006—2010 年）。

为山地；南部为丘陵地带，水土流失严重；中部是广阔的辽河平原，地势低平，平原西部为风沙地貌，水土流失严重❶。流域地处温带大陆性季风气候带，洪涝、干旱等自然灾害频繁而严重，水资源比较贫乏。辽河流域是最早建设起来的以重工业为主体的工业基地，是我国重要的农业和畜牧业基地。东辽河流域为黑土带地区，是全国重点商品粮基地。

辽河流域中下游地区工业农业发达，人口密度较大，大量的工业废水和城市生活污水未经处理达标便排入河道，而河道水量少、自净能力差，河道水体污染严重。2006 年，辽河流域总体为重度污染，43%的地表水国控监测断面为劣Ⅴ类水质，主要污染指标为氨氮、五日生化需氧量和高锰酸盐指数。辽河干流属于中度污染，老哈河水质良好，东辽河和西辽河为轻度污染，辽河为中度污染。辽河支流中，西拉木伦河属轻度污染，条子河和招苏台河为重度污染。大辽河及其支流总体为重度污染，太子河为重度污染，大辽河、浑河为重度污染，大凌河水体为重度污染。

“十五”期间，累计投资辽河流域水污染防治规划项目 64.0 亿元，完成或在建饮用水水源地保护工程、农村打井工程、污水处理厂、工业污染源清洁生产、工业污染源治理、水环境整治和生态建设及能力建设和科研支持项目 159 个，其中内蒙古投资 80 个项目、吉林 55 个、辽宁 86 个。“十一五”期间，规划投资项目 154.14 亿元，其中 82.02%的投资集中在辽宁省，共计划项目 134 个，主要包括工业污染防治项目、城镇污水处理设施建设项目和重点区域污染防治项目等，具体情况如表 7-5 所列。

表 7-5 “十一五”辽河流域水污染防治规划项目

地区	工业污染防治项目		城镇污水处理设施建设项目		重点区域污染防治项目	
	项目数	投资/亿元	项目数	投资/亿元	项目数	投资/亿元
内蒙古	26	8.08	13	11.25	2	1.67
吉林	14	2.79	4	2.63	8	1.29
辽宁	54	40.66	65	69.41	15	16.36

《重点流域水污染防治规划（2011—2015 年）》提出，到 2015 年辽河流域水污染防治达到辽河干流水质基本达到Ⅳ类水质、重点支流水质全面消除劣Ⅴ类水的目标，化学需氧量排放量控制在 121.0 万吨，比 2010 年削减 11.5%，氨氮排放量控制在 9.0 万吨，比 2010 年削减 14.2%❷。“十二五”期间，辽河流域规划骨干工程项目 924 个，估算投资 583 亿元，优先控制单元骨干工程项目 778 个，估算投资 504 亿元，具体项目规划如表 7-6 所列。

表 7-6 “十二五”辽河流域水污染防治规划项目

项目	工业污染防治项目		城镇污水处理及配套设施项目		饮用水水源地污染防治项目		畜禽养殖污染防治项目		区域水环境综合整治项目	
	项目	投资	项目	投资	项目	投资	项目	投资	项目	投资
内蒙古	0		53	39.05						
吉林	18	3.56	16	18.45	5	1.94	6	2.47	22	34.97
辽宁	113	48.2	409	252.77	16	8.15	54	6.26	212	167.2

❶ 修订辽河流域规划纲要，水利部松辽水利委员会，1992。

❷ 重点流域水污染防治规划（2011—2015 年）。

随着“十五”“十一五”和“十二五”流域水污染治理项目的开展，辽河流域水质呈明显改善趋势，如表7-7、表7-8所列。到2010年，辽河流域总体水质由重度污染降为中度污染，劣Ⅴ类水由39%降低到15.3%，Ⅰ～Ⅲ类水由30.4%升高到38.5%。2010年，辽河水系劣Ⅴ类水河段比例由41.6%降低到34.0%，Ⅰ～Ⅲ类水的比例由37.5%升高到41.7%，水质具有明显变好趋势。到2014年辽河水系75.7%河段达到Ⅳ类水质标准，辽河干流81.8%的国控监测断面达到Ⅳ类水质。与2006年相比，辽河及大凌河干流化学需氧量浓度降幅较大，分别为73.0%和84.5%，大辽河水系和大凌河水系均为轻度污染。然而，与2014年相比，2015年出现水质相对变差现象。

表7-7 辽河流域水质状况评价结果 单位：%

年份	Ⅰ类	Ⅱ类	Ⅲ类	Ⅳ类	Ⅴ类	劣Ⅴ类
2006	1.5	17.2	18.8	12.0	8.9	41.6
2007	1.4	23.5	14.7	13.7	5.0	41.7
2008	1.5	27.1	17.4	10.8	13.1	30.1
2009	5.2	28.7	8.7	10.6	9.8	37.0
2010	1.4	31.1	9.2	7.3	17.0	34.0
2011	5.6	31.8	11.4	16.0	11.0	24.2
2012	2.6	26.4	15.1	18.9	9.8	27.2
2013	1.2	39.6	14.0	16.4	8.2	20.6
2014	1.5	41.6	14.7	17.9	5.1	19.2
2015		35.3	16.4	14.6	9.7	24.0

表7-8 辽河干流国控监测断面水质情况

年份	Ⅰ类/%	Ⅱ类/%	Ⅲ类/%	Ⅳ类/%	Ⅴ类/%	劣Ⅴ类/%	国控监测断面/个
2006		15.4	15.0	31.0		39.0	13
2007		32.4	10.8	10.8	5.5	40.5	37
2008		7.6	23.1	15.4	30.8	23.1	13
2009	2.8	27.8	11.1	13.9	8.3	36.1	36
2010		23.1	15.4	7.7	38.5	15.3	13
2011		15.4	23.0	30.8	30.8		13
2012	3.6	30.9	9.1	30.9	10.9	14.5	55
2013	1.8	36.4	7.3	45.5	3.6	5.4	55
2014	1.8	34.5	5.5	40.0	10.9	7.3	55
2015	1.8	30.9	7.3	40.0	5.5	14.5	55

7.2 流域污染减排评价方法的研究进展

污染减排的含义是从污染源头上控制用水，削减污染物，减少污染排放，其途径包括结构减排、工程减排和监管减排等。

7.2.1 结构减排评价方法

国内外学者在产业结构与经济增长对环境污染的影响方面的观点较一致：初期环境污染会随着经济发展水平、工业化程度的不断加深而加重，即第二产业比重的上升，会增加环境污染物的排放；当经济向更高水平发展时，高污染、高能耗的工业经济向以高新技术产业及清洁环保产业为主的高效经济体转变，最终降低环境污染水平[229~233]。

产业结构与流域中的人口、经济、资源等因素之间相互影响而且动态变化，因此对其优化调整效果的评估需要综合分析多方面因素。目前，国内外学者主要通过 3 个方面来进行评估研究。

(1) 以实例分析总结为主

如王腊春等[233] 以苏州、南京和徐州为例，通过研究区域 GDP 与污水排放的关系，动态分析区域的水环境保护成效，对比 3 种不同经济发展模式下的环境保护工作成效，并分别提出了下一步的减排对策。毛小苓等[234] 以深圳为例，关注不同组合规模的企业污水排放与区域整体排污特征的响应关系，提出利用“特征企业组合”可快速准确了解区域排污特征，从而为产业结构优化与调整的决策提供科学依据。A. A. Oketola 等[235] 以尼日利亚拉各斯为例，对其 1997～2002 年的工业部门污染物排放强度进行了研究，利用 IPPS 系统计算了拉各斯工业部门的大气污染物、水污染物等排放量，为拉各斯下一步的产业结构调整、污染减排提供依据。

(2) 构建经济与污染排放的产业结构优化评估模型

如张同斌等[236] 基于对数平均迪氏指数（LMDI）方法分解影响环境污染的经济因素，利用时变参数向量自回归（TVP－VAR）模型研究了各因素在不同时点、不同提前期对污染物排放的动态冲击特征，指出技术进步具有提高企业生产率以及提升企业产品清洁度的双重效果，产生的创新补偿效应降低了污染排放。Y. T. Lu 等利用污染物排放的影响分解模型研究工业 COD 排放变化，分析了规模效应、结构效应和技术效应对 COD 排放的影响，指出产业结构效应较小，优化和调整产业结构对于 COD 减排效果不明显，而产业技术的提升和规模经济的发展对污染物减排有较大的贡献。Maria Llop[237] 研究了 1995～2000 年西班牙的污染物排放状况，利用投入产出模型对产业结构调整过程中的污染物排放进行分析，指出在此期间产业结构的调整减缓了污染物排放量的增加。

(3) 基于经济与水质模型的定量研究分析

如苏琼等[238] 基于系统动力学（SD）模型和水质（WQ）模型建立了描述深圳河流域社会、经济、水资源和水环境系统的耦合模型（SD-WQM），定量分析了三产业比例调整、工业结构内部调整以及产业技术提升对流域供需水平衡和水质改善的影响，指出三产业比例调整对流域水资源平衡有一定改善作用，但对流域水质变化的影响不明显，而劳动密集型工业的比重减少或技术提升、第三产业技术提升对流域的水资源平衡和水质改善作用明显，并根据各措施的敏感性，设计了可满足流域供需水平衡与水质要求的综合调整方案。

7.2.2 工程减排评价方法

国内外在研究实际环保工程项目的综合评价（包括经济影响、环境影响、社会影响等）中，层次分析法、费用-效益分析法以及灰色关联度分析等方法应用较广。Z. Sinuany-Stern 等[239] 在评价以色列一个采用清洁洗调剂新工艺的项目评价中采用了层次分析法。黄辉基于模糊层次分析对重庆某县城市污水处理项目的综合效益进行了预测评价，为污水处理厂投资方案的选定提供了决策支持。李红祥等[240] 基于费用-效益分析定量评估了我国“十一五”期间工业污染源治理投入、城市环境基础设施建设投入、污染治理设施运行对 COD、SO_2 两项主要污染物减排的综合绩效。曹丽华等[241] 基于灰色关联度对我国火电厂节能减排措施进行了综合评价研究。

此外，20 世纪 90 年代，美国、加拿大、日本、韩国等国的环保部门先后建立、实施了环境技术验证（ETV）制度对环境技术进行评价管理推广[242～244]。其中，美国对现有污染源的技术评估以费用-效益分析方法为主，根据不同污染物排放的控制方法，考虑各种技术的能源、环境、经济和其他成本，分别判定该技术属于最佳控制技术（best practicable technology currently available，BPT）、最佳常规污染物控制技术（best conventional pollutant control technology，BCT）、污染防治最佳可行技术（best available technology economically achievable，BAT）和最佳示范技术（best demonstrated control technology，BADT），对创新技术则采用 ETV 评估系统，评估创新技术解决威胁人类健康和环境问题的能力[245]。

近 20 年来，我国对环境技术评估工作进行了积极的探索，发展了一些与我国经济发展水平和社会发展阶段基本相一致的环境技术评估模式。归纳起来，主要包括专家评价体系和合格评定体系[246]。专家评价体系是在我国环境技术评估工作中应用最广泛、最具代表性的一类评价模式，其核心是针对一项具体的环境技术，由政府或受委托的机构，邀请同行业专家，管理、应用方面的人士组成专家委员会，通过召开专家委员会会议或以函审的形式，对申请技术进行综合评价，提出评价意见，即专家评价意见。合格评定（产品认证）是依据现有标准对产品标准要求，生产过程是否保证产品质量具有一致性的评价活动。“十一五”期间，水体污染控制与治理科技重大专项专门安排课题对 ETV 制度框架、验证程序、验证规范、评价指标及方法等进行了系统研究，并以污水生物处理技术验证评价为重点，开发了生物处理技术验证平台，开展了水蚯蚓原位消解污泥技术等 4 个技术的验证评价试点研究，编制了《环境保护技术验证评价实施细则》《环境保护技术验证评价通则》《环境保护技术验证测试规范》等文件草案，为环境保护技术验证评价工作的展开提供了技术支撑[247]。

7.2.3 监管减排评价方法

监管减排是指通过严格环境执法监管，实现污染物稳定达标排放，以及提高重点污染行业排放标准、实施清洁生产等环境管理手段而实现主要污染物总量减排。目前，国内外研究较多的是节能减排政策评价，主要是利用具体绩效数据出来后进行的评价。

Godwin Chukwudum Nwaobi[248]运用动态 CGE 一般均衡模型，评价了温室气体减排政策对尼日利亚经济发展的影响，并得出碳税政策的有效性 *W* 和碳排放交易许可证制度是影响尼日利亚温室气体排放的重要政策手段。David Knutsson 等[249] 研究了瑞典的可交易绿色证书（TGC）和温室气体的排放许可证（TEP）组合作用到热电联产电厂时，其作用效果比单独一种政策作用于热电联产电厂的碳排放要显著得多，从而评价了这两种政策方案的联合作用效果。李鸣等[250] 通过建立节能减排政策效果评价指标体系，将模糊优选理论和群组层次分析法进行有效结合，并应用在造纸行业分析中。雷仲敏等[251]根据国家提出的区域节能减排目标，针对我国不同地区经济发展特点，设计了可反映该地区节能减排状况的综合评价指数，对“十一五”期间各地区节能减排工作推进情况进行了实证评价，并就“十二五”时期各地区的节能减排目标及其2011年的执行情况进行了分析。

7.3　基于水足迹的污染负荷核算方法研究

为了揭示人类生产生活消费与水资源利用之间的联系，以及全球贸易与水资源管理之间的联系，荷兰学者 Arjen Y. Hoekstra 在2002年荷兰代尔夫特办的虚拟水贸易国际专家会议上首次明确提出了水足迹的概念。水足迹是指在一定的物质生活标准下，生产一定人群消费的产品和服务所需要的水资源数量，它表征的是维持人类产品和服务消费所需要的真实水资源数量。水足迹包括蓝水足迹、绿水足迹和灰水足迹（图7-4）。蓝水足迹是指产品在其供应链中对蓝水（地表水和地下水）资源的消耗。“消耗”是指流域内可利用的地表水和地下水的损失。当水蒸发、回流到流域外、汇入大海或者纳入产品中时，便产生了水的损失。绿水足迹是指对绿水（不会成为径流的雨水）资源的消耗。灰水足迹是与污染有关的指标，定义为以自然本底浓度和现有的环境水质标准为基准，将一定的污染物负荷吸收同化所需的淡水的体积。

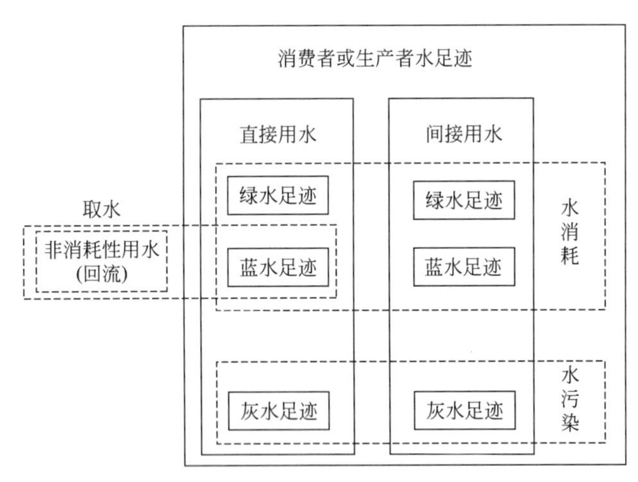

图7-4　水足迹组成部分示意

水足迹评价类型包括过程水足迹、产品水足迹、消费者水足迹、消费群体水足迹、地理区域内的水足迹（国家、行政区域以及流域）、企业水足迹、企业部门的水足迹和人类整体的水足迹。

7.3.1　灰水足迹核算

灰水足迹的概念由 Hoekstra 和 Chapagain 于2008年首次提出，出于以下认识，即水污染的程度和规模可以通过稀释该污染物至无害的水量来反映。灰水足迹的提出，实现了从水量的角度评价水污染，从而可以与水资源消费的量进行比较。

灰水足迹核算方法：首先得到污染物的水质标准浓度（c_{max},mg/L）与收纳水体的自然本底浓度（c_{nat},mg/L），然后用排污量（L,t/s）除以浓度差（$c_{max}-c_{nat}$）即得到灰水足迹（$WF_{proc,grey}$,L/s）。

$$WF_{proc,grey}=\frac{L}{c_{max}-c_{nat}} \quad (7\text{-}1)$$

受纳水体的自然本底浓度指自然条件、无人为影响下水体中某种污染物的浓度。人工产生的物质在自然条件下是不存在的，取 $c_{nat}=0$。如果得不到准确的自然本底浓度且估计值较低，可简单认为 $c_{nat}=0$，但由于 c_{nat} 的真实值不为0，因而所得灰水足迹偏低。

（1）点源污染

点源污染，即在污水处理过程中“化学物质被直接排放进入地表水体，通过测算排污流量和污水中化学物质的浓度可以估算排放的污染负荷”。更确切地说，污染负荷等于污水体积（V_{effl}，体积/时间）与污水中某污染物的浓度（c_{effl}，质量/体积）的乘积减去抽取水量（V_{abstr}，体积/时间）与水中某污染物的实际浓度（c_{act}，质量/体积）的乘积，公式如下：

$$WF_{proc,grey}=\frac{L}{c_{max}-c_{nat}}=\frac{V_{effl}\times c_{effl}-V_{abstr}\times c_{act}}{c_{max}-c_{nat}} \quad (7\text{-}2)$$

式中，污染负荷 L 指的是在受纳水体中已经存在的污染负荷的基础上增加的污染量。

当没有消耗水，即排放量等于取水量时，式（7-2）可以简化为：

$$WF_{proc,grey}=\frac{c_{effl}-c_{act}}{c_{max}-c_{nat}}\times V_{effl} \quad (7\text{-}3)$$

从式（7-3）可以看出，水回收或水的再利用会影响灰水足迹。经过必要的处理之后，水可以作为其他用途再次被利用，不会有污水排放到自然环境中，所以灰水足迹为0。如果经过一次或几次再利用之后，水仍然会被排放到自然环境中，那么就出现了与污水质量相关的灰水足迹。

废水经过处理后排放到自然环境中，显然会降低最终排水中污染物的浓度，从而降低灰水足迹。需要注意的是，此过程中的灰水足迹由污水水质决定，污水指最终排放到自然环境中的水，而不是经过处理之前的。当污水中某污染物浓度等于或低于取水的浓度时，那么废水处理可以使灰水足迹降低到0。另外，在开放的流域内发生的污水处理过程会由于蒸发而产生蓝水足迹。

对于热污染的水足迹，我们可以采用与化学污染相类似的计算方法。此时灰水足迹的计算方法是用污水温度和受纳水体温度的差值（℃）除以最大容许温度上升量（℃），再乘以污水的体积（L/s）。

$$WF_{proc,grey}=\frac{T_{effl}-T_{act}}{T_{max}-T_{nat}}\times V_{effl} \quad (7\text{-}4)$$

式中，最大容许温度上升量（$T_{max}-T_{nat}$）由水的类型和当地环境共同决定。

（2）面源污染

水的面源污染中化学物质的量的评价比点源污染复杂。当化学物质被应用到土壤表面或土壤中时，如固体废物处理、化肥和杀虫剂的使用等，会有部分化学物质渗入地下水或通过地表径流进入河流。在这种情况下，污染负荷就是应用的化学物质的总量（在土地表面或是内部）进入地下水或地表水的那部分量。可以在流域的出口测量水质，但由于不同来源的污染汇集在一起，需要分别测算不同污染源所占的比例。最常用的方法是通过使用简单或是先进的模型来估算进入流域的化学物质的比例，即假设应用的某一固定比例的化学物质最终会到达地表水或地下水，公式为：

$$WF_{proc,grey}=\frac{L}{c_{max}-c_{nat}}=\frac{\alpha\times Q_{appl}}{c_{max}-c_{nat}} \tag{7-5}$$

式中 α——淋溶率（无量纲），即使用的化学物质进入淡水体的比例；

Q_{appl}——在某一过程中在土地表面或是土地内部使用的化学物质量。

流域灰水足迹核算包括农业灰水足迹、生活灰水足迹和工业灰水足迹，见式（7-6）。

$$GWF=GWF_{domestic}+GWF_{agricultural}+GWF_{industrial} \tag{7-6}$$

式中，对于某个污染物指标（如 N、P、COD 等）生活灰水足迹计算如下：

$$GWF_{domestic}=NP_{hum}[D(1-R_p)+(1-D)f_p] \tag{7-7}$$

式中 N——流域内总人口数量；

P_{hum}——单位人口该污染物排放量；

D——污水集中处理系数；

R_p——污水处理率；

f_p——污水直排系数。

工业灰水足迹计算如下：

$$GWF_{industrial}=R_{id}P_{hum}U(1-R_p) \tag{7-8}$$

式中 R_{id}——工业污染物排放占生活排放集中处理量的比值，一般取值范围为 0.05～0.17；

U——城镇人口比例。

农业灰水足迹计算如下：

$$GWF_{agricultural}=(IN_p-OUT_p)\beta \tag{7-9}$$

$$IN_p=IN_{fer}+IN_{man}+IN_{fix}+IN_{irr}+IN_{dep} \tag{7-10}$$

$$OUT_p=OUT_{harv}+OUT_{res}+OUT_{gas} \tag{7-11}$$

式中 IN_p——农业污染物输入，包括化肥使用（IN_{fer}）、动物粪便（IN_{man}）、植物固氮（IN_{fix}）、灌溉输入（IN_{irr}）和大气沉降（IN_{dep}）；

OUT_p——农业污染物输出，包括收获的作物和草（OUT_{harv}）、作物秸秆（OUT_{res}）和汽化逸出（OUT_{gas}）。

7.3.2 水污染程度核算

全年中每天的灰水足迹相加就可以得到年灰水足迹。一般来说，污水中包含多种形式的污染物，灰水足迹将由其中最关键的污染物决定，即造成灰水足迹最大的污染物。如果只是为了找出一个能综合评价水污染物的指标，那么基于最关键污染物得到的灰水足迹就可以满足要求。

流域灰水足迹的影响取决于流域中可容纳污染物的径流的大小。一个流域内一定时间环境水质标准得不到满足，即污染物的量消耗掉水体所有的纳污能力，便产生了灰水足迹的热点地区。流域内水污染程度（WPL），指的是已经消耗的纳污能力占总的纳污能力的比例，是衡量一个流域污染程度的指标。流域的水污染程度等于一个流域的灰水足迹（$\sum WF_{grey}$）与流域实际径流（R_{act}）的比值。水污染程度达到100%意味着所有水体的纳污能力都已经全部使用，不能再容纳更多的污染物；超过100%，说明现有水质超出了水质标准。时间 t 内流域 x 的水污染程度计算如下：

$$WPL(x,t)=\frac{\sum WF_{grey}(x,t)}{R_{act}(x,t)} \tag{7-12}$$

7.4 流域污染核算模型

基于流域灰水足迹和水污染程度指标的核算法，采用 ArcGIS Model builder 构建流域污染程度核算模型，如图 7-5 所示。基于单位面积生产总值、单位面积土地类型及单位面

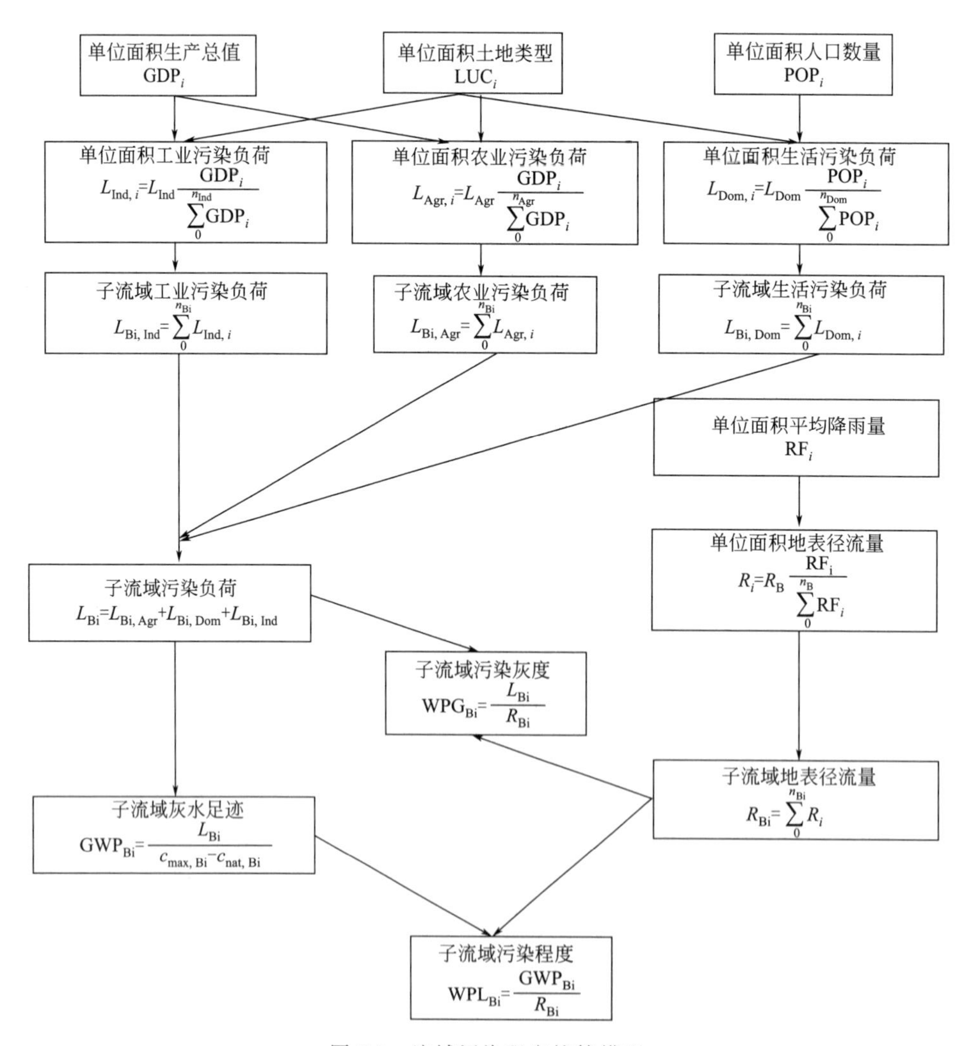

图 7-5 流域污染程度核算模型

积人口数量，核算子流域的工业污染负荷、农业污染负荷及生活污染负荷，结合降雨量及地表径流量计算流域污染程度。通过核算流域污染程度及水质变化趋势，计算流域污染负荷差值，水专项对工业污染负荷、农业污染负荷及生活污染负荷贡献的变化，从而核算水专项对流域控源减排和水质改善的贡献。

① 单位面积生产总值（GDP_i）：单位面积地块中的年生产总值，数据来源于全球变化科学研究数据出版系统中国公里网格 GDP 分布数据集。

② 单位面积土地类型（LUC_i）：单位面积地块的土地利用类型（包括耕地、林地、草地、水域、居民地和未利用土地等），数据来源于资源环境数据云平台中国土地利用现状遥感监测数据。

③ 单位面积人口数量（POP_i）：单位面积地块中的人口总数量，数据来源于全球变化科学研究数据出版系统中国公里网格人口分布数据集。

④ 单位面积工业污染负荷（$L_{\mathrm{Ind},i}$）：单位面积地块中工业源的排污量，即该地块工业总产值占全国工业总产值的权重与全国工业总排污量的乘积，数据来源于中国统计年鉴和中国环境统计年鉴。

⑤ 单位面积农业污染负荷（$L_{\mathrm{Arg},i}$）：单位面积地块中农业源的排污量，即该地块农业总产值占全国农业总产值的权重与全国农业总排污量的乘积，数据来源于中国统计年鉴和中国环境统计年鉴。

⑥ 单位面积生活污染负荷（$L_{\mathrm{Dom},i}$）：单位面积地块中生活源的排污量，即该地块人口数量占全国总人口数量的权重与全国生活总排污量的乘积，数据来源于中国统计年鉴和中国环境统计年鉴。

⑦ 子流域工业污染负荷（$L_{\mathrm{Bi,Ind}}$）：子流域边界内地块中工业源的排污量总和，子流域边界数据来源于资源环境数据云平台中国 9 大流域片空间分布数据集和中国基于 dem 提取的一级流域空间分布数据集。

⑧ 子流域农业污染负荷（$L_{\mathrm{Bi,Arg}}$）：子流域边界内地块中农业源的排污量总和，子流域边界数据来源于资源环境数据云平台中国 9 大流域片空间分布数据集和中国基于 dem 提取的一级流域空间分布数据集。

⑨ 子流域生活污染负荷（$L_{\mathrm{Bi,Dom}}$）：子流域边界内地块中生活源的排污量总和，子流域边界数据来源于资源环境数据云平台中国 9 大流域片空间分布数据集和中国基于 dem 提取的一级流域空间分布数据集。

⑩ 子流域污染负荷（L_{Bi}）：子流域工业污染负荷、子流域农业污染负荷和子流域生活污染负荷的总和。

⑪ 子流域灰水足迹（GWP_{Bi}）：子流域污染负荷与环境水质标准浓度（地表水环境质量标准）和水体本底浓度差的商，表征子流域中污染负荷稀释到环境水质标准浓度所需要的水量。

⑫ 单位面积平均降雨量（RF_i）：单位面积地块中的年降雨总量，数据来源于资源环境数据云平台中国气象背景一年平均降水量数据。

⑬ 单位面积地表径流量（R_i）：单位面积地块中的地表径流量，即该地块降雨量占所在流域总降雨量的权重与所在流域总径流量的乘积，数据来源于中国统计年鉴。

⑭ 子流域地表径流量（R_{Bi}）：子流域边界内地块中径流量总和，子流域边界数据来源于资源环境数据云平台中国 9 大流域片空间分布数据集和中国基于 dem 提取的一级流域空间分布数据集。

⑮ 子流域污染灰度（WPG_{Bi}）：子流域污染负荷与子流域地表径流量的比值，即子流域内的本底径流量全部用于稀释排放的污染物后增加的污染物浓度，表征子流域内排放的污染物对本地水资源的污染压力。

⑯ 子流域污染程度（WPL_{Bi}）：子流域灰水足迹与子流域地表径流量的比值，即稀释子流域内排放的污染物所需水量占子流域内本地水资源量的比重，表征子流域内水资源量相对于污染物排放的相对稀缺性。

n_{Ind}、n_{Arg}、n_{Dom} 分别为研究区域内工业、农业和生活子单元数量，n_{Bi} 为子流域数量。

7.5 水专项控源减排及水质改善贡献核算

7.5.1 全国概况

“十一五”水专项示范工程主要分布在辽河流域、太湖流域、巢湖流域、海河流域、淮河流域、东江流域、滇池流域、洱海流域、松花江流域和三峡库区。

根据流域污染核算模型核算得出 2008 年和 2013 年各流域的 COD 和 NH_3-N 污染程度分布（表 7-9），当流域水污染程度值 WPL＞1 时，即该流域内污染物量已超过现存纳污能力。辽河流域、海河流域和太湖流域等流域的污染程度明显降低，其中太湖由 1.5～2.0 降到 1.0～1.5，淮河下游区域、辽河流域污染程度整体降低一个等级。由于水资源径流量小，海河流域 COD 污染程度最高，2013 年间海河北系（流域北部区域）WPL 值降低至 5.0～10；海河 NH_3-N 污染 WPL 值处于 2.0～5.0，污染最为严重。辽河流域干流区域及东北诸河沿渤海区域 WPL 值降低较为明显，分别由 0.5～0.9 和 1.0～1.5 降低至 0.3～0.5 和 0.5～0.9，污染程度明显好转。松花江流域部分区域也有明显好转。

表 7-9　2008 年及 2013 年各流域污染程度

流域	WPL_{COD}		$WPL_{NH_3\text{-}N}$	
	2008 年	2013 年	2008 年	2013 年
辽河流域	2.0～5.0	1.5～2.0	0.5～1.5	0.3～0.9
海河流域	＞10	5.0～10	2.0～5.0	1.5～2.0
太湖流域	1.5～2.0	1.0～1.5	0.5～0.9	0.5～0.9
淮河下游区域	1.5～5.0	1.0～2.0	0.5～0.9	0.5～0.9
东江流域	1.0～1.5	0.9～1.0	0.3～0.5	0.3～0.5

下面，对辽河和太湖两个流域进行具体核算分析。

7.5.2 太湖流域

经过十余年的综合治理，太湖流域水质呈现好转趋势（见表 7-10）。2006～2013 年高

表 7-10 太湖流域水质指标 单位：mg/L

年份	高锰酸盐指数	NH_3-N	TP	TN
2006	5.88(Ⅲ)	0.56(Ⅱ)	0.096(Ⅳ)	2.85(劣Ⅴ)
2007	5.10(Ⅲ)	0.39(Ⅰ)	0.074(Ⅳ)	2.35(劣Ⅴ)
2008	4.41(Ⅲ)	0.39(Ⅰ)	0.072(Ⅳ)	2.42(劣Ⅴ)
2009	5.10(Ⅲ)	0.39(Ⅰ)	0.074(Ⅳ)	2.35(劣Ⅴ)
2010	4.08(Ⅲ)	0.23(Ⅰ)	0.071(Ⅳ)	2.48(劣Ⅴ)
2011	4.25(Ⅲ)	0.22(Ⅰ)	0.066(Ⅳ)	2.04(劣Ⅴ)
2012	4.34(Ⅲ)	0.18(Ⅰ)	0.071(Ⅳ)	1.97(Ⅴ)
2013	4.83(Ⅲ)	0.15(Ⅰ)	0.078(Ⅳ)	1.97(Ⅴ)
2014	4.25(Ⅲ)	0.16(Ⅰ)	0.069(Ⅳ)	1.85(Ⅴ)

锰酸盐指数不断下降，由 2006 年的 5.88mg/L 降到 2014 年的 4.25mg/L，保持Ⅲ类水质标准；NH_3-N 由 0.56mg/L 降低到 0.16mg/L，由Ⅱ类水质标准升为Ⅰ类标准；TN 由 2.85mg/L 降低到 1.85mg/L，由劣Ⅴ类标准转变为Ⅴ类标准；TP 由 0.096mg/L 降低到 0.069mg/L。

“十一五”期间，水专项在太湖流域中总投入约 10.4 亿元，共开展了 100 余项示范工程。根据第三方评估报告的数据，“十一五”水专项示范工程形成了年均减排 COD 3.14×10^4t、NH_3-N191.1t、TN108.4t 和 TP112.4t；苕溪入湖口、太滆运河和漕桥河等的示范区已基本无劣Ⅴ类水质，梅梁湾、竺山湾等太湖北部重污染湖区的湖滨带和缓冲区由原来的Ⅴ类改善为Ⅳ类水质。

对 2008 年与 2013 年间太湖流域灰水足迹与污染程度进行核算比较，水专项减排灰水足迹和污染程度，如表 7-11 所列。2008～2013 年太湖流域 COD 及 NH_3-N 的灰水足迹分别降低了 19.3%和 6.5%。水专项实施对太湖流域 COD 污染控源减排及水质改善直接贡献率为 5.0%。由于“十一五”期间国家水体污染控制目标主要为 COD，NH_3-N 污染程度略有好转，但并不明显。但水专项针对水体湖泊富营养化展开工程示范，对 NH_3-N 控制贡献了一定的比例。2008～2013 年，水专项对 NH_3-N 污染控源减排及水质改善直接贡献率为 11.2%。

表 7-11 水专项减排灰水足迹和污染程度

年份	COD		NH_3-N	
	灰水足迹/10^4t	污染程度	灰水足迹/10^4t	污染程度
2008	124.4	0.65	307.2	1.62
2013	100.4	0.53	287.3	1.44
总体变化量	24.0	0.13	19.90	0.18
水专项削减	1.21	0.01	2.23	0.01
贡献率	5.0%		11.2%	

“十一五”水专项优秀技术成果及管理方案得到推广应用，间接环境效益显著。太湖流域示范区沿岸带生态修复技术、生态拦截及人工湿地等水质净化与生态修复类技术、集镇分散生活污水就地消纳技术、滆湖前置库工程技术、富营养化湖泊内源污染的生态控藻除磷技术、富藻水气浮浓缩离心脱水技术及污泥水热技术等工程示范效果良好，得到多地政府及单位的认可，推广应用规模为示范工程的 2～17 倍，预计间接减排 COD 3.2×10^4t 以上（不完全统计）。在辽河流域，昌图县人工湿地污水处理厂示范推广到 8 项污水处理厂，总处理规模约 $14\times10^4m^3/d$，年削减 COD 9655t；糠醛厂闭循环成果的示范推广，可使辽河流域 26 家糠醛厂每年减排废水 390000t 以上，减少 COD 排放 7800t 以上。

纺织染整行业污染防治最佳可行技术指南（试行）全面推广后，染整行业废水处理后出水 COD 将达到 100mg/L 和 80mg/L 两个层次，每年至少减少排放 COD 78550t。

同时，“十一五”水专项实施社会效益明显。排水管网数字管理技术已在无锡、宜兴、昆明、成都、天津、苏州、深圳、澳门等十多个城市进行了成功应用，实现了 5000km 排水管线的资产管理与决策评估，涉及排水管网资产总量约 30 亿元，保障了 $1500km^2$ 城市区域的排水安全。臭氧生物活性炭功能强化与紫外组合消毒技术在上海市临江水厂的示范，保证了 2010 年上海世博园区的用水水质。

前置库构建技术已被西太湖管委会应用到西太湖生态休闲区建设中。绿色农村-生态沟渠-生态河滨的污染物梯度控制技术，得到苏州日报社、苏州电视台、苏州市高新区新闻中心等多家媒体的积极报道，周边居民对水环境的改善也给予了高度称赞，相关研究技术在苏州乐园威尼斯水城的水质改善与生态恢复工程中得到进一步推广应用。

7.5.3 辽河流域

2005～2014 年期间，辽河流域整体水质逐步改善（见图 7-6）。2005 年，辽河流域属于重度污染，Ⅰ～Ⅲ类、Ⅳ～Ⅴ类和劣Ⅴ类水质的地表水国控断面比例分别为 30%、30%和 40%；2014 年，Ⅰ～Ⅲ类、Ⅳ～Ⅴ类和劣Ⅴ类水质的地表水国控断面比例分别为 42%、51%和 7%，劣Ⅴ类断面大幅降低，Ⅳ～Ⅴ类相应提升。尤其在水专项示范工程的实际运行期间（2009～2013 年），劣Ⅴ类断面明显减少。

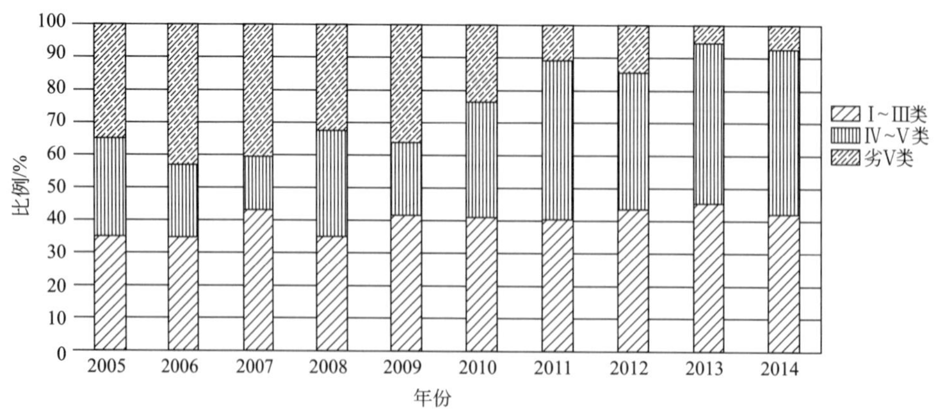

图 7-6 辽河流域国控断面水质分布

“十一五”水专项在辽河流域中共开展了40余项示范工程。根据第三方评估报告的数据，示范工程形成年均削减COD 5.5167×10^4t（占2013年排放量的5.1%）、NH_3-N263.4t、TN237.1t和TP23.2t；浑河上游水源涵养区达到了Ⅲ类水质，细河、招苏台河、条子河由劣Ⅴ类改善为Ⅴ类水质。

根据流域污染核算模型分别核算了2008～2013年辽河流域整体灰水足迹污染程度和水专项示范工程所在子流域灰水足迹污染程度（见图7-7和图7-8）。结果显示，辽河流域COD及NH_3-N的灰水足迹分别降低了5.1%和1.0%，水专项实施的贡献分别为8.6%和21.3%。以辽河流域为例（2005年为基准年），对比水专项工程示范区域与辽河流域整体灰水足迹及污染程度，结果显示辽河流域整体在2009～2013年污染程度有所上升，而后呈现下降趋势，而水专项工程示范区从2008年开始明显降低，并与辽河流域整体水平明显拉开差距，平均低5%～13%。

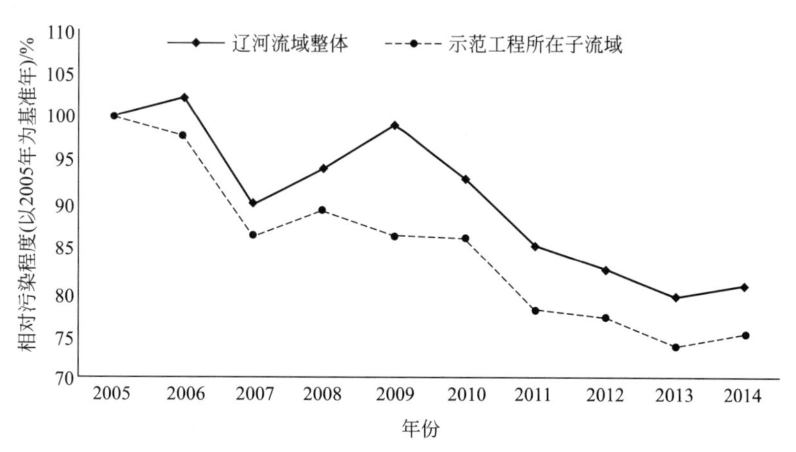

图7-7 水专项示范工程所在流域和辽河流域整体 WPL_{COD} 变化趋势

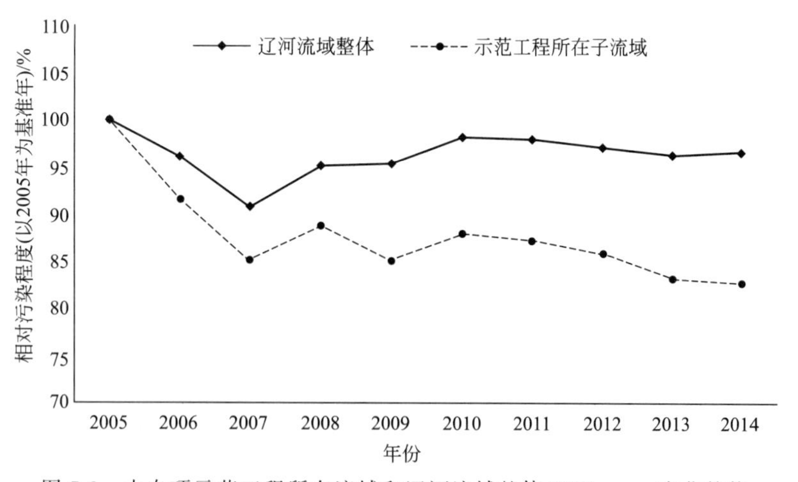

图7-8 水专项示范工程所在流域和辽河流域整体 $WPL_{NH_3\text{-}N}$ 变化趋势

第8章 水专项实施绩效评估支持平台

8.1 水专项实施绩效评估模块

8.1.1 系统设计

根据子课题中研究内容的重点任务，水专项实施绩效评估方法体系将开发一套专门为水专项实施绩效评估提供技术支持的平台，为完成水专项实施绩效评估方法体系及水专项实施绩效报告提供支撑。水专项实施绩效评估支持平台主要是通过收集、梳理和存储管理数据，应用多个系统功能模块支撑水专项实施绩效评估任务，其系统逻辑如图8-1所示。

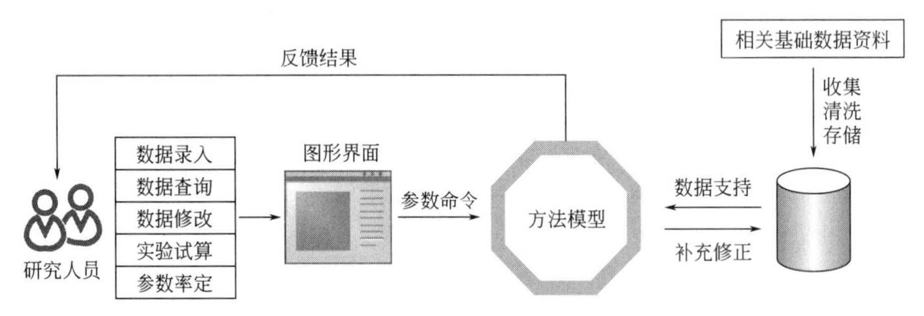

图8-1 水专项实施绩效评估支持平台系统逻辑图

通过研究流域污染源数据进行分析并重点研究水污染治理与国家污染源减排的支撑率等工作，提出有效的科技支撑作用评估方法，建立污染物排放状况评价体系，最终完成水专项组织实施对控源减排和水质改善的科技支撑作用与贡献评估任务。利用系统程序对“水专项”已有的研究成果进行整合，进行贡献与效果评估，构建国家环境科技创新工作与贡献的评估方法，根据“十一五”和“十二五”科技成果数据分别在“水专项实施效果评估支持平台”建立评估模型的辅助开发、水专项实施效果评估报告信息自动生成模块以及水专项实施效果评估结果与水专项科技资源共享服务平台的对接模块开发工作。

在水专项实施效果评估支持平台中，建立能够帮助完成环境科技创新的贡献与效果评估的模型方法，构建测算方法、贡献率测算及情景分析预测等模块，有效分析整合数据并进行模块开发，最终得到环境科技创新的贡献与效果评估。平台中构建水专项组织实施对流域社会经济发展的贡献评估功能模块，通过对水专项实施在流域社会发展层面取得的成果进行集中汇总管理和模型分析，对水专项组织实施的社会经济发展贡献率进行测算，进而完成水专项组织实施对流域社会经济发展的贡献评估工作。任务中主要将进行系统基础信息数据库系统负载测试与基础数据校对与校验等开发工作，通过使用测算方法的功能模块对数据库测试进行负载测试，并将所有测算数据进行校对与校验。

通过与相关专业的外围单位进行合作，利用计算机编程技术构建水专项实施效果评估基础信息数据库与水专项实施效果评估模型，将子课题相关数据整理入库，并进行数据梳理，形成对评估体系方法的支撑，最终完成水专项实施效果评估支持平台的开发和部署工作，为水专项实施效果评估体系的建立与水专项实施效果评估工作的开展提供技术支撑。主要分为 12 个模块：

① 水专项实施绩效评估基础信息数据库构建；

② 水专项实施绩效评估基础数据录入模块开发；

③ 水专项实施绩效评估基础数据整理与标准化处理；

④ 水专项实施绩效评估基础信息树形结构录入模块开发；

⑤ 水专项实施绩效评估基础信息报表模块；

⑥ 水专项实施绩效评估基础信息模拟表单录入模块开发；

⑦ 水专项实施绩效评估模型的集成平台开发；

⑧ 水专项实施绩效评估模型的辅助编程开发；

⑨ 水专项实施绩效评估报告信息自动生成模块开发；

⑩ 水专项实施绩效评估结果与水专项科技资源共享服务平台的对接模块开发；

⑪ 水专项实施绩效评估基础信息数据库系统负载测试；

⑫ 水专项实施绩效评估基础数据校对与校验。

系统管理功能包括用户管理、权限管理、部门管理、级别管理、修改密码等。

8.1.2 数据集市的构建与数据处理

数据集市的构建过程如图 8-2 所示。首先，从多种来源采集数据，对数据流是否结构化进行判断，若是非结构化数据，需进行人工录入转换为结构化数据。其次，将结构化数据进行汇总和整合，对数据的离散化程度的高低进行判断。若离散化程度低，直接使用 ETL 工具处理会加大数据清洗的难度，需预先进行手动预处理。最后，将处理至离散化程度较高的数据利用 SSIS 进行 ETL 处理，完成事实表的建立，最终生成数据集市。

将 Access 数据库文件作为数据源导入 SQL Server 数据库中，选择源表和目标数据库，通过编辑列映射重新定义字段的类型、大小以及是否允许为空，定义列映射如图 8-3 所示。

Access 数据库文件成功导入到 SQL Server 数据库，其执行结果如图 8-4 所示。

其次，将 ID 字段设置为主键，编写 SQL 语句，去掉字段中的空格并且处理全角半角符号的混淆问题，处理 NULL 值。数据库中的论文汇总表如图 8-5 所示，论文汇总表的字段如图 8-6 所示。

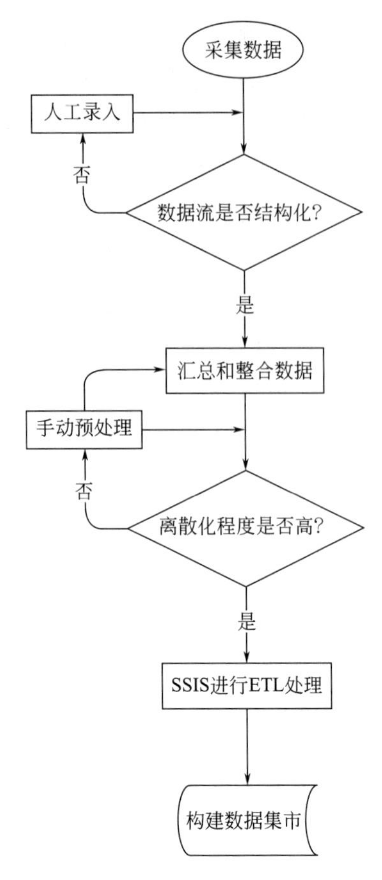

图 8-2 数据集市的构建过程

源	目标	类型	可以为...	大小	精度	小数位数
ID	ID	int	☐			
主题	主题	nvarchar	☑	100		
项目	项目	nvarchar	☑	100		
课题编号	课题编号	nvarchar	☑	50		
课题名称	课题名称	nvarchar	☑	100		
成果类型	成果类型	nvarchar	☑	10		
类别	类别	nvarchar	☑	10		
名称	名称	nvarchar	☑	255		
编号	编号	nvarchar	☑	100		
时间	时间	nvarchar	☑	20		
期刊/出版社	期刊/出版社	nvarchar	☑	255		
ISSN	ISSN	nvarchar	☑	20		
影响因子	影响因子	float	☑			
简介	简介	nvarchar	☑	255		
应用状态	应用状态	float	☑			
获奖情况	获奖情况	nvarchar	☑	255		
实施成效	实施成效	nvarchar	☑	255		
技术创新性	技术创新性	nvarchar	☑	255		
技术水平	技术水平	nvarchar	☑	255		
备注	备注	nvarchar	☑	255		

图 8-3 定义列映射

图 8-4 导入 SQL Server 数据库执行成功的页面

	ID	主题	项目	课题编号	课题名称	成果类型	类别	名称	编号	时间	期刊/出版社	ISSN	影响因子	简介
325	325	战略与政策ZX076	水污染控制政策...	2008ZX0763...	流域生态补...	论文	其他	《生态补偿条...	NULL	2011	行政事...	NULL	NULL	孔志峰，高小
326	326	湖泊富营养化治理...	太湖富营养化控...	2008ZX0710...	重污染区入...	论文	核心	《水污染防治...	2009,50...	2009	华中师...	NULL	NULL	NULL
327	327	流域水污染防治监...	水污染控制与治...	2009ZX0752...	化学合成类...	论文	会议	《提取类制药...	NULL	2009	中荷论...	NULL	NULL	NULL
328	328	河流水环境综合整...	特殊类型河流污...	2009ZX0721...	河流水环境...	论文	核心	《无机高氮废...	NULL	NULL	“流域...	NULL	NULL	NULL
329	329	河流水环境综合整...	海河流域水污染...	2009ZX0720...	北运河水系...	论文	核心	03-BAC工艺处...	2010,36...	2010	给水排水	NULL	NULL	NULL
330	330	河流水环境综合整...	松花江水污染防...	2009ZX0720...	松花江水环...	论文	核心	1,1-二氯乙烯...	2010,4(...	2010	环境工...	NULL	NULL	周雪，唐顺，李
331	331	湖泊富营养化治理...	巢湖水污染治理...	2008ZX0710...	湖泊水源保...	论文	SCI	15N isotope f...	2010, 2...	2010	Journal...	1001-0742	1.66	Shiqun Han, S
332	332	流域监控预警ZX075	国家水环境监测...	2009ZX0752...	水环境监测...	论文	核心	15种取代酚对...	2012, 7...	2012	生态毒...	NULL	NULL	张辉，李娜，
333	333	河流水环境综合整...	东江流域水污染...	2008ZX0721...	东江干流水...	论文	SCI	16S ribosomal...	doi: 10...	2012	Bioreso...	0960-8524	4.98	Xingxing Peng
334	334	流域监控预警ZX075	流域水环境的生...	2008ZX0752...	重点流域水...	论文	核心	1959-2004年东...	2010, 4...	2010	北京师...	NULL	NULL	董满宇，江源，
335	335	流域监控预警ZX075	流域水环境的生...	2008ZX0752...	重点流域水...	论文	核心	1976-2008年黄...	2011, 3...	2011	地理科...	NULL	NULL	陈建，王世岩，
336	336	河流水环境综合整...	NULL	2009ZX0720...	北运河水系...	论文	核心	1980-2010年温...	NULL	2012	环境科...	NULL	NULL	郁达伟，于淼，
337	337	河流水环境综合整...	水体污染控制与...	2009ZX0721...	南水北调东...	论文	其他	1983-2006年南...	2011，0...	NULL	国土与...	NULL	NULL	梁春玲，张祖
338	338	河流水环境综合整...	辽河流域水体污...	2008ZX0720...	辽河河口区...	论文	核心	2,4 郭二氯苯...	2011,30...	NULL	生态学杂志	NULL	NULL	侯永侠，杨继松
339	339	水体污染控制与治...	水污染控制战略...	2009ZX0763...	水污染防治...	论文	核心	2001-2010年工...	2013,(5)	2013	中国人...	NULL	NULL	NULL
340	340	水体污染控制与治...	水污染控制战略...	2009ZX0763...	水污染防治...	论文	EI	2006～2009年...	32(11)	2012	中国环...	NULL	NULL	NULL
341	341	流域监控预警ZX075	流域水环境的生...	2009ZX0752...	控制单元的...	论文	核心	2008年滇池流...	2012，2...	2012	环境科...	NULL	NULL	邓伟明，雷坤，
342	342	湖泊富营养化治理...	太湖富营养化控...	2008ZX0710...	湖泊大规模...	论文	核心	2009 年太湖水...	2010,22...	2010	湖泊科学	NULL	NULL	陆桂华，马倩
343	343	湖泊富营养化治理...	太湖富营养化控...	2008ZX0710...	太湖流域环...	论文	核心	2009年环太湖...	2011, 2...	2011	湖泊科学	NULL	NULL	燕姝雯，余辉，
344	344	河流水环境综合整...	水体污染控制与...	2009ZX0721...	淮河-沙颍河...	论文	核心	2010. Regiona...	1(4):37...	NULL	Journal...	NULL	NULL	ZUO Qiting, L
345	345	河流水环境综合整...	特殊类型河流污...	2009ZX0721...	湘江水环境...	论文	会议	2011. Influen...	NULL	2011	The Int...	NULL	NULL	Zhu QH, Huang
346	346	湖泊富营养化治理...	太湖富营养化控...	2009ZX0710...	太湖湖体氮...	论文	核心	2012.太湖不同...	36:119-125	NULL	水生生...	NULL	NULL	周纯，宋春雷，
347	347	NULL	NULL	NULL	NULL	论文	EI	2D numerical ...	NULL	2010	Coastal...	NULL	NULL	NULL

图 8-5 数据库中的论文汇总表

图 8-6 论文汇总表的字段

编写如图 8-7 所示 SQL 语句，去掉所有字段前后的空格，将编号字符串中的空格去掉，并把全角符号转换为半角符号。

```sql
update dbo.论文汇总表 set 名称=Ltrim(Rtrim(名称));
update dbo.论文汇总表 set 编号=Ltrim(Rtrim(编号));
update dbo.论文汇总表 set 简介=Ltrim(Rtrim(简介));
update dbo.论文汇总表 set 主题=Ltrim(Rtrim(主题));
update dbo.论文汇总表 set 项目=Ltrim(Rtrim(项目));
update dbo.论文汇总表 set 课题编号=Ltrim(Rtrim(课题编号));
update dbo.论文汇总表 set 课题名称=Ltrim(Rtrim(课题名称));
update dbo.论文汇总表 set 成果类型=Ltrim(Rtrim(成果类型));
update dbo.论文汇总表 set 类别=Ltrim(Rtrim(类别));
update dbo.论文汇总表 set 时间=Ltrim(Rtrim(时间));
update dbo.论文汇总表 set [期刊/出版社]=Ltrim(Rtrim([期刊/出版社]));
update dbo.论文汇总表 set ISSN=Ltrim(Rtrim(ISSN));
update dbo.论文汇总表 set 影响因子=Ltrim(Rtrim(影响因子));
update dbo.论文汇总表 set 应用状态=Ltrim(Rtrim(应用状态));
update dbo.论文汇总表 set 备注=Ltrim(Rtrim(备注));
update dbo.论文汇总表 set 编号=REPLACE(编号,' ','');
update dbo.论文汇总表 set 编号=REPLACE(编号,' ','');

update dbo.论文汇总表 set 编号=REPLACE(编号,'，',',');
update dbo.论文汇总表 set 编号=REPLACE(编号,'：',':');
update dbo.论文汇总表 set 编号=REPLACE(编号,'（','(');
update dbo.论文汇总表 set 编号=REPLACE(编号,'）',')');
```

图 8-7 去空格及全角半角符号转换的 SQL 语句

考虑到 NULL 值对后续数据分析工作的影响，编写如图 8-8 所示的 SQL 语句，主要处理主题、项目和课题编号三个字段中的 NULL 值；若是数据缺失，通过课题编号，根据已有数据进行补全。

最后，检查关系完整性约束，以保证数据的正确性和相容性。其中，域完整性、实体

```
--补全带课题编号的论文主题和项目
update 论文汇总表
set 主题='流域水污染防治监控预警技术与综合示范'
where 课题编号 like '2009ZX07528%'

update 论文汇总表
set 主题='河流主题'
where 课题编号='2008ZX07207-005'

update 论文汇总表
set 主题='湖泊富营养化治理与控制技术及工程示范',
    项目='太湖富营养化控制与治理技术及工程示范'
where 课题编号='2008ZX07101-012'

update 论文汇总表
set 主题='河流主题'
where 课题编号='2008ZX07208-007'

update 论文汇总表
set 主题='流域监控预警ZX075',项目='流域水环境的生态功能分区与质量目标管理技术'
where 课题编号='2008ZX07526-003'

--不带课题编号，去空值
update 论文汇总表
set 主题='未知主题',项目='未知项目',课题编号='未知编号',课题名称='未知课题'
where 课题编号 is null
```

(a)

```
--其他空值处理
update 论文汇总表
set 项目='水体污染控制与治理战略与政策主题研究项目'
where 课题编号='2008ZX07631-001'

update 论文汇总表
set 项目='水污染控制政策创新与示范研究'
where 课题编号 like '2008ZX07633%'

update 论文汇总表
set 项目='河流主题项目'
where 主题 like '河流%' and 项目 is null

update 论文汇总表
set 项目='水体污染控制与治理科技重大专项'
where 课题编号 like '2009ZX07529%' and 主题 like '水污染控制与治理%'

update 论文汇总表
set 项目='水污染控制与治理技术评估体系研究'
where 课题编号 like '2009ZX07529%' and 主题 like '流域水污染%'

update 论文汇总表
set 项目='流域水环境风险评估与预警技术'
where 课题编号 like '2009ZX07528%' and 项目 is null

update 论文汇总表
set 项目='水污染控制战略与决策支持平台研究项目'
where 课题编号 like '2009ZX07631%' and 项目 is null
```

(b)

图 8-8　处理 NULL 值的 SQL 语句

完整性和参照完整性已在之前的步骤中得到满足，在该步骤主要检查用户定义完整性。用户定义完整性是根据应用环境的要求和实际的需要，对某一具体应用所涉及的数据提出约束性条件，主要包括字段有效性约束和记录有效性约束。

(1) 主题字段

水专项下的主题共分为6大类，分别是河流水环境综合整治技术研究与综合示范（河流主题）、湖泊富营养化治理与控制技术及工程示范（湖泊主题）、流域水污染防治监控预警技术与综合示范（流域监控主题）、水体污染控制与治理战略与政策主题研究（战略与政策主题）、饮用水和城市水环境。

数据库中同一主题的数据命名出现不一致的情况时，编写如图8-9所示SQL语句，将主题名称统一化、规范化。

```
update dbo.论文汇总表
set 主题 = '流域水污染防治监控预警技术与综合示范'
where 主题 like '流域%';

update dbo.论文汇总表
set 主题 = '湖泊富营养化治理与控制技术及工程示范'
where 主题 like '湖泊%';

update dbo.论文汇总表
set 主题 = '河流水环境综合整治技术研究与综合示范'
where 主题 like '河流%';

update dbo.论文汇总表
set 主题 = '水体污染控制与治理战略与政策主题研究'
where 主题 like '%战略%';

update dbo.论文汇总表
set 主题 = '河流水环境综合整治技术研究与综合示范'
where 主题 like '贾鲁%';
```

图8-9 规范主题数据的SQL语句

(2) 项目字段

水专项各主题下的项目包括太湖富营养化控制与治理技术及工程示范、滇池流域水污染治理与富营养化综合控制及示范、巢湖水污染治理与富营养化综合控制技术及工程示范、三峡水库水污染防治与水华控制技术及工程示范、富营养化初期湖泊（洱海）水污染综合防治技术及工程示范、湖泊水污染治理与富营养化控制共性关键技术研究项目、松花江流域水污染防治与水质安全保障关键技术与综合示范、辽河流域水污染综合治理技术集成与工程示范、海河流域水污染综合治理与水质改善技术与集成示范、淮河流域水污染治理关键技术研究与集成示范、东江流域水污染控制与水生态系统恢复技术与综合示范、特殊类型河流污染防治与水质改善关键技术研究与示范、流域水生态功能分区与水质目标管理技术研究与示范、国家水环境监测技术体系研究与示范、流域水环境风险评估与预警技术研究与示范、水污染控制与治理技术评估体系研究、水污染控制战略与决策支持平台研究、水环境管理体制机制创新与示范研究和水污染控制政策创新与示范研究等。

数据库中同一项目的数据命名出现不一致的情况时，编写如图8-10所示SQL语句，将项目名称统一化、规范化。

(3) 课题名称字段

项目与课题是一对多的关系，主题与项目也是一对多的关系，对主题、项目和课题的从属关系进行有效性检查，若发现有课题和项目对应错误的情况，则编写如图8-11所示SQL语句，保证对应关系的正确性。

```
update dbo.论文汇总表
set 项目 = '滇池流域水污染治理与富营养化综合控制及示范'
where 项目 like '滇池%'

update dbo.论文汇总表
set 项目 = '淮河流域水污染治理关键技术研究与集成示范'
where 项目 like '淮河%' or 项目 = '河流域水污染治理技术研究与集成示范'

update dbo.论文汇总表
set 项目 = '辽河流域水污染综合治理技术集成与工程示范'
where 项目 like '辽河%' or 项目 = '水体污染控制与治理科技重大专项'

update dbo.论文汇总表
set 项目 = '巢湖水污染治理与富营养化综合控制技术及工程示范'
where 项目 like '巢湖%'
```

图 8-10　规范项目数据的 SQL 语句

```
update dbo.论文汇总表
set 项目 = '三峡水库水污染防治与水华控制技术及工程示范'
where 课题名称 = '三峡水库水环境演化与安全问题诊断研究'

update dbo.论文汇总表
set 项目 = '巢湖水污染治理与富营养化综合控制技术及工程示范'
where 课题名称 = '改善湖泊饮用水源地水质的生态调水技术与方案研究'

update dbo.论文汇总表
set 项目 = '淮河流域水污染治理关键技术研究与集成示范'
where 课题名称 like '沙颍河%'
```

图 8-11　规范对应关系的 SQL 语句

8.1.3　WPC-DT 决策树模型的构建

最佳 Microsoft 决策树方法选择取决于任务类型（如聚类分析、分类分析或者关联分析等）。决策树的形状以及深度主要取决于所选择的方法和参数。

在 Visual Studio 中选择“Analysis Services”项目，新建 1 个 SSAS 项目。新建“数据源”和“数据源视图”，建立数据连接并选择数据表。新建“挖掘结构”，选择“Microsoft 决策树”数据挖掘技术，并指定分析中所用的列（图 8-12）。

（1）连续属性的离散化

在本挖掘模型中，只有输入属性“负责单位”和预测属性“评分”是离散属性，其他

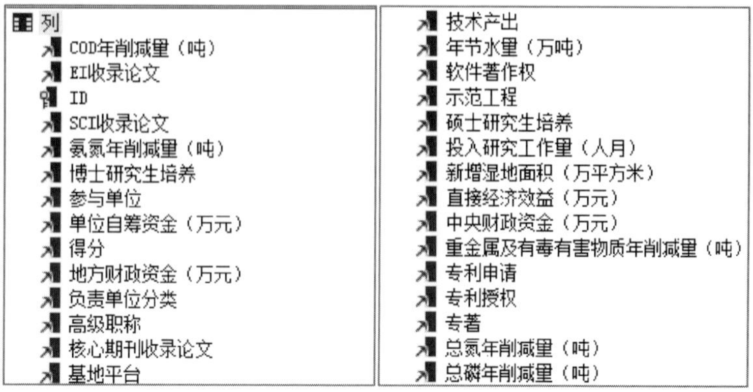

列	
COD年削减量（吨）	技术产出
EI收录论文	年节水量（万吨）
ID	软件著作权
SCI收录论文	示范工程
氨氮年削减量（吨）	硕士研究生培养
博士研究生培养	投入研究工作量（人月）
参与单位	新增湿地面积（万平方米）
单位自筹资金（万元）	直接经济效益（万元）
得分	中央财政资金（万元）
地方财政资金（万元）	重金属及有毒有害物质年削减量（吨）
负责单位分类	专利申请
高级职称	专利授权
核心期刊收录论文	专著
基地平台	总氮年削减量（吨）
	总磷年削减量（吨）

图 8-12　分析中所用的列

输入属性均为连续数值型属性，需要预先进行离散化处理。

离散化的实质是选取分割点对属性的域值进行划分，选取合适的分割点将属性值进行合并，既减少属性值的个数，又降低属性的复杂度，有利于处理效率的提高。

对于连续属性，Microsoft 决策树算法使用线性回归确定决策树的拆分位置，可以通过设置 Discretization Bucket Count 和 Discretization Method 属性来控制离散化连续输入的方式。其中，Discretization Bucket Count 属性表示离散后的最大分组数（默认最大分组数是 5），Discretization Method 属性表示用于离散化数据的方法，可选方法如图 8-13 所示。

DiscretizationMethod 设置	说明
None	显示成员。
Automatic	选择最佳数据表示法： EqualAreas 方法或 Clusters 方法。
EqualAreas	尝试将属性中的成员分成若干包含相同数量成员的组。
Clusters	尝试通过抽样定型数据、初始化为大量随机点和运行几次期望最大化 (EM) 聚类分析算法的迭代来将属性中的成员分成若干组。 本方法的好处是适用于任何分布曲线，但就处理时间而言开销较大。

图 8-13 Discretization Method 属性

考虑到本模型涉及的连续属性较多，而数据量又较小，不同的离散化方式对决策树模型的构建都会产生较大影响，通过对比手动分箱处理和 Microsoft 的自动离散化处理所得到结果的直观性和可分析性，以及自动离散化的操作灵活性极大程度地优于手动分箱，最终选择采用自动离散化来处理连续属性。

经过大量实验，通过对比离散化的划分合理性，为得到具有现实意义的预测结果，Discretization Bucket Count 属性设置为 2 或 3。通过对比挖掘模型的准确性，当 Discretization Method 属性全部选择“Automatic”时，挖掘结构的数据挖掘提升图中显示的预测总体正确率较高。

（2）挖掘结构相关参数的设置

打开“挖掘模型”选项卡，显示挖掘模型的属性名称和属性用法如图 8-14 所示。

右键单击右侧的属性用法栏，选择“设置算法参数”，参数设置如图 8-15 所示。将“SCORE _ METHOD”设置为 1，表示使用信息增益作为度量标准。将“MINIMUM _ SUPPORT”设置为 4，表示一个叶节点必须包含的最小事例数为 4。

（3）WPC-DT 决策树模型的构建

选择“挖掘模型”菜单的“处理挖掘结构和所有模型”选项，显示如图 8-16 所示的“处理进度”窗口。

8.1.4 效果评估分析

发表论文数据汇总分析。集成发布论文数据汇总统计的算法，以柱状图、折线图的形式展现汇总结果，如图 8-17、图 8-18 所示。

人才培养贡献率。集成人才培养贡献率的统计算法，以柱状图、折线图的形式展现结果，如图 8-19、图 8-20 所示。

属性	用法
技术产出数量(个)	Input
课题研究时间(月)	Input
年节水量(万吨)	Input
示范工程(个)	Input
硕士研究生培养数量(人)	Input
投入研究工作量(人/月)	Input
新增湿地面积(万平方米)	Input
直接经济效益(净利润)(万元)	Input
重金属及有毒有害物质年削减量(吨)	Input
专利申请数(个)	Input
总氮年削减量(吨)	Input
总磷年削减量(吨)	Input

属性	用法
COD年削减量(吨)	Input
EI收录论文数(篇)	Input
ID	Key
SCISSCI收录论文数(篇)	Input
氨氮年削减量(吨)	Input
博士研究生培养数量(人)	Input
参与单位(个)	Input
参与单位平均获得资金(万元/个)	Input
得分等级	Predict
负责单位二级分类	Input
负责单位一级分类	Input
高级人数(人)	Input

属性	用法
技术产出数量(个)	Input
课题研究时间(月)	Input
年节水量(万吨)	Input
示范工程(个)	Input
硕士研究生培养数量(人)	Input
投入研究工作量(人/月)	Input
新增湿地面积(万平方米)	Input
直接经济效益(净利润)(万元)	Input
重金属及有毒有害物质年削减量(吨)	Input
专利申请数(个)	Input
总氮年削减量(吨)	Input
总磷年削减量(吨)	Input

图 8-14　挖掘模型的属性名称及用法

图 8-15　算法参数的设置

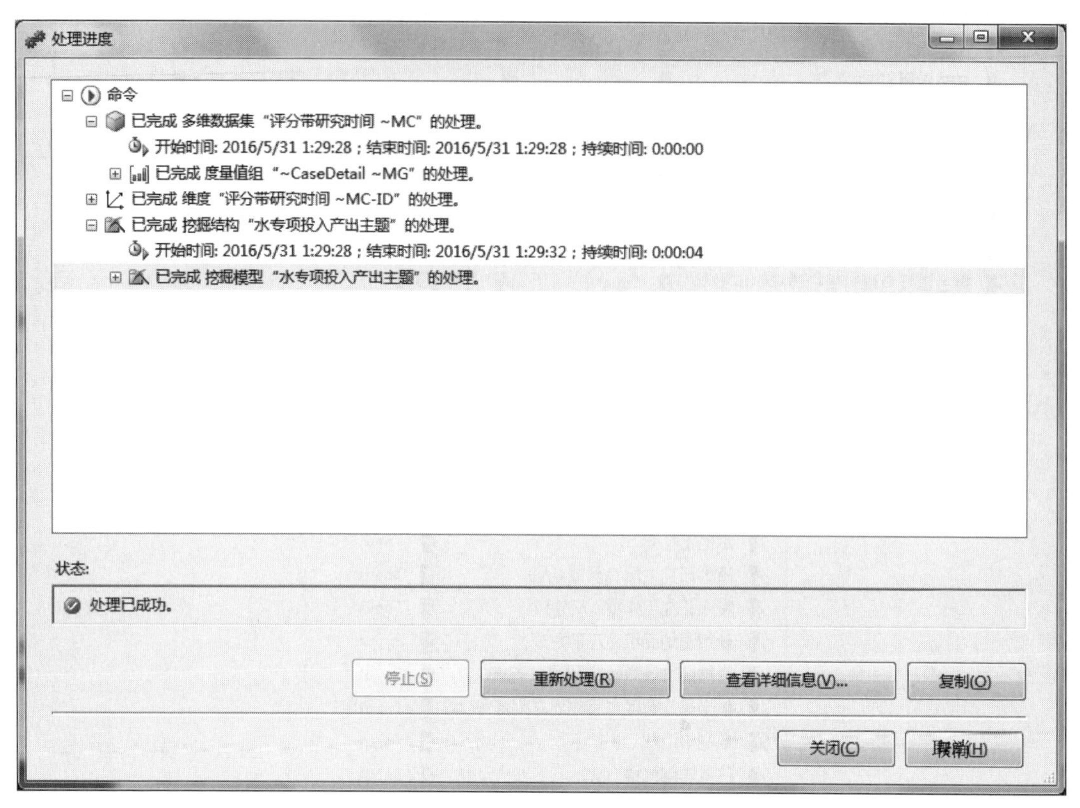

图 8-16 挖掘模型的处理进度

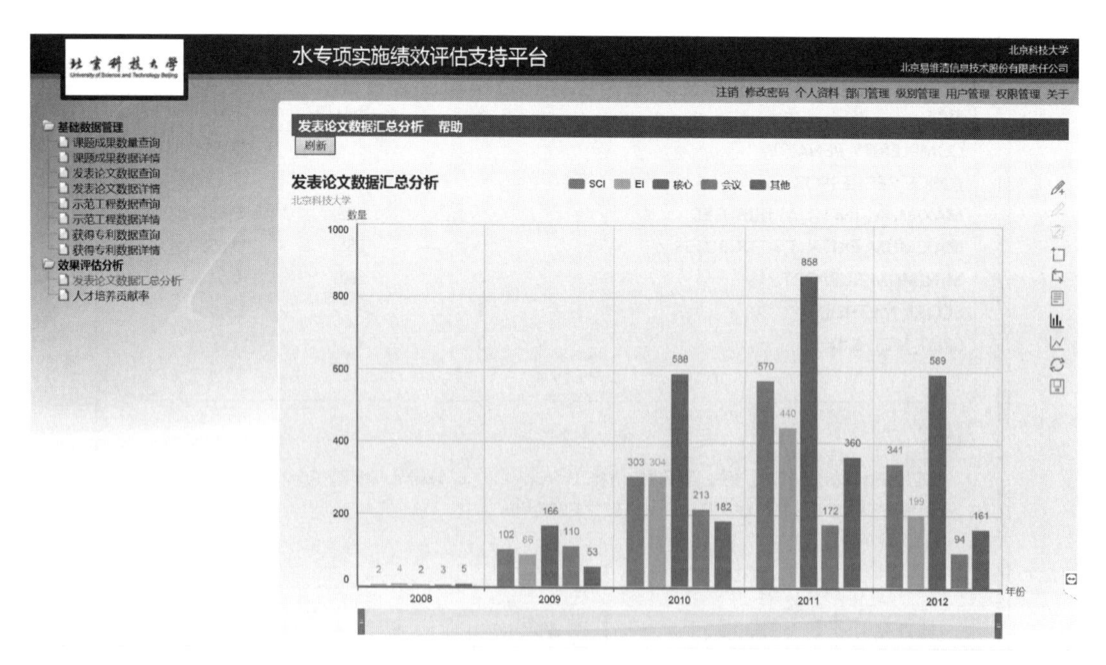

图 8-17 论文数据分析——柱状图

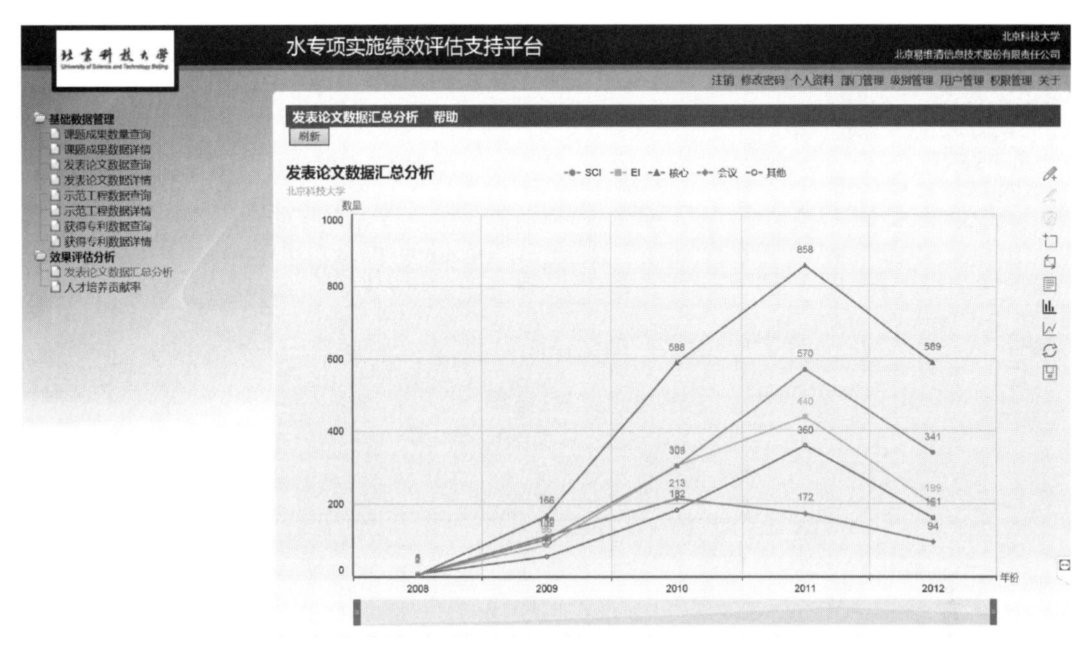

图 8-18　论文数据分析——折线图

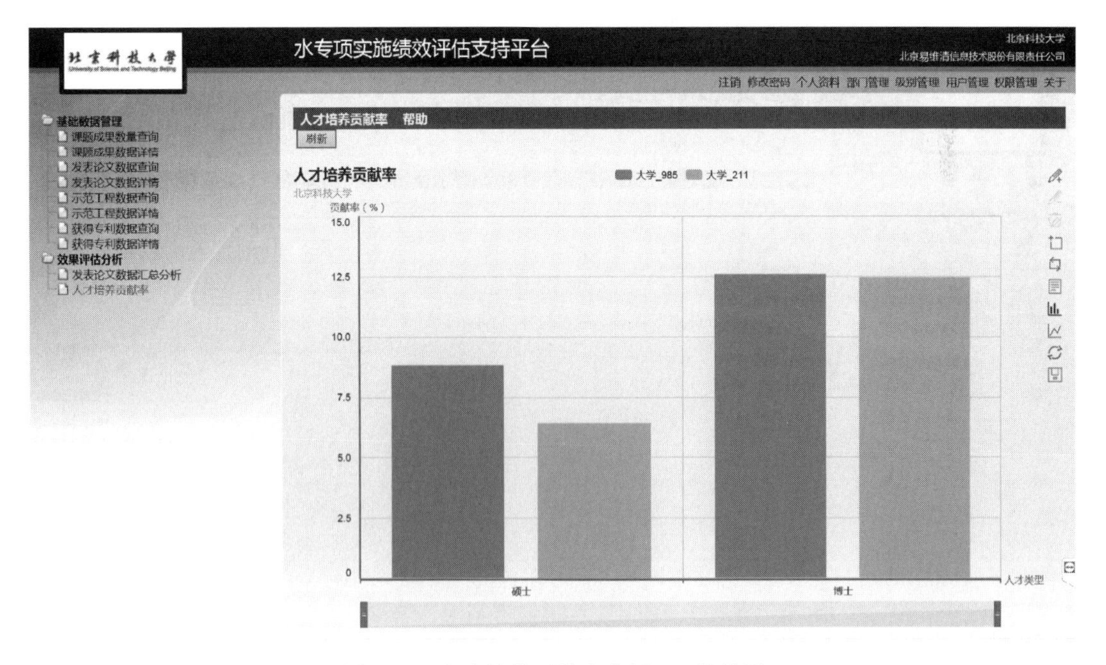

图 8-19　人才培养贡献率分析——柱状图

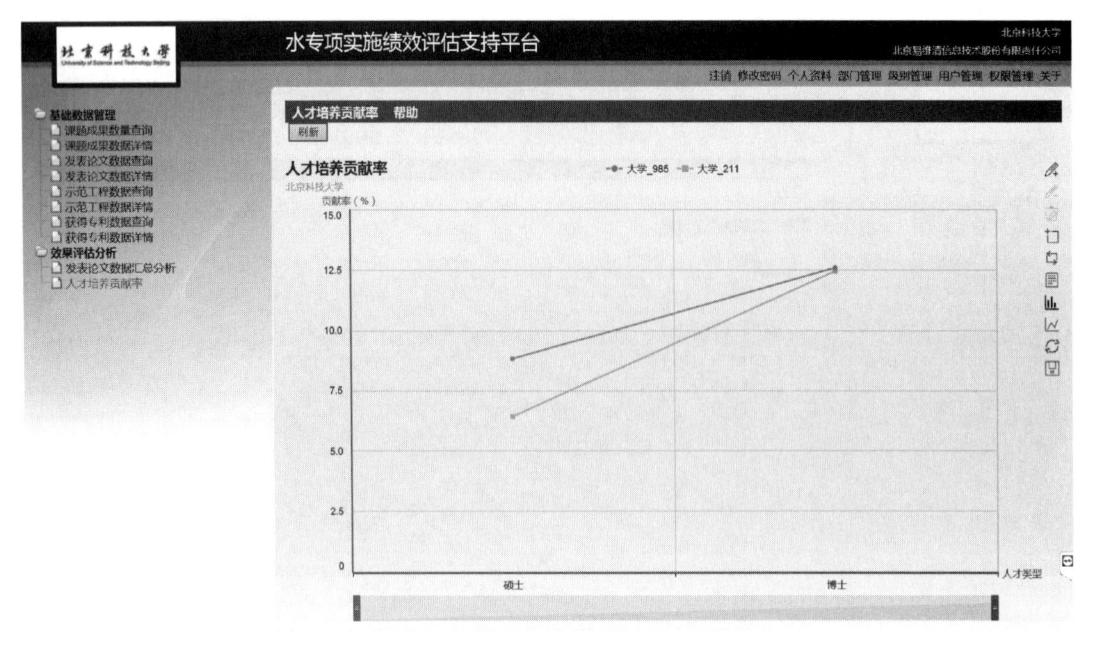

图 8-20 人才培养贡献率分析——折线图

8.1.5 系统管理

(1) 用户管理

用户管理由管理员操作，为系统增加用户或删除用户，并为用户指定级别，同时也可为用户设置禁用标志或取消用户禁用标志（图 8-21）。

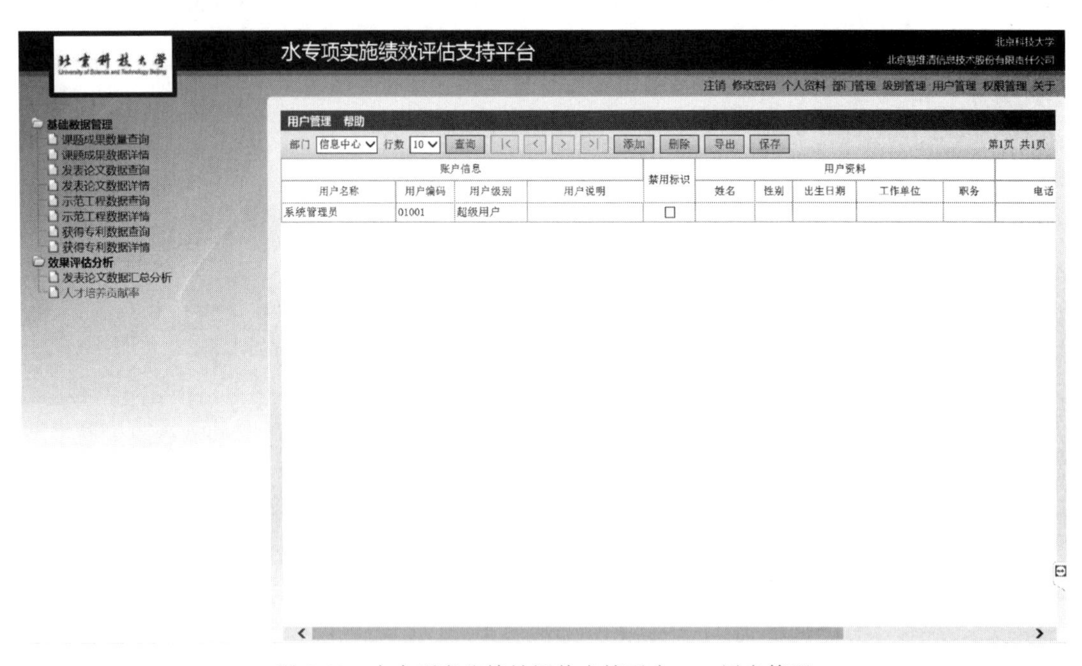

图 8-21 水专项实施绩效评估支持平台——用户管理

(2) 用户权限管理

在用户权限管理模块中，可以按照用户名称或用户级别进行权限管理，给每个用户或级别设置不同模块的访问权限（图 8-22）。

图 8-22 水专项实施绩效评估支持平台——用户权限管理

(3) 级别管理

权限可以按照用户级别进行设置，为不同级别设置权限，拥有获得权限的级别的用户，才能使用指定的模块（图 8-23）。

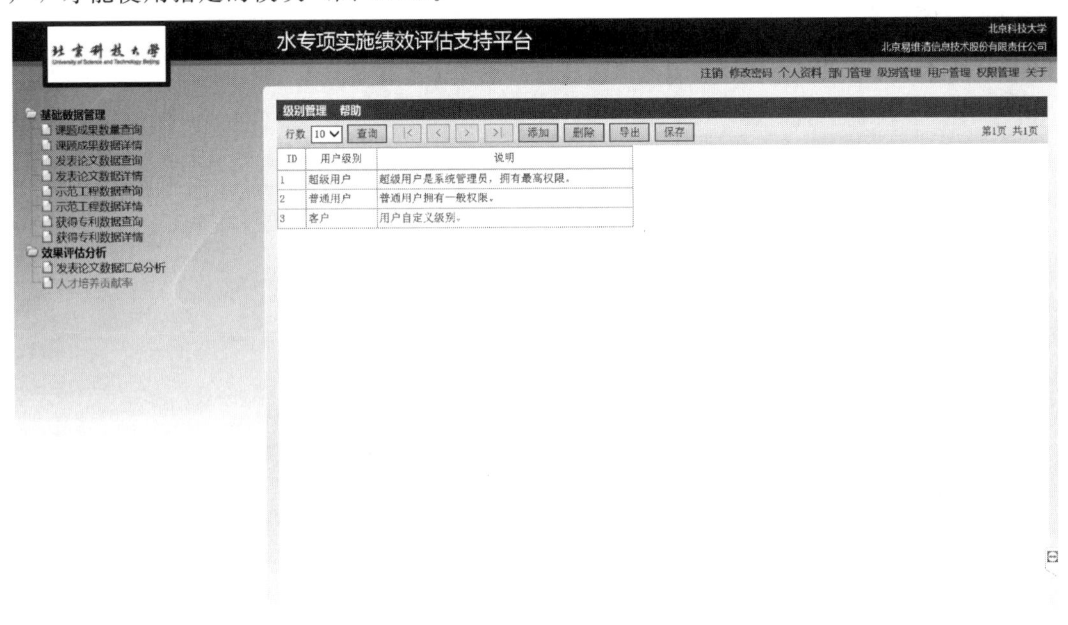

图 8-23 水专项实施绩效评估支持平台——级别管理

（4）修改密码

用户修改自己的密码。密码修改后要妥善保管，如果密码丢失，可由管理员创建新的用户。

8.2 水专项实施绩效评估数据管理模块

水专项实施绩效评估数据管理平台主要功能是为水专项绩效评估数据进行存储和管理，应用多个系统功能模块为水专项实施绩效评估提供数据支撑。根据“十一五”和“十二五”科技成果数据建立水专项数据存储结构，开发水专项资源共享对接模块和数据预处理及标准化模块，实现水专项投入-产出数据、专家评估验证数据、课题实施过程数据、流域污染源数据等的存储、查询、修改及模型参数率定等。

8.2.1 课题成果数量查询

通过一个电子表格式的浏览界面，查询各个课题的成果汇总数据（图 8-24），查看课题的详细成果数据（图 8-25），并可按照规范格式批量导出数据。

图 8-24 水专项实施绩效评估支持平台——课题成果数量查询

课题成果数据详情 - Internet Explorer

课题成果数据详情　帮助

编号 3　查询　|<　<　>　>|　打印　第1页　共1页

编号	3	课题编号	2008ZX07101-003				
课题名称	乡镇污水及重点行业污染负荷削减关键技术及工程示范						
负责单位	江苏省环境科学研究院	参与单位_个	3				
课题开始时间	2008.9						
课题结束时间	2010.12	课题研究时间	1.5				
高级_人数	34	中级_人数	31	初级_人数	15	其他_人数	24
投入研究工作量_人_月	1056.4	中央财政资金_万元	1504.42	地方财政资金_万元	103.49		
单位自筹资金_万元	0	其他资金_万元					
技术产出数量_个	18	专利申请数_个	33				
专利授权数_个	20	博士研究生培养数量	10	硕士研究生培养数量	25		
软件著作权_个	1	专著_本					
sci影响因子		SCI_SSCI收录论文数_篇	5				
EI收录论文数_篇	5	会议及以下_篇	9	核心_篇	35		
科技报告_方案_参考		技术标准的研究制定					
信息数据库_系统平台_项		示范工程_个		基地平台_个			
直接经济效益_净利润_万元	726	考核指标完成情况	达到预期指标				
获奖项		COD年削减量_吨	1163				
氨氮年削减量_吨	73	总氮年削减量_吨	119	总磷年削减量_吨	6		

图 8-25　课题成果数量数据详情

8.2.2　发表论文数据查询

通过一个电子表格式的浏览界面，查询水专项发布的论文信息（图 8-26），查看论文的详细信息（图 8-27），并可按照规范格式批量导出数据。

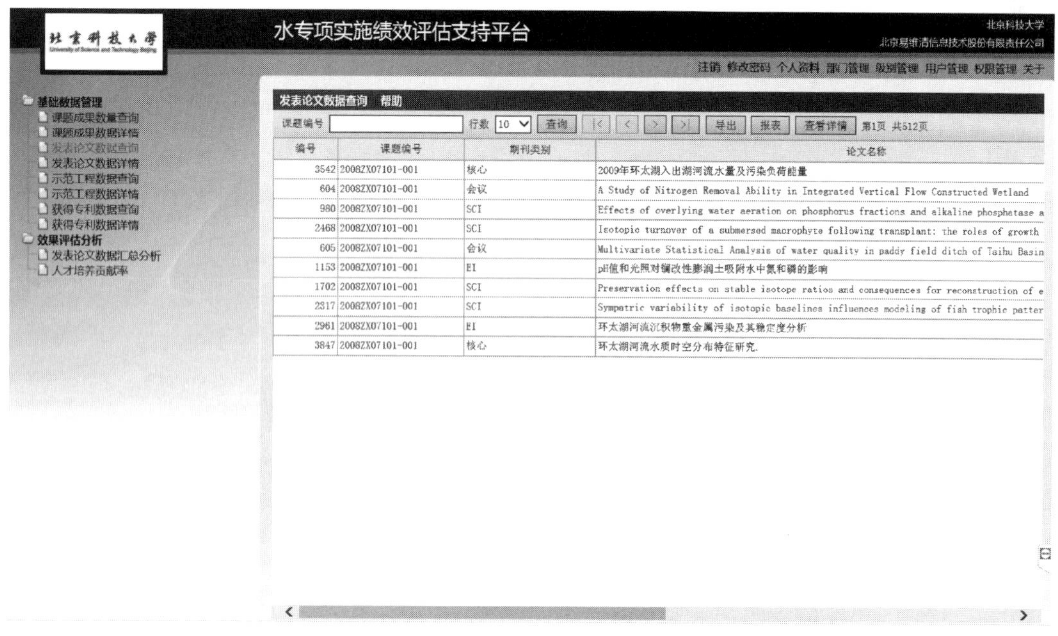

编号	课题编号	期刊类别	论文名称
3542	2008ZX07101-001	核心	2009年环太湖入出湖河流水量及污染负荷能量
604	2008ZX07101-001	会议	A Study of Nitrogen Removal Ability in Integrated Vertical Flow Constructed Wetland
980	2008ZX07101-001	SCI	Effects of overlying water aeration on phosphorus fractions and alkaline phosphatase a
2468	2008ZX07101-001	SCI	Isotopic turnover of a submersed macrophyte following transplant: the roles of growth
605	2008ZX07101-001	会议	Multivariate Statistical Analysis of water quality in paddy field ditch of Taihu Basin
1153	2008ZX07101-001	EI	pH值和光照对镧改性膨润土吸附水中氮和磷的影响
1702	2008ZX07101-001	SCI	Preservation effects on stable isotope ratios and consequences for reconstruction of e
2317	2008ZX07101-001	SCI	Sympatric variability of isotopic baselines influences modeling of fish trophic patter
2961	2008ZX07101-001	EI	环太湖河流沉积物重金属污染及其稳定度分析
3847	2008ZX07101-001	核心	环太湖河流水质时空分布特征研究.

图 8-26　水专项实施绩效评估支持平台——发表论文数据查询

发表论文数据详情 - Internet Explorer

发表论文数据详情　帮助

编号 1702　查询　|<　<　>　>|　打印　第1页 共1页

编号	1702	课题编号	2008ZX07101-001
期刊类别	SCI		
论文名称	Preservation effects on stable isotope ratios and consequences for rec		
论文编号	2011, 10. 1007/s10452-10011-19369-10455	时间	2011
期刊出版社	Aquatic Ecology		
ISSN	1386-2588		
简介	Jun Xu, Qiang Yang, Meng Zhang, Min Zhang, Ping Xie, Lar-Anders Hansson		
影响因子	1. 365		
备注			

图 8-27　发表论文数据详情

附录1 2006~2010年各省治污投资[1]

单位：百万元

地区	2006年			2007年			2008年			2009年			2010年		
	城市	工业	总计	城市	工业	总计	城市	工业	总计	城市	工业	总计	城市	工业	总计
全国	1517300	1511165	3028465	2121800	1960722	4082522	2646600	1945977	4592577	3891200	1494606	5385806	4916000	1295519	6211519
北京	17300	8472	25772	106400	22008	128408	4900	7803	12703	43000	1205	44205	53800	1762	55562
天津	12000	26537	38537	1200	37118	38318	19500	38951	58451	69400	40867	110267	78500	47139	125639
河北	85900	38501	124401	77600	60761	138361	123200	97076	220276	208400	35817	244217	154200	24678	178878
山西	12100	110036	122136	5600	148103	153703	19500	119486	138986	63600	103324	166924	181500	54820	236320
内蒙古	84400	26040	110440	26200	38035	64235	27300	46064	73364	33700	33155	66855	81200	46323	127523
辽宁	25100	79661	104761	70100	72093	142193	93500	81907	175407	175300	36811	212111	85100	47214	132314

[1] 数据来源于中国环境统计年鉴。

续表

地区	2006年			2007年			2008年			2009年			2010年		
	城市	工业	总计	城市	工业	总计	城市	工业	总计	城市	工业	总计	城市	工业	总计
吉林	29200	33810	63010	69500	46096	115596	58300	48802	107102	84900	26959	111859	70000	26793	96793
黑龙江	18900	43959	62859	47700	70109	117809	82300	44717	127017	134600	45333	179933	189200	25339	214539
上海	20000	7011	27011	115200	13117	128317	140100	12709	152809	107300	9703	117003	98500	6308	104808
江苏	102000	93373	195373	290000	152176	442176	267600	198111	465711	386500	145428	531928	330300	74386	404686
浙江	119800	81717	201517	111700	123772	235472	275400	88153	363553	265900	57672	323572	200900	71262	272162
安徽	50400	40323	90723	43900	59004	102904	124400	24646	149046	126800	19570	146370	116100	14250	130350
福建	44300	84535	128835	67800	57745	125545	67700	51709	119409	83800	51298	135098	119100	70939	190039
江西	51100	23930	75030	32300	24268	56568	34200	22132	56332	83700	17427	101127	48800	19865	68665
山东	201300	244305	445605	219700	289336	509036	227600	284655	512255	233600	237316	470916	228200	162780	390980
河南	71300	94577	165877	61400	123877	185277	87600	86156	173756	137500	66224	203724	120200	44301	164501
湖北	54900	59632	114532	76700	79258	155958	100100	82635	182735	130700	54002	184702	85500	35627	121127
湖南	79900	48706	128606	115600	72608	188208	103000	58309	161309	375100	66315	441415	115600	59248	174848
广东	284900	95548	380448	260500	68432	328932	448200	85202	533402	591300	84465	675765	1897800	150272	2048072
广西	38000	43700	81700	89000	61803	150803	132100	109237	241337	160000	75922	235922	129000	47388	176388
海南	0	16932	16932	0	2679	2679	2900	2467	5367	87500	3216	90716	17300	3923	21223
重庆	10300	18347	28647	67100	30203	97303	40600	34832	75432	41300	28813	70113	9900	37761	47661
四川	16500	50916	67416	76300	99757	176057	63700	75227	138927	79500	52686	132186	51900	37749	89649
贵州	20300	23779	44079	16200	14503	30703	21600	28041	49641	7600	6926	14526	11200	19383	30583
云南	30000	17962	47962	1200	21511	22711	9500	26847	36347	57600	14808	72408	284300	24184	308484
西藏	0	129	129	0	143	143	0	0	0	0	0	0	0	0	0
陕西	4900	31470	36370	11500	50088	61588	53700	61364	115064	37100	75181	112281	37400	71479	108879
甘肃	20400	20605	41005	42300	64990	107290	4600	46778	51378	32300	56649	88949	83500	26166	109666
青海	4400	292	4692	3700	1056	4756	0	2194	2194	12300	3885	16185	18000	1019	19019
宁夏	4600	19485	24085	4000	22599	26599	6300	30530	36830	26500	12891	39391	4000	23478	27478
新疆	2900	26876	29776	11200	33473	44673	7300	49240	56540	14400	30742	45142	15000	19687	34687

附录 2 2006~2010 年各省工业、农业及生活排污情况[1]

地区	年份	城镇生活排放化学需氧量/t	城镇生活排放氨氮/t	农村生活排放化学需氧量/t	农村生活排放氨氮/t	生活排放化学需氧量/t	生活排放氨氮/t	农业排放化学需氧量/t	农业排放氨氮/t	工业排放化学需氧量/t	工业排放氨氮/t
全国	2006	8867000	988700	2270542	664528	11137542	1653228	13304348	935624	5415114	424617
北京	2006	100600	12400	25760	8334	126360	20734	89384	5403	9258	646
天津	2006	106100	11000	27169	7393	133269	18393	129184	6740	36875	4021
河北	2006	329700	36100	84425	24264	414125	60364	1055743	51882	358181	31757
山西	2006	217400	28500	55669	19156	273069	47656	206424	14542	169634	13911
内蒙古	2006	161900	31200	41457	20970	203357	52170	718893	14307	136114	6550
辽宁	2006	380300	59200	97382	39790	477682	98990	1000412	40127	260792	14776
吉林	2006	248900	29200	63735	19626	312635	48826	584773	20500	167989	6850
黑龙江	2006	356300	42600	91237	28632	447537	71232	1231791	40205	141736	10082
上海	2006	266700	31500	68293	21172	334993	52672	37415	3908	35276	3021
江苏	2006	638500	60300	163498	40529	801998	100829	444789	45729	291762	22761
浙江	2006	306200	30900	78408	20769	384608	51669	235073	31189	286532	26480
安徽	2006	314300	37000	80482	24869	394782	61869	442473	44375	141937	22236
福建	2006	300600	41100	76974	27624	377574	68724	248199	38590	94490	8181
江西	2006	358500	27300	91800	18349	450300	45649	276441	34720	115807	7949
山东	2006	421800	58200	108009	39118	529809	97318	1537604	85544	336291	25010

[1] 数据来源于中国环境统计年鉴，中国环境公报。

续表

地区	年份	城镇生活排放化学需氧量/t	城镇生活排放氨氮/t	农村生活排放化学需氧量/t	农村生活排放氨氮/t	生活排放化学需氧量/t	生活排放氨氮/t	农业排放化学需氧量/t	农业排放氨氮/t	工业排放化学需氧量/t	工业排放氨氮/t
河南	2006	403200	51300	103246	34480	506446	85780	924557	74044	317937	42377
湖北	2006	456300	52300	116843	35152	573143	87452	543519	54075	169653	21693
湖南	2006	630400	63000	161424	42344	791824	105344	658204	73349	292054	37405
广东	2006	755200	85600	193381	57534	948581	143134	687232	66138	293961	7310
广西	2006	439900	34900	112644	23457	552544	58357	248701	31221	679464	36139
海南	2006	86500	6900	22150	4638	108650	11538	119979	10576	12493	677
重庆	2006	147400	15600	37744	10485	185144	26085	143214	15166	116615	12704
四川	2006	503800	45700	129006	30716	632806	76416	622246	66856	302032	20357
贵州	2006	210800	16100	53979	10821	264779	26921	69850	9114	18332	1756
云南	2006	188000	15600	48141	10485	236141	26085	84736	13698	105633	4036
西藏	2006	14400	1400	3687	941	18087	2341	5222	575	948	11
陕西	2006	206900	22500	52980	15123	259880	37623	227143	17996	148505	3915
甘肃	2006	124100	13400	31778	9006	155878	22406	166576	6661	54031	20048
青海	2006	39500	5500	10115	3697	49615	9197	25575	1016	35319	1425
宁夏	2006	31900	3900	8169	2621	40069	6521	118517	2552	108053	6001
新疆	2006	121300	18500	31061	12434	152361	30934	420479	14825	166412	4533
全国	2007	8707500	982600	2120890	646806	10828390	1629406	13023290	915279	5110631	340825

续表

地区	年份	城镇生活排放化学需氧量/t	城镇生活排放氨氮/t	农村生活排放化学需氧量/t	农村生活排放氨氮/t	生活排放化学需氧量/t	生活排放氨氮/t	农业排放化学需氧量/t	农业排放氨氮/t	工业排放化学需氧量/t	工业排放氨氮/t
北京	2007	99900	11700	24333	7702	124233	19402	87496	5286	6622	690
天津	2007	106600	10800	25965	7109	132565	17909	126455	6594	30749	4116
河北	2007	339100	36900	82595	24290	421695	61190	1033440	50753	328261	23636
山西	2007	215300	30600	52441	20143	267741	50743	202063	14226	158951	13866
内蒙古	2007	156800	30200	38192	19879	194992	50079	703706	13996	130891	3083
辽宁	2007	369500	58300	89999	38377	459499	96677	979278	39254	258196	10400
吉林	2007	234500	27100	57117	17839	291617	44939	572419	20054	165455	3384
黑龙江	2007	345400	41200	84129	27120	429529	68320	1205769	39331	142646	9788
上海	2007	260600	31300	63474	20604	324074	51904	36625	3823	33792	2698
江苏	2007	613100	57700	149333	37982	762433	95682	435393	44734	278289	16831
浙江	2007	299700	28800	72998	18958	372698	47758	230107	30511	264278	24306
安徽	2007	311000	34700	75750	22842	386750	57542	433126	43410	139931	20020
福建	2007	292100	24000	71147	15798	363247	39798	242956	37751	91085	5882
江西	2007	357300	28700	87028	18892	444328	47592	270601	33965	111428	8404
山东	2007	415900	56600	101301	37257	517201	93857	1505122	83684	303920	20085
河南	2007	389400	54600	94846	35941	484246	90541	905026	72434	304532	30861
湖北	2007	440900	52800	107390	34756	548290	87556	532037	52899	160489	18559
湖南	2007	646400	60100	157444	39561	803844	99661	644299	71754	257189	31368

续表

地区	年份	城镇生活排放化学需氧量/t	城镇生活排放氨氮/t	农村生活排放化学需氧量/t	农村生活排放氨氮/t	生活排放化学需氧量/t	生活排放氨氮/t	农业排放化学需氧量/t	农业排放氨氮/t	工业排放化学需氧量/t	工业排放氨氮/t
广东	2007	736800	109100	179463	71816	916263	180916	672714	64700	280597	10905
广西	2007	455400	35900	110922	23632	566322	59532	243447	30542	607675	25095
海南	2007	88500	7800	21556	5134	110056	12934	117444	10346	12906	536
重庆	2007	146100	15100	35586	9940	181686	25040	140188	14836	105239	9778
四川	2007	488800	41800	119057	27515	607857	69315	609101	65402	282204	17845
贵州	2007	208600	16200	50809	10664	259409	26864	68374	8916	18371	1512
云南	2007	192100	15800	46790	10400	238890	26200	82946	13401	97895	4059
西藏	2007	14500	1400	3532	922	18032	2322	5112	562	918	12
陕西	2007	170600	20800	41553	13692	212153	34492	222344	17604	174229	5000
甘肃	2007	123900	14000	30178	9216	154078	23216	163057	6516	50262	8504
青海	2007	37600	5500	9158	3620	46758	9120	25034	994	38158	1480
宁夏	2007	28700	4000	6990	2633	35690	6633	116014	2497	108446	3944
新疆	2007	122500	18900	29837	12441	152337	31341	411597	14502	167027	4178
全国	2008	8631200	972800	1996574	627090	10627774	1599890	12743503	893526	4575833	296903
北京	2008	96300	11400	22276	7349	118576	18749	85616	5160	4918	444
天津	2008	105300	10900	24358	7026	129658	17926	123739	6437	27838	3440
河北	2008	356100	38500	82373	24818	438473	63318	1011238	49547	248711	17364
山西	2008	215300	30600	49803	19725	265103	50325	197722	13888	143556	11326

续表

地区	年份	城镇生活排放化学需氧量/t	城镇生活排放氨氮/t	农村生活排放化学需氧量/t	农村生活排放氨氮/t	生活排放化学需氧量/t	生活排放氨氮/t	农业排放化学需氧量/t	农业排放氨氮/t	工业排放化学需氧量/t	工业排放氨氮/t
内蒙古	2008	150000	30600	34698	19725	184698	50325	688588	13663	130118	3196
辽宁	2008	348400	54700	80592	35261	428992	89961	958240	38321	235588	9645
吉林	2008	222200	26900	51399	17340	273599	44240	560121	19577	152111	3398
黑龙江	2008	344500	40500	79690	26107	424190	66607	1179865	38396	131772	9340
上海	2008	239100	31100	55309	20048	294409	51148	35838	3732	27653	2428
江苏	2008	596700	56100	138029	36163	734729	92263	426039	43671	254750	13975
浙江	2008	295900	26500	68448	17083	364348	43583	225163	29785	242736	20316
安徽	2008	306000	33100	70784	21337	376784	54437	423821	42378	126896	14650
福建	2008	293800	23100	67962	14891	361762	37991	237736	36854	84393	6881
江西	2008	345000	28100	79806	18114	424806	46214	264787	33158	100212	6255
山东	2008	421300	54400	97455	35068	518755	89468	1472786	81695	257316	15933
河南	2008	347800	47500	80453	30620	428253	78120	885582	70713	303024	28776
湖北	2008	435800	53000	100810	34165	536610	87165	520607	51642	149893	16752
湖南	2008	647400	59600	149757	38420	797157	98020	630457	70049	237190	25133
广东	2008	752600	112100	174092	72262	926692	184362	658261	63162	211068	10287
广西	2008	452400	34500	104649	22240	557049	56740	238217	29817	560294	21258
海南	2008	89800	8000	20773	5157	110573	13157	114921	10101	10831	549
重庆	2008	140500	15000	32501	9669	173001	24669	137177	14484	101231	8331

续表

地区	年份	城镇生活排放化学需氧量/t	城镇生活排放氨氮/t	农村生活排放化学需氧量/t	农村生活排放氨氮/t	生活排放化学需氧量/t	生活排放氨氮/t	农业排放化学需氧量/t	农业排放氨氮/t	工业排放化学需氧量/t	工业排放氨氮/t
四川	2008	501300	45200	115961	29137	617261	74337	596015	63848	247702	16677
贵州	2008	208100	16600	48138	10701	256238	27301	66905	8704	13667	1082
云南	2008	188600	16800	43627	10830	232227	27630	81164	13082	91917	3569
西藏	2008	14600	1500	3377	967	17977	2467	5002	549	839	11
陕西	2008	199600	25300	46172	16309	245772	41609	217567	17186	132473	6442
甘肃	2008	122700	13400	28383	8638	151083	22038	159554	6361	47814	8755
青海	2008	37300	5300	8628	3417	45928	8717	24497	971	37305	1626
宁夏	2008	30100	3500	6963	2256	37063	5756	113521	2437	101696	4231
新疆	2008	126800	19100	29331	12312	156131	31412	402754	14158	160324	4833
全国	2009	8378600	952600	1837508	601290	10216108	1553890	12469635	868842	4396781	273544
北京	2009	93900	12600	20593	7953	114493	20553	83777	5018	4898	453
天津	2009	109500	9100	24014	5744	133514	14844	121079	6259	23469	2916
河北	2009	339700	37900	74500	23923	414200	61823	989506	48178	230355	17243
山西	2009	202500	29200	44410	18431	246910	47631	193473	13504	141941	11486
内蒙古	2009	158500	29200	34761	18431	193261	47631	673789	13286	120061	4652
辽宁	2009	346400	52900	75969	33391	422369	86291	937647	37263	216260	9611
吉林	2009	213600	26000	46845	16411	260445	42411	548084	19037	147168	2620
黑龙江	2009	350100	40800	76780	25753	426880	66553	1154508	37335	111891	6756

续表

地区	年份	城镇生活排放化学需氧量/t	城镇生活排放氨氮/t	农村生活排放化学需氧量/t	农村生活排放氨氮/t	生活排放化学需氧量/t	生活排放氨氮/t	农业排放化学需氧量/t	农业排放氨氮/t	工业排放化学需氧量/t	工业排放氨氮/t
上海	2009	214400	27800	47020	17548	261420	45348	35068	3629	29031	1983
江苏	2009	570400	51600	125094	32570	695494	84170	416883	42465	251253	13765
浙江	2009	273300	25800	59937	16285	333237	42085	220324	28963	240452	15171
安徽	2009	295300	32400	64762	20451	360062	52851	414712	41208	128806	14430
福建	2009	300300	23900	65859	15086	366159	38986	232627	35836	75425	6228
江西	2009	331700	26800	72745	16916	404445	43716	259097	32242	103537	7295
山东	2009	386500	53400	84763	33707	471263	87107	1441135	79438	260521	13898
河南	2009	328600	49500	72065	31245	400665	80745	866551	68759	297657	25716
湖北	2009	432000	49500	94742	31245	526742	80745	509419	50215	143746	15078
湖南	2009	632800	60000	138779	37873	771579	97873	616908	68114	215583	23964
广东	2009	694400	105100	152289	66340	846689	171440	644115	61417	216808	10029
广西	2009	457500	34100	100334	21524	557834	55624	233097	28993	518817	13977
海南	2009	88700	7600	19453	4797	108153	12397	112451	9822	11553	557
重庆	2009	139500	19500	30594	12309	170094	31809	134229	14084	100290	7251
四川	2009	502500	46000	110203	29036	612703	75036	583207	62084	245146	13483
贵州	2009	203000	16200	44520	10226	247520	26426	65468	8463	12988	933
云南	2009	187800	15800	41186	9973	228986	25773	79420	12721	85312	3213
西藏	2009	14700	1500	3224	947	17924	2447	4894	534	737	5

续表

地区	年份	城镇生活排放化学需氧量/t	城镇生活排放氨氮/t	农村生活排放化学需氧量/t	农村生活排放氨氮/t	生活排放化学需氧量/t	生活排放氨氮/t	农业排放化学需氧量/t	农业排放氨氮/t	工业排放化学需氧量/t	工业排放氨氮/t
陕西	2009	191700	24700	42042	15591	233742	40291	212892	16711	126373	7202
甘肃	2009	119400	14800	26186	9342	145586	24142	156125	6185	48671	11860
青海	2009	36900	5400	8093	3409	44993	8809	23970	944	39253	1706
宁夏	2009	27800	3900	6097	2462	33897	6362	111082	2370	97334	4228
新疆	2009	135300	19700	29673	12435	164973	32135	394099	13767	151447	5834
全国	2010	8032900	930100	1667075	574814	9699975	1504914	12184117	843524	4347668	272753
北京	2010	87100	11700	18076	7231	105176	18931	81858	4871	4882	392
天津	2010	109800	16600	22787	10259	132587	26859	118307	6077	22218	3197
河北	2010	328100	36300	68091	22434	396191	58734	966849	46774	217965	18225
山西	2010	195400	29700	40552	18355	235952	48055	189043	13111	137669	11886
内蒙古	2010	183800	33700	38144	20827	221944	54527	658362	12899	91290	6929
辽宁	2010	339800	47000	70519	29047	410319	76047	916177	36177	201755	9122
吉林	2010	221100	26800	45885	16563	266985	43363	535534	18482	131085	2896
黑龙江	2010	332000	38100	68900	23546	400900	61646	1128074	36247	112487	5275
上海	2010	198200	24300	41133	15018	239333	39318	34265	3523	21575	3192
江苏	2010	531700	48000	110344	29665	642044	77665	407338	41227	256291	14988
浙江	2010	242700	25700	50368	15883	293068	41583	215279	28119	244085	14027
安徽	2010	296300	32200	61491	19900	357791	52100	405217	40007	114827	12063

续表

地区	年份	城镇生活排放化学需氧量/t	城镇生活排放氨氮/t	农村生活排放化学需氧量/t	农村生活排放氨氮/t	生活排放化学需氧量/t	生活排放氨氮/t	农业排放化学需氧量/t	农业排放氨氮/t	工业排放化学需氧量/t	工业排放氨氮/t
福建	2010	289700	23200	60122	14338	349822	37538	227300	34792	82946	6614
江西	2010	313300	25900	65019	16007	378319	41907	253164	31302	117786	8675
山东	2010	325400	51000	67531	31519	392931	82519	1408137	77124	295128	15441
河南	2010	324100	49400	67261	30530	391361	79930	846709	66756	295574	23130
湖北	2010	407100	46500	84486	28738	491586	75238	497755	48752	165199	14933
湖南	2010	610200	57800	126635	35721	736835	93521	602783	66129	187886	17449
广东	2010	624000	96300	129499	59515	753499	155815	629367	59628	234412	10614
广西	2010	444200	32900	92185	20333	536385	53233	227760	28148	492678	14492
海南	2010	83100	7200	17246	4450	100346	11650	109877	9535	9233	513
重庆	2010	148000	19700	30715	12175	178715	31875	131155	13673	86549	5440
四川	2010	490000	44200	101690	27316	591690	71516	569853	60275	250818	16440
贵州	2010	191900	15800	39825	9765	231725	25565	63969	8217	16040	706
云南	2010	179000	17000	37148	10506	216148	27506	77602	12350	89323	3774
西藏	2010	27700	1800	5749	1112	33449	2912	4782	518	1135	3
陕西	2010	186300	25000	38663	15450	224963	40450	208017	16224	121395	7331
甘肃	2010	122500	16000	25423	9888	147923	25888	152551	6005	45061	7570
青海	2010	38400	6000	7969	3708	46369	9708	23421	916	44714	2271
宁夏	2010	28900	4000	5998	2472	34898	6472	108538	2301	92801	8910
新疆	2010	133200	20400	27643	12607	160843	33007	385075	13365	162864	6257

附录3 2006~2010年各流域水质水量[1]

流域分区	流域分区2	年份	Ⅰ类比例/%	Ⅱ类比例/%	Ⅲ类比例/%	Ⅳ类比例/%	Ⅴ类比例/%	劣Ⅴ类比例/%	地表水资源/亿吨
全国	全国	2006	3.50	27.30	27.50	13.40	6.50	21.80	24358.10
松花江区	松花江区	2006		8.30	25.90	32.20	13.30	20.30	1085.40
#松花江	松花江	2006		8.00	30.00	27.60	14.40	20.00	673.90
辽河区	辽河区	2006	1.50	17.20	18.80	12.00	8.90	41.60	321.10
#辽河	辽河	2006		10.30	12.10	19.00		58.60	98.60
海河区	海河区	2006	0.60	13.60	16.30	9.70	5.20	54.60	96.20
#海河	海河	2006	0.10	14.20	13.10	6.10	4.00	62.50	80.10
黄河区	黄河区	2006	3.00	8.90	29.70	15.50	12.00	30.90	456.00
淮河区	淮河区	2006		9.00	26.30	16.70	9.90	38.10	634.10
#淮河	淮河	2006		9.90	27.30	16.80	10.90	35.10	600.70
长江区	长江区	2006	7.20	35.10	24.70	12.40	5.30	15.30	7958.70
#太湖	太湖	2006		4.00	7.80	13.30	12.00	62.90	131.10
东南诸河区	东南诸河区	2006	2.20	43.10	19.70	12.80	3.70	18.50	2329.50
珠江区	珠江区	2006	1.80	39.80	29.40	9.50	4.00	15.50	4985.20
#珠江	珠江	2006	0.90	35.50	30.70	10.10	4.90	17.90	3603.80

[1]数据来源于中国环境公报。

续表

流域分区	流域分区 2	年份	Ⅰ类比例/%	Ⅱ类比例/%	Ⅲ类比例/%	Ⅳ类比例/%	Ⅴ类比例/%	劣Ⅴ类比例/%	地表水资源/亿吨
西南诸河区	西南诸河区	2006		38.40	54.10	1.80	2.40	3.30	5171.80
西北诸河区	西北诸河区	2006	13.70	50.80	20.90	12.30	1.80	0.50	1320.10
全国	全国	2007	4.10	28.20	27.20	13.50	5.30	21.70	24242.50
松花江区	松花江区	2007	0.50	14.10	32.40	27.10	6.60	19.30	751.60
♯松花江	松花江	2007	0.60	12.20	38.50	27.00	5.80	15.90	470.10
辽河区	辽河区	2007	1.40	23.50	14.70	13.70	5.00	41.70	313.80
♯辽河	辽河	2007		14.70	10.30	6.70	8.60	59.70	86.00
海河区	海河区	2007	2.10	13.70	11.80	12.40	2.90	57.10	101.70
♯海河	海河	2007	1.90	10.20	11.20	8.50	3.40	64.80	83.20
黄河区	黄河区	2007	3.00	13.10	27.50	15.70	6.90	33.80	542.10
淮河区	淮河区	2007	0.70	12.50	24.60	18.90	9.20	34.10	1086.20
♯淮河	淮河	2007		13.70	24.00	20.00	10.60	31.70	949.60
长江区	长江区	2007	3.20	36.20	27.50	12.40	5.90	14.80	8699.30
♯太湖	太湖	2007		4.40	9.80	10.60	10.90	64.30	155.40
东南诸河区	东南诸河区	2007	4.70	38.20	25.60	11.40	3.50	16.60	1788.10
珠江区	珠江区	2007		33.10	36.30	9.70	6.20	14.70	3973.50
♯珠江	珠江	2007		30.90	36.30	10.80	7.00	15.00	2836.00
西南诸河区	西南诸河区	2007	3.70	41.30	42.60	5.30	2.40	4.70	5739.10

续表

流域分区	流域分区 2	年份	Ⅰ类比例/%	Ⅱ类比例/%	Ⅲ类比例/%	Ⅳ类比例/%	Ⅴ类比例/%	劣Ⅴ类比例/%	地表水资源/亿吨
西北诸河区	西北诸河区	2007	31.00	46.50	10.20	9.00	0.40	2.90	1247.00
全国	全国	2008	3.50	31.80	25.90	11.40	6.80	20.60	26377.00
松花江区	松花江区	2008	0.80	17.00	29.20	25.20	6.30	21.50	788.50
#松花江	松花江	2008	1.00	17.90	33.30	19.60	5.60	22.60	499.60
辽河区	辽河区	2008	1.50	27.10	17.40	10.80	13.10	30.10	305.10
#辽河	辽河	2008		4.60	27.80	9.20	24.80	33.60	107.00
海河区	海河区	2008	2.40	19.60	13.20	10.70	2.20	51.90	126.90
#海河	海河	2008	2.40	16.10	6.80	11.90	2.00	60.80	100.20
黄河区	黄河区	2008	5.20	12.70	21.30	13.50	10.50	36.80	454.20
淮河区	淮河区	2008	0.50	15.60	23.30	18.10	11.30	31.20	782.10
#淮河	淮河	2008	0.50	15.60	22.30	20.20	12.80	28.60	670.90
长江区	长江区	2008	3.70	36.20	29.20	9.00	7.50	14.40	9344.30
#太湖	太湖	2008		4.20	10.60	13.60	15.90	55.70	175.70
东南诸河区	东南诸河区	2008	5.20	38.30	20.70	12.10	8.90	14.80	1724.40
珠江区	珠江区	2008		38.80	29.80	11.00	6.80	13.60	5682.30
#珠江	珠江	2008		32.40	35.20	11.10	7.00	14.30	3941.60
西南诸河区	西南诸河区	2008	0.20	48.00	46.10	2.80	0.20	2.70	5944.40

续表

流域分区	流域分区 2	年份	Ⅰ类比例/%	Ⅱ类比例/%	Ⅲ类比例/%	Ⅳ类比例/%	Ⅴ类比例/%	劣Ⅴ类比例/%	地表水资源/亿吨
西北诸河区	西北诸河区	2008	21.20	65.80	7.00	3.50	1.70	0.80	1224.80
全国	全国	2009	4.60	31.10	23.20	14.40	7.40	19.30	23125.20
松花江区	松花江区	2009	0.40	8.50	27.40	28.00	17.70	18.00	1277.60
#松花江	松花江	2009	0.70	9.00	37.60	25.90	8.80	18.00	793.40
辽河区	辽河区	2009	5.20	28.70	8.70	10.60	9.80	37.00	205.20
#辽河	辽河	2009		15.90	5.80	15.10	6.80	56.40	70.90
海河区	海河区	2009	4.20	20.90	10.20	10.40	2.80	51.50	115.60
#海河	海河	2009	2.30	17.40	8.30	7.90	3.00	61.10	97.40
黄河区	黄河区	2009	5.40	21.60	17.00	13.90	10.30	31.80	551.70
淮河区	淮河区	2009	1.00	13.20	24.70	24.10	12.20	24.80	543.50
#淮河	淮河	2009	0.50	13.30	25.10	25.00	13.60	22.50	483.30
长江区	长江区	2009	6.30	32.10	25.30	14.80	6.60	14.90	8608.20
#太湖	太湖	2009		3.40	8.40	19.10	18.50	50.60	223.30
东南诸河区	东南诸河区	2009	3.30	37.60	27.60	12.00	2.70	16.80	1610.00
珠江区	珠江区	2009		35.30	32.50	14.10	6.80	11.30	4059.40
#珠江	珠江	2009		33.30	34.00	16.40	5.30	11.00	2706.60
西南诸河区	西南诸河区	2009	2.50	65.60	27.20	1.90	0.20	2.60	5042.00

续表

流域分区	流域分区 2	年份	Ⅰ类比例/%	Ⅱ类比例/%	Ⅲ类比例/%	Ⅳ类比例/%	Ⅴ类比例/%	劣Ⅴ类比例/%	地表水资源/亿吨
西北诸河区	西北诸河区	2009	22.30	61.10	11.30	1.50	0.30	3.50	1112.00
全国	全国	2010	4.80	30.00	26.60	13.10	7.80	17.70	29797.60
松花江区	松花江区	2010	0.50	8.40	41.90	21.20	8.80	19.20	1433.20
#松花江	松花江	2010	0.70	8.30	46.90	20.60	3.80	19.70	971.10
辽河区	辽河区	2010	1.40	31.10	9.20	7.30	17.00	34.00	702.30
#辽河	辽河	2010		7.60	13.80	7.10	27.50	44.00	269.60
海河区	海河区	2010	1.80	21.20	14.20	8.40	6.20	48.20	149.00
#海河	海河	2010	1.90	14.80	10.30	9.20	6.00	57.80	120.70
黄河区	黄河区	2010	4.70	20.10	17.70	13.30	10.30	33.90	568.90
淮河区	淮河区	2010	1.20	12.00	25.70	25.70	13.20	22.20	709.80
#淮河	淮河	2010	0.80	12.30	25.80	26.60	13.80	20.70	632.60
长江区	长江区	2010	5.30	34.70	27.40	11.20	8.00	13.40	11146.10
#太湖	太湖	2010		1.90	11.70	21.80	23.80	40.80	187.20
东南诸河区	东南诸河区	2010	1.10	44.90	29.70	8.80	3.40	12.10	2858.20
珠江区	珠江区	2010	1.50	34.00	35.30	14.40	4.90	9.90	4921.30
#珠江	珠江	2010	2.00	26.30	40.20	17.10	3.80	10.60	3357.10
西南诸河区	西南诸河区	2010	3.90	51.60	31.40	5.90	3.70	3.50	5787.70
西北诸河区	西北诸河区	2010	31.70	49.70	14.40	3.20	0.70	0.30	1521.00

附录 4 “十一五”期间水专项示范工程（太湖流域、辽河流域）[1]

示范工程	地点/区域	类型	流域
区域污染源监管与水环境长效管理示范	常州武进区	管理示范	太湖流域
区域清洁生产示范	常州武进区	点源控制-减排	太湖流域
区域循环经济示范	常州武进区	点源控制-控源、节能	太湖流域
区域产业结构调整示范	常州武进区	点源控制-减排	太湖流域
武进港沿线生活污水深度处理技术示范工程	武进区礼嘉镇新辰村	面源控制-控源	太湖流域
洛阳镇生活污水深度处理示范工程	武进区洛阳镇镇区	面源控制-控源	太湖流域
洛阳镇综合示范区	①华渡村；②红旗河；③跃进河与建华河；④岑村；⑤蒲岸村武进港支流沿岸；⑥洛西河和马鞍大圩内浜两个生态河道示范点；⑦洛阳镇管城村佳乐养猪场；⑧武进港下游及河口地区	面源控制-控源	太湖流域
武进港河口污染物强化净化技术综合示范工程	武进区雪堰镇太滆村	面源控制-控源	太湖流域
稻田面源污染综合防控示范工程	无锡市滨湖区胡埭镇龙延村	面源控制-控源减排	太湖流域
集约化菜地氮磷源头减量—原位阻控—生态拦截—稻田消纳一体化四级防控示范工程	无锡市滨湖区胡埭镇	面源控制-控源减排	太湖流域
桃园面源污染综合防控示范工程	无锡市滨湖区胡埭镇、阳山镇	面源控制-控源减排	太湖流域
陆域水产养殖污染生态控制示范工程	无锡市滨湖区胡埭镇龙延村	面源控制-控源减排	太湖流域
河道水质改善与生态修复示范工程	无锡市滨湖区胡埭镇	水体净化	太湖流域
新农村建设示范工程	无锡市滨湖区胡埭镇龙延村前沙滩村自然村	面源控制	太湖流域

[1] 数据来源于国家水体污染控制与治理科技重大专项管理办公室网站。

续表

示范工程	地点/区域	类型	流域
太滆运河集水区集镇型小区水环境综合整治示范工程	太滆运河北岸前黄集镇	面源控制	太湖流域
太滆运河污染物生物拦截与强化净化示范工程	滆湖东北方向，太滆运河和油车港两个河口之间	生态修复	太湖流域
漕桥河支流庙尖浜村落小区水污染治理示范工程	漕桥河汇水支流（庙尖浜）和沿岸村——宜兴市周铁镇分水村	面源控制	太湖流域
漕桥河自然净化能力增强技术示范工程	漕桥河分水村张家边段	生态修复	太湖流域
滆湖水污染控制的前置库系统研究与示范工程	滆湖西北角，扁担河与夏溪河交汇入湖口处	面源控制	太湖流域
水质水量联合调控平台示范	滆湖东岸的低碳小镇	管理技术平台	太湖流域
滆湖净化能力增强技术示范工程	滆湖东侧太滆运河南部小庙港与鸡渎港之间的湖湾；生态控藻示范区位于滆湖水产种质资源保护区南部支河口以西2km处的敞水水域	生态修复	太湖流域
输水沿线湖荡水质生物强化集成技术示范	无锡市望虞河省滩荡西侧	水体净化	太湖流域
输水河道泥沙控制和氮磷净化技术示范	无锡市望虞河省滩荡西侧	水体净化	太湖流域
湖滨区农村多源污染生物生态耦合控制技术示范	宜兴市周铁镇	面源控制	太湖流域
高产蔬菜地流失氮磷的多级屏障拦截与逐次削减技术示范	宜兴市周铁镇	面源控制	太湖流域
高产蔬菜地流失氮磷梯级利用的水生蔬菜湿地技术示范	宜兴市周铁镇	面源控制	太湖流域
湖滨区水产养殖污染零排放的污染控制技术示范	宜兴市周铁镇	面源控制	太湖流域
湖滨区人工经济林与园林径流污染控制技术示范	宜兴市茭渎港港口处	面源控制	太湖流域
缓冲带农业生产区生态优化技术示范	宜兴市周铁镇	面源控制	太湖流域
缓冲带防护隔离区生态建设技术示范	宜兴市周铁镇	生态建设	太湖流域
湖滨带生态修复技术示范	宜兴市周铁镇	生态修复	太湖流域

续表

示范工程	地点/区域	类型	流域
湖滨带多自然型生态修复示范工程	宜兴市周铁镇	生态修复	太湖流域
污染底泥环保疏浚与脱水干化示范工程	疏浚区宜兴二期工程 Z4-2 疏浚区内;底泥干化场地在周铁镇湾浜村太湖大堤	生态修复	太湖流域
中低浓度蓝藻的生物生态控制与水质改善技术示范	宜兴市周铁镇符渎港	水体净化	太湖流域
蓝藻和水生植物高效厌氧发酵产沼与发电示范工程	无锡市滨湖区胡埭镇刘闾路 1 号	水体净化	太湖流域
富藻水蓝藻气浮浓缩离心脱水示范工程	宜兴市新庄芟渎港捞藻站	水体净化	太湖流域
水华蓝藻拦截应急技术工程示范	宜兴市周铁镇符渎港	水体净化	太湖流域
一体化船载高效蓝藻浓缩脱水收聚关键技术示范工程	无锡市鼋头渚渔人码头渤公岛	水体净化	太湖流域
金墅水源保护区综合治理示范工程	贡湖东南部的金墅湾水源地	面源控制＋水体净化	太湖流域
连续流或序批式 0.5t/d 自主知识产权的反应釜等核心设备	江苏常州	面源控制	太湖流域
纤维素酶水解及高效酵母乙醇发酵反应器	江苏南通	面源控制	太湖流域
常州市水质目标管理技术体系应用	常州市	管理示范	太湖流域
宜兴市水质目标管理技术体系应用	宜兴市	管理示范	太湖流域
锦江、袁河、遂川江流域水质目标管理技术示范	锦江、袁河、遂川江流域		太湖流域
苕溪上游健康水生态系统构建技术与示范工程	临安区玲珑街道,锦溪中游,临安城市污水处理厂下游,临安的苕溪上游河口与滨岸带	面源控制	太湖流域
农业清洁生产与区域水污染控制技术综合示范	杭州余杭区径山镇前溪村,杭州宇航梦园农业科技有限公司,森禾径山镇苗木基地,杭州余杭区径山镇,杭州余杭区径山镇苕溪二级支流南港溪和漕桥溪流域,安吉县部分村镇等	面源控制	太湖流域

续表

示范工程	地点/区域	类型	流域
苕溪中游入河污染物减排和水质改善技术综合示范	漕桥溪，湖州市德清县三合乡德清吴越水产养殖有限公司，余杭区北湖滞洪区	面源控制	太湖流域
太湖入湖口地区污染物削减及水生态修复示范	湖州小梅污水处理厂南侧的纳污河道，太湖旅游度假区湖滨村	面源控制	太湖流域
典型小流域污染综合整治集成示范	余杭区径山镇漕桥溪和西山小流域；杭州市余杭区鸬鸟镇四岭小流域；临安区太湖源镇白沙村、碧宗村；临安市太湖源镇南庄村、射干村	面源控制	太湖流域
县域面源污染控制综合示范	安吉县上墅乡上墅村金手指果蔬合作和硒谷水稻专业合作社，安吉县上墅乡味全乳品专业牧场有限公司和安吉正新牧业公司，安吉县天荒坪镇	面源控制	太湖流域
无锡蠡湖水环境深度治理与生态修复示范		水体净化	太湖流域
溱湖国家湿地公园水域清水型生态系统构建示范工程		生态修复	太湖流域
流域水环境监测网络省级示范工程	江苏省	管理示范	太湖流域
流域水环境监测网络市级示范工程	江苏省苏州市	管理示范	太湖流域
流域水环境监测网络县级示范工程——常熟市环境监测新大楼建设	江苏省常熟市	管理示范	太湖流域
江苏省太湖流域水环境自动监控站网建设示范工程	江苏省太湖流域	管理示范	太湖流域
流域四级网络水环境监测信息综合平台	江苏省	管理示范	太湖流域
三峡库区水环境风险评估及预警平台示范工程	三峡库区	管理示范	太湖流域
太湖全流域水环境风险预测预警技术示范工程	江苏	管理示范	太湖流域
太湖重污染区域水环境风险评估体系与预警平台建设示范工程	江苏	管理示范	太湖流域

续表

示范工程	地点/区域	类型	流域
杭嘉湖河网区水环境风险监控预警平台示范工程	浙江	管理示范	太湖流域
淀山湖湖荡区水环境风险评估体系与预警平台建设示范工程	上海	管理示范	太湖流域
城乡统筹区域供水安全管理保障体系示范区	江苏省苏锡常城市群	管理示范	太湖流域
青草沙水库库区利用水库自净水质改善与生态控藻示范工程	上海	水体净化	太湖流域
无锡中桥水厂高藻和高有机物原水膜深度处理集成技术示范工程	无锡	水体净化	太湖流域
高氨氮、高有机物污染河网原水的组合处理技术示范工程	嘉兴	水体净化	太湖流域
高氨氮、高有机物污染河网原水深度处理和水厂自动化控制示范工程	嘉兴	水体净化	太湖流域
临江水厂臭氧活性炭与紫外组合消毒示范工程	上海	水厂升级	太湖流域
粉末活性炭与超滤膜组合工艺示范工程	上海	水厂升级	太湖流域
上海市中心城区数字水质信息化平台	上海	管理示范	太湖流域
嘉兴市城乡一体管网运行控制系统示范	嘉兴	管理示范	太湖流域
世博园区域(浦东片)二次供水水质保持示范工程	上海	供水保障	太湖流域
地下水源污染优化监测及预报系统示范	沈阳	管理示范	太湖流域
M-PRBs 技术工程示范	沈阳李官堡水源地	供水保障	太湖流域
沈阳市受污染含锰含铁地下水处理集成技术工程示范	沈阳水务集团有限公司九水厂	水厂升级	太湖流域
污染源识别、负荷响应及水环境演化特征示范工程	常州市北市河	管理示范	太湖流域

续表

示范工程	地点/区域	类型	流域
多元结构人居模式水环境胁迫效应及改善示范工程	常州市北市河西侧小区	管理示范	太湖流域
排水系统雨污收集效能诊断技术示范工程	常州市北市河西侧小区	管理＋面源控制	太湖流域
管网沉积物控制及溢流负荷削减技术示范工程	常州市北市河沿岸	面源控制	太湖流域
滨河生活区沿河截污适宜性技术示范工程	常州市北市河人防涵洞——红梅桥段	面源控制	太湖流域
初期雨水面源污染拦截快速多效过滤技术示范工程	常州市晋陵地道晋陵泵站	面源控制	太湖流域
垃圾收运系统渗滤液控制与处理示范工程	常州博爱路垃圾转运站	点源控制	太湖流域
城市次生污泥分质处理与资源化技术示范工程	常州市深水城北污水处理有限公司	资源回用	太湖流域
滞流型河道多元生态构建水质改善示范工程	常州市天宁区北市河	生态修复	太湖流域
调水驱污与水动力改善优化控制技术示范工程	常州市北市河	管理示范	太湖流域
重污染河段物化/生物耦合原位消除黑臭示范工程	常州市新北区柴支浜	生态修复	太湖流域
水环境监测系统及水质改善绩效评估示范工程	常州市北市河	管理示范	太湖流域
昆山北区污水处理厂 A^2/O 工艺强化脱氮与稳定运行示范工程	江苏昆山市北区中部	点源控制	太湖流域
昆山陆家污水厂环境友好型高效污泥转盘干化技术示范工程	江苏昆山陆家污水处理厂	点源控制	太湖流域
昆山同心中心河景观水体水质净化与保持示范工程	江苏昆山同心中心河	水体净化	太湖流域
城市污水深度处理与回用(景观回用)示范工程——微絮凝砂滤工艺优化与自动控制系统	江苏昆山	点源控制	太湖流域
基于动态进水负荷的脱氮工艺优化运行系统/生物处理系统的协同化学除磷动态控制系统	无锡市芦村污水处理厂，无锡市清扬路168号	点源控制	太湖流域

续表

示范工程	地点/区域	类型	流域
城市排水运行管理与决策支持技术平台示范	无锡市西漳片区	点源控制	太湖流域
MBR强化脱氮除磷示范工程	无锡市硕放污水处理厂二期工程,无锡市东南方向	点源控制	太湖流域
城市污水处理厂剩余污泥水热处理示范工程	无锡市硕放污水处理厂二期工程,无锡市东南方向	点源控制	太湖流域
初期雨水时空分质收集与面源污染综合控制技术示范	太湖新城中央水系东南3km处	面源控制	太湖流域
污水管网检测评估示范工程	无锡东南部,距无锡市区7km	管理示范	太湖流域
太湖新城中央水系生态河道综合净化示范工程	太湖新城尚贤湖	水体净化	太湖流域
尚贤湖生态岸带——人工湿地示范工程	中央水系东北角的尚贤湖	生态修复	太湖流域
工业园区集中污水处理厂升级改造及稳定达标示范	欧亚华都(宜兴)水务有限公司	点源控制	太湖流域
柠檬酸企业资源循环利用综合示范	宜兴协联生物化学-热电有限公司	点源控制	太湖流域
印染行业过程污染控制与废水高效脱色及循环利用集成技术示范工程	江苏坤风纺织品有限公司	点源控制	太湖流域
化肥企业零排放综合示范	江苏灵谷化工集团	点源控制	太湖流域
污水管网结构、收集系统布局优化	苏州甪直洋泾港支家厍区域	管理示范	太湖流域
污、废水协同处理与优化运行系统	甪直镇吴淞路6号,苏州甪直污水处理厂	管理示范	太湖流域
污水厂深度处理与回用	甪直镇吴淞路6号,苏州甪直污水处理厂内	点源控制	太湖流域
固体废物高效联合处理与资源化系统	甪直镇甫田村	资源回用	太湖流域
降雨径流污染控制、河道水系水动力与生态系统恢复	苏州市甪直镇	生态修复	太湖流域
苏州市城市水环境安全监管信息平台及监测技术集成示范		管理示范	太湖流域

续表

示范工程	地点/区域	类型	流域
鞍钢节水减排清洁生产示范工程	辽宁省鞍山市鞍钢集团	点源控制	辽河流域
盘锦市振兴生态造纸有限公司废水处理及回用工程进行关键技术工程示范	辽宁振兴生态造纸有限公司	点源控制	辽河流域
石化行业节水减排清洁生产示范工程	中石油抚顺石化分公司乙烯化工厂	点源控制	辽河流域
本溪中日龙山泉啤酒有限公司废水处理改建工程	本溪中日龙山泉啤酒有限公司	点源控制	辽河流域
制药行业维生素C发酵醪液渣高效回收古龙酸钠示范工程	东北制药集团股份有限公司	点源控制	辽河流域
印染工业示范工程	海城海丰集团	点源控制	辽河流域
大型联合化工企业污水处理与资源化技术示范工程	辽宁省盘锦市红旗大街	点源控制	辽河流域
石油污染控制与资源化技术示范工程	辽宁省盘锦市曙光工业园区	点源控制	辽河流域
河网修复与农业阻控工程	辽宁省盘锦市新生辽河支流太平河鼎翔米业段	面源控制	辽河流域
太子河水质水量优化调配示范工程	太子河观音阁水库坝下至葠窝水库入库河段	水体净化	辽河流域
抚顺市、铁岭市、盘锦市控制单元水质目标管理技术体系应用		管理示范	辽河流域
辽河流域水环境风险评估与预警监控平台	辽宁省环境监测实验中心	管理示范	辽河流域
饮用水水源地环境安全评估与环境监管机制研究试点区 饮用水水源地经济补偿机制的政策试点区	辽宁抚顺大伙房水库	管理示范	辽河流域
辉南净水厂示范工程	吉林省辉南县辉南镇	水厂升级	辽河流域
伊通河生态修复示范工程	新立城水库坝下杨家崴子大桥	生态修复	辽河流域
城市污水厂出水深度处理示范工程	吉林省长春市净月开发区	点源控制	辽河流域
抚顺石化大乙烯废水处理示范工程	抚顺石化	点源控制	辽河流域

续表

示范工程	地点/区域	类型	流域
东北制药总厂张士综合污水处理示范工程	东北制药总厂张士综合污水处理	点源控制	辽河流域
仙女河污水处理厂达标排放升级改造示范工程	沈阳市仙女河污水处理厂	点源控制	辽河流域
抚顺城市河道和城市综合废水治理示范工程		点源控制	辽河流域
细河水质改善与水环境建设示范工程	细河中上游及源头仙女湖	点源控制	辽河流域
鞍山钢铁公司焦化废水处理示范工程	鞍山钢铁公司焦化厂	点源控制	辽河流域
本溪北台钢铁集团股份有限公司钢铁综合废水处理与资源化示范工程	北台钢铁集团公司	点源控制	辽河流域
中国石油辽阳石化分公司化纤废水深度处理与回用示范工程	中国石油辽阳石化分公司	点源控制	辽河流域
海城海丰印染园区汇通污水处理厂污水处理示范工程	海城汇通污水处理厂	点源控制	辽河流域
天祥鹅业有限公司畜禽粪污综合治理工程		点源控制	辽河流域
昌图县城区 $20000m^3/d$ 城市污水人工湿地处理工程	铁岭市昌图县	点源控制	辽河流域
昌图县招苏台河及条子河水体生态修复工程	辽宁省铁岭市昌图县	水质净化+生态修复	辽河流域
糠醛废水综合利用与零排放一体化示范工程	铁岭市昌图县糠醛厂	点源控制	辽河流域
入库河道生态整治与水质保持示范工程	辽宁省抚顺市清原县红透山镇沔阳村	水体净化	辽河流域
典型支流污染与生态水系维持综合示范工程	抚顺	面源控制	辽河流域
红透山污水处理示范工程	清原县红透山镇	点源控制	辽河流域
农村固体废物与农业面源污染控制技术综合示范工程	清原县大苏河乡	面源控制	辽河流域
辽河河口芦苇湿地生态恢复示范工程	盘锦市东郭苇场	生态修复	辽河流域
辽河河口湿地水质净化功能示范工程	盘锦市羊圈子苇场	面源控制	辽河流域

参 考 文 献

[1] Schumpeter J A. 经济发展理论 [M]. 北京：商务印书馆.

[2] 吴曙霞，李云波，庞乐君，等. 科技创新评估与查新的发展定位思考 [J]. 中华医学图书情报杂志，2007，16 (3)：47-49.

[3] 宋刚. 钱学森开放复杂巨系统理论视角下的科技创新体系——以城市管理科技创新体系构建为例 [J]. 科学管理研究，2009，27 (6)：1-6.

[4] Heisig P. Business Process Oriented Knowledge Management [M]. Springer Berlin Heidelberg，2001.

[5] 徐芳，杨国梁，郑海军，等. 基于知识创新过程的科技政策方法论研究 [J]. 科学学研究，2013，31 (4)：510-517.

[6] 李琳. 科技投入、科技创新与区域经济作用机理及实证研究 [D]. 吉林大学，2013.

[7] Stata R. Organizational Learning-The Key to Management Innovation [J]. Mit Sloan Management Review，1994，30 (3)：63-74.

[8] Damanpour F. The Adoption of Technological，Administrative，and Ancillary Innovations：Impact of Organizational Factors [J]. Journal of Management，1987，13 (4)：675-688.

[9] Abrahamson E. Managerial Fads and Fashions：The Diffusion and Rejection of Innovations [J]. Academy of Management Review，1991，16 (3)：586-612.

[10] 周寄中. 科学技术创新管理 [M]. 北京：经济科学出版社，2014.

[11] Lundvall B B. National Innovation Systems：Towards a Theory of Innovation and Interactive Learning；proceedings of the Weapons of MASS Assignment" Communications of the ACM May，F，1992 [C].

[12] 李燚. 管理创新中的组织学习 [M]. 北京：经济管理出版社，2007.

[13] 常修泽. 现代企业创新论 [M]. 天津：天津人民出版社，1994.

[14] 王通讯，张清明. 人才学概论 [M]. 武汉：武汉大学出版社，1983.

[15] 叶忠海. 人才学概论 [M]. 长沙：湖南人民出版社，1983.

[16] 赵恒平. 人才学概论 [M]. 武汉：武汉理工大学出版社，2009.

[17] 廖志豪. 高校科技创新型人才的素质特征及培养 [J]. 合肥师范学院学报，2010，28 (1)：107-111.

[18] 潘勤，李典友. 浅析高校科技创新信息服务体系建设与人才培养 [J]. 中国科教创新导刊，2013，(8)：164-165.

[19] 王秀丽. 我国高校创新人才培养研究 [D]. 东北师范大学，2007.

[20] 中华人民共和国科学技术部. 国家中长期科学和技术发展规划纲要（2006—2020 年）[M/OL]. http：//www. gov. cn/jrzg/2006-02/09/content _ 183787. htm.

[21] 水体污染控制与治理科技重大专项领导小组. 国家科技重大专项水体污染控制与治理实施方案 [M/OL]. [2013-08-19]. http：//nwpcp. mep. gov. cn/wjxz _ 1/.

[22] 张力. 水专项：中国环保的“两弹一星” [J]. 世界环境，2009 (2)：20-21.

[23] 仇保兴. 水专项——应对水危机的利器 [J]. 给水排水，2012，38 (1)：1-5.

[24] 佚名. 水专项实施取得阶段性成果 [J]. 现代制造，2010 (3)：2-2.

[25] 中国环境科学研究院水专项技术总体组. 以环境科技创新促进流域水质改善 [J]. 求是，2012，(8)：40-42.

[26] 仇保兴. 水专项面临的新形势与新任务 [J]. 给水排水，2013，39 (3)：1-7.

[27] 国家环境保护总局. 关于增强环境科技创新能力的若干意见 [M]. 2006.

[28] 蔡宁，丛雅静，李卓. 技术创新与工业节能减排效率——基于 SBM-DDF 方法和面板数据模型的区

域差异研究 [J]. 经济理论与经济管理，2014，34 (6)：57-70.

[29] 华烨. 新常态下我国生态环境建设的思考 [J]. 建材与装饰，2016 (43).

[30] 李忠，路贝. 我国生态环境问题的解决途径 [J]. 生物化工，2016，2 (2).

[31] 许健，吕永龙，王桂莲. 我国环境技术产业化的现状与发展对策 [J]. 环境工程学报，1999 (2)：13-21.

[32] 黄娟，汪明进. 科技创新、产业集聚与环境污染 [J]. 山西财经大学学报，2016 (4)：50-61.

[33] 万迈. 基于环境保护的绿色技术创新分析 [J]. 经济与管理，2004，18 (12)：14-16.

[34] Brawn E，Wield D. Regulation as a means for the social control of technology [J]. Technology Analysis & Strategic Management，1994，6 (3)：259-272.

[35] Shrivastava P. Environmental technologies and competitive advantage [J]. Strategic Management Journal，2010，16 (S1)：183-200.

[36] 杨发明. 绿色技术创新研究述评 [J]. 科研管理，1998 (4)：20-26.

[37] 袁凌，申颖涛，姜太平. 论绿色技术创新 [J]. 科技进步与对策，2000，17 (9)：64-65.

[38] 沈斌，冯勤. 基于可持续发展的环境技术创新及其政策机制 [J]. 科学与科学技术管理，2004，25 (8)：52-55.

[39] 沈小波，曹芳萍. 技术创新的特征与环境技术创新政策 [J]. 厦门大学学报：哲学社会科学版，2010，5.

[40] 甘德建，王莉莉. 绿色技术和绿色技术创新——可持续发展的当代形式 [J]. 河南社会科学，2003 (2)：22-25.

[41] 万伦来，黄志斌. 绿色技术创新：推动我国经济可持续发展的有效途径 [J]. 生态经济（中文版），2004 (6)：29-31.

[42] Arundel A，Kemp R，Parto S. Indicators for environmental innovation：What and how to measure [J]. International Handbook on Environmental Technology Management，2007：324-339.

[43] Demirel P，Kesidou E. Stimulating different types of eco-innovation in the UK：Government policies and firm motivations [J]. Ecological Economics，2011，70 (8)：1546-1557.

[44] Gans J S. Innovation and Climate Change Policy [J]. Social Science Electronic Publishing，2012，4 (4)：125-145.

[45] 肖显静，赵伟. 从技术创新到环境技术创新 [J]. 科学技术哲学研究，2006，23 (4)：80-83.

[46] Ehrlich P R，Holdren J P. Impact of population growth [J]. Philosophical Magazine，1970，171 (130)：1212-1217.

[47] Grossman G，Krueger A. Environmental Impacts of the North American Free Trade Agreement [J]. 1993.

[48] 李斌，赵新华. 经济结构、技术进步、国际贸易与环境污染——基于中国工业行业数据的分析 [J]. 山西财经大学学报，2011，37 (5)：112-122.

[49] 何小钢，张耀辉. 技术进步、节能减排与发展方式转型——基于中国工业 36 个行业的实证考察 [J]. 数量经济技术经济研究，2012 (3)：19-33.

[50] 李博. 中国地区技术创新能力与人均碳排放水平——基于省级面板数据的空间计量实证分析 [J]. 软科学，2013，27 (1)：26-30.

[51] 王鹏，谢丽文. 污染治理投资、企业技术创新与污染治理效率 [J]. 中国人口·资源与环境，2014，24 (9)：51-58.

[52] 聂普焱，罗益泽，谭小景. 市场集中度和技术创新对工业碳排放强度影响的异质性 [J]. 产经评论，

2015，6（3）：25-37.

[53] 范群林，邵云飞，唐小我. 环境政策、技术进步、市场结构对环境技术创新影响的实证研究 [J]. 科研管理，2013，34（6）：68-76.

[54] 孙亚梅，吕永龙，王铁宇，等. 基于专利的区域环境技术创新水平空间分异研究 [J]. 环境工程学报，2007，1（3）：125-131.

[55] R. Kemp，T. Foxon. Typology of eco-innovation [J]. Project Paper Measuring Eco 2009-017（2009/017）：1-40.

[56] 李巧华，唐明凤. 企业绿色创新：市场导向抑或政策导向 [J]. 财经科学，2014（2）：70-78.

[57] 赵英民. 国家环境技术管理体系的构建与实施 [J]. 环境保护，2007（6）：4-7.

[58] 中国科学技术发展战略研究院. 国家创新指数报告 2015 [M]. 科学技术文献出版社，2016.

[59] Magat W A. Pollution control and technological advance：A dynamic model of the firm [J]. Journal of Environmental Economics & Management，1978，5（1）：1-25.

[60] Hamel G. The why，what，and how of management innovation [J]. Harvard Business Review，2006，84（2）：72-84.

[61] Romer P M. Increasing Returns and Long-Run Growth [J]. Journal of Political Economy，1986，94（5）：1002-1037.

[62] Solow R M. Technical Progress and the Aggregate Production Function [J]. Review of Economics & Statistics，1957，39（70）：312-320.

[63] Iyigun M. Clusters of invention，life cycle of technologies and endogenous growth [J]. Journal of Economic Dynamics & Control，2006，30（4）：687-719.

[64] Fritsch M，Franke G. Innovation，regional knowledge spillovers and R&；D cooperation ☆ [J]. Research Policy，2004，33：245 - 255.

[65] Cobb C W，Douglas P H. A Theory of Production [J]. American Economic Review，1928，18（Supplement）：139-165.

[66] Mcaleer M，Slottje D. A new measure of innovation：The patent success ratio [J]. Scientometrics，2005，63（3）：421-429.

[67] Blind K，Jungmittag A. The impact of patents and standards on macroeconomic growth：a panel approach covering four countries and 12 sectors [J]. Journal of Productivity Analysis，2008，29（1）：51-60.

[68] 柳卸林. 技术创新经济学 [M]. 北京：清华大学出版社，2014.

[69] 朱勇，张宗益. 技术创新对经济增长影响的地区差异研究 [J]. 中国软科学，2005（11）：92-98.

[70] 张果，郭鹏. 技术创新与经济增长：基于结构方程模型的路径分析 [J]. 生产力研究，2016（5）：27-30.

[71] 张楠，叶阿忠，胡乐琼. 我国技术创新对经济增长的影响因素研究 [J]. 科技和产业，2013，13（11）：162-166.

[72] 赵树宽，余海晴，姜红. 技术标准、技术创新与经济增长关系研究——理论模型及实证分析 [J]. 科学学研究，2012，30（9）：1333-1341.

[73] Jungmittag A，Blind K，Grupp H. Innovation，standardisation and the long-term production function：a cointegration analysis for Germany 1960-1996 [J]. 2010.

[74] DTI. The empirical economics of standards DTI Economics Paper，2005.

[75] 信春华，赵金煜. 基于内生经济增长理论的高技术标准促进经济增长作用机理分析 [J]. 科技进步

与对策，2009，26（13）：9-12.

[76] 刘振刚.技术创新、技术标准与经济发展[M].北京：中国标准出版社，2005.

[77] 于欣丽.标准化与经济增长[M].北京：中国标准出版社，2008.

[78] Leipert C. A Critical Appraisal of Gross National Product: The Measurement of Net National Welfare and Environmental Accounting [J]. Journal of Economic Issues, 2016, 21 (1): 357-373.

[79] Hall B, Kerr M L. Green index 1991--1992: A state-by-state guide to the nation' s environmental health [J]. 1991.

[80] 张江雪，朱磊.基于绿色增长的我国各地区工业企业技术创新效率研究[J].数量经济技术经济研究，2012（2）：113-125.

[81] 车均，梁荣海，崔丰元，等.环境科技创新在绿色经济发展中的应用与实践研究[J].环境科学与管理，2014，39（12）：74-76.

[82] 罗岚.基于环境友好的绿色增长研究[D].成都：四川大学，2012.

[83] 卢伟.绿色经济发展的国际经验及启示[J].中国经贸导刊，2012（11）：40-42.

[84] Saether B, Isaksen A, Karlsen A. Innovation by co-evolution in natural resource industries: The Norwegian experience [J]. Geoforum, 2011, 42 (42): 373-381.

[85] Berrone P, Fosfuri A, Gelabert L, et al. Necessity as the mother of ‘ green’ inventions: Institutional pressures and environmental innovations [J]. Strategic Management Journal, 2013, 34 (8): 891-909.

[86] Schou P. Polluting Non-Renewable Resources and Growth [J]. Environmental and Resource Economics, 2000, 16 (2): 211-227.

[87] Bjørner T B, Jensen H H. Energy taxes, voluntary agreements and investment subsidies—a micropanel analysis of the effect on Danish industrial companies' energy demand [J]. Resource & Energy Economics, 2002, 24 (3): 229-249.

[88] 李冬冬，杨晶玉.基于动态增长模型的最优减排研发投资模式研究[J].统计与决策，2015（17）：52-55.

[89] 王庆晓，崔玉泉，张延港.环境和能源约束下的内生经济增长模型[J].山东大学学报（理学版），2009，44（2）：52-55.

[90] 闫晓霞，邹绍辉，张金锁.基于R&D技术和环境质量的内生经济增长模型[J].北京理工大学学报（社会科学版），2014，16（5）：9-17.

[91] 吴翠玲，蔡国友，吴曙霞，等.科技信息计量学与科技创新评估[J].热带医学杂志，2003，3（3）：381-382.

[92] 中国科协发展研究中心.国家创新能力评价报告[M].北京：科学出版社，2009.

[93] Lundvall B, Johnson B, Andersen E S, et al. National systems of production, innovation and competence building [J]. Research Policy, 2002, 31 (2): 213-231.

[94] Aslesen H W, Wood M. What comprises a regional innovation system? An empirical study [J]. Step Report, 1995.

[95] 李洪文，黎东升.农业科技创新能力评价研究——以湖北省为例[J].农业技术经济，2013（10）：114-119.

[96] Crépon B, Duguet E, Mairesse J. Research, innovation and productivity [J]. 1998.

[97] 傅家骥.技术创新学[M].北京：清华大学出版社，1998.

[98] 郑春东，和金生.一种企业技术创新能力评价的新方法[J].科技管理研究，2000（3）：41-44.

[99] 沈能，宫为天.我国省区高校科技创新效率评价实证分析——基于三阶段 DEA 模型 [J].科研管理，2013，34（s1）：125-132.

[100] 梅铁群，张燕.高校科技创新能力的分析和评价 [J].技术经济，2006，25（5）：74-77.

[101] 敖慧.高校科技创新能力的多级模糊综合评价 [J].武汉理工大学学报（信息与管理工程版），2004，26（6）：169-171.

[102] Alirezaee M R，Afsharian M. A complete ranking of DMUs using restrictions in DEA models [J]. Applied Mathematics & Computation，2007，189（2）：1550-1559.

[103] Fried H，Yaisawarng S. Accounting for Environmental Effects and Statistical Noise in Data Envelopment Analysis [J]. Journal of Productivity Analysis，2002，17（1）：157-174.

[104] 王欣. FDI、知识溢出与生产率增长——基于 DEA 方法和状态空间模型的经验研究 [J].世界经济研究，2010（7）：62-68.

[105] 钟祖昌.基于三阶段 DEA 模型的中国物流产业技术效率研究 [J].财经研究，2010，36（9）：80-90.

[106] Johnson A L，Mcginnis L F. Outlier detection in two-stage semiparametric DEA models [J]. European Journal of Operational Research，2008，187（2）：629-635.

[107] 顾海兵，李慧.英国科技成果评估体系研究与借鉴 [J].科学中国人，2005（2）：37-39.

[108] 欧阳进良，杨云，韩军，等.英国双重科研资助体系下的科技评估及其经验借鉴 [J].科学学研究，2009，27（7）：1027-1034.

[109] Department of Trade and Industry Office of Science and Innovation. PSA targetmetrics for the UK research base [EB/OL] [M/OL].

[110] 郭华，孙虹，阚为，等.美国科技评估体系的研究和借鉴 [J].中国现代医学杂志，2014，24（27）：109-112.

[111] 顾海兵，姜杨.法国科技评估体制的研究与借鉴 [J].科学中国人，2005（5）：30-33.

[112] 王嘉.科技成果评估方法与指标体系的研究 [D].北京：中国矿业大学，2010.

[113] 罗式胜.从文献计量学、科学计量学到科学技术计量学——关于科学技术计量学的概念及其研究内容 [J].图书馆论坛，2003，23（6）：151-153.

[114] 姜晓林.科技项目管理中知识管理系统研究 [D].大连：大连理工大学，2008.

[115] 刘俊红.包头市科技项目绩效评价体系研究 [D].内蒙古：内蒙古科技大学，2015.

[116] 夏梅，高德海，徐洁，等.国外科研评估体系分析及对我国科研管理的启示：决策与管理研究 [C].济南：山东友谊出版社，2009：116-120.

[117] Sandhu H S，Legge A H，Wallace R R. Design，management，and key accomplishments of a coordinated environmental research program on acidic deposition [J]. Environmental Management，1991，(4)：497-506.

[118] 辛艳伟.美国科研评估体系对我国科研管理的借鉴 [J].农业科技管理，2009（4）：92-95.

[119] 张书军，王磊，裴志永.美国环保署战略计划（2006-2011）评述 [J].中国人口·资源与环境，2010，20（6）：147-150.

[120] Li H. Project Integration Method Based on Knowledge Set Theory in Science and Technology Project Management [M]. 2011：390-392.

[121] Li X Q，Song X F，Zhao B. Architecture Design of Scientific Research Project Management Information System [J]. Applied Mechanics and Materials，2013，347-350：3267-3272.

[122] 夏梅，高德海，单秋荣，等.北美部分国家科技计划评估体系及对我国的借鉴作用 [J].中国医药

导报，2008，5 (4)：100-111.

[123] Brockhoff K. R&D project termination decisions by discriminant analysis-an international comparison [J]. IEEE Transactions on Engineering Management，1994，41 (3)：245-254.

[124] 周文泳，胡璟璟，杜明. 发达国家的科技计划评估模式与经验借鉴 [J]. 郑州航空工业管理学院学报，2011 (6)：10-13.

[125] Wang D. Sueyoshi T. Sustainability development for supply chain management in US petroleum industry by DEA environmental assessment [J]. Energy Economics，2014，46：360-734.

[126] 姚亦佳，李小燕. 国外科研项目管理的借鉴 [J]. 政策与管理，2002 (5).

[127] Lillo-Bãnuls A. Fuentes R. Smoothed bootstrap Malmquist index based on DEA model to compute productivity of tax offices [J]. Expert Systems with Applications，2015，42：2442-2450.

[128] 孔欣欣，王启明. 加拿大主要科技计划的管理办法及利益冲突避免机制（上）[J]. 全球科技经济瞭望，2013 (5)：40-47.

[129] Brockhoff K. R&D project termination decisions by discriminant analysis—an international comparison [J]. IEEE Transactions on Engineering Management，1994 (3)：245-254.

[130] Gong X M，Zhu W T. The Design and Application of Scientific Research Project Management System [J]. Applied Mechanics and Materials，2014，571-572：523-527.

[131] 孔欣欣，王启明. 加拿大主要科技计划的管理办法及利益冲突避免机制（下）[J]. 全球科技经济瞭望，2013 (6)：20-26.

[132] 王嘉. 科技成果评估方法与指标体系的研究 [D]. 北京：中国矿业大学，2010.

[133] Khorramshahgol R，Azani H，Gousty Y. An integrated approach to project evaluation and selection [J]. IEEE Transactions on Engineering Management，1988 (4)：265-270.

[134] 陈乐生. 德国科学评估经验及其对中国科技评估实践的启示 [J]. 科研管理，2008，29 (4)：185-189.

[135] 黄向阳. 德、法科研评估方法的启示 [J]. 中国科学院院刊，2002 (6)：459-461.

[136] 鲍悦华，陈强. 科技评估：瑞士的经验及启示 [J]. 科技进步与对策，2008，25 (8)：160-164.

[137] 夏梅，高德海，徐洁，等. 日韩科技计划评估体系分析及借鉴作用 [J]. 科学与管理，2008 (2)：32-33.

[138] 谈毅，仝允恒. 韩国国家科技计划评估模式分析与借鉴 [J]. 外国经济与管理，2004，26 (6)：46-49.

[139] 杨立保. 科研项目结构：实现科研和管理目标的有效方式. 全国青年管理科学与系统科学论文集 [C]. 天津：南开大学出版社，1999：634-638.

[140] 郭伟锋，陈雅兰. 我国科技评估监督机制与制度研究 [J]. 科学与管理，2006 (3)：26-28.

[141] 郭伟锋，陈雅兰. 我国科技评估监督机制与制度 [J]. 高科技与产业化，2006 (5)：54-71.

[142] 童健，连燕华. 研究与开发项目评估活动的模式 [J]. 科学学研究，1994，12 (1)：56-62.

[143] 肖利. 科技项目评估的必要前提 [J]. 科学学研究，2004，22 (3)：290-293.

[144] 张国良，陈宏民. 国家高技术研发计划评估体系研究 [J]. 科学学研究，2006，24 (1)：57-61.

[145] 曹代勇，王嘉. 科技成果评估综合指标体系的实证分析 [J]. 学术交流，2010 (3)：53-56.

[146] 李凝. 科研项目管理若干问题探讨 [J]. 中国高新技术企业，2009 (3)：174-176.

[147] 张仁开，罗良忠. 我国科技评估的现状、问题及对策研究 [J]. 科技与经济，2008 (3)：25-27.

[148] 欧阳进良，李有平，邵世才. 我国国家科技计划的计划评估模式和方法探讨 [J]. 中国软科学，2008 (12)：139-145.

[149] 李京. 国内外政府科技计划项目管理模式的比较分析 [J]. 煤炭经济研究，2005，5：14-16.

[150] Liu T Z，Wang H Y，Li Y L. Construction of Automatic Scientific Research Project Management System Based on Workflow [J]. Advanced Materials Research，2012，1909（546）：514-518.

[151] 谢福泉，任浩，张军果. 财政科技项目绩效评估：指标体系和方法 [J]. 科学学研究，2006，24（s1）：203-209.

[152] 周寄中，杨列勋，许治. 关于国家自然科学基金管理科学部资助项目后评估的研究 [J]. 管理评论，2007，19（3）：13-19.

[153] 池敏青. 福建省属公益类科研院所基本科研专项绩效评价研究 [J]. 福建农业学报，2010，25（5）：651-655.

[154] 邵春甫，李星. 网络分析法应用于科研项目评价体系 [J]. 项目管理技术，2011，9（3）：88-92.

[155] 许崇春. 地方财政科技项目绩效评价实证研究 [J]. 黑龙江科技信息，2012（7）：173-173.

[156] 孙正轩. 科研项目申报及成果管理系统的设计与实现 [D]. 西安：电子科技大学，2013.

[157] 沈超，高燕. 软科学研究的内容及其项目评估 [J]. 广东科技，2011（11）：47-52.

[158] 肖人毅. 面向过程的科研项目评价方法研究 [D]. 大连：大连理工大学，2011.

[159] 唐炎钊，郭丽华. 软科学研究项目评估方法论体系的构建研究 [J]. 科学管理研究，2006，24（1）：60-63.

[160] 裴学军. 专家评分评价法及应用 [J]. 哈尔滨铁道科技，2000（1）：32.

[161] 向亚萍，刘武男，杨晖. 科研项目评估研究现状与方法 [J]. 市场周刊·财经论坛，2004，6：79-81.

[162] 叶蕾. 陕西省“十五”科技计划实施效果评价研究 [D]. 西安：西北大学，2010.

[163] 侯翔，马占新，赵春英. 数据包络分析模型评述与分类 [J]. 内蒙古大学学报（自然科学版），2010，5：583-593.

[164] 张燕萍，黄江峰，余智杰，等. 基于模糊综合评价法的太泊湖水环境质量评价 [J]. 安徽农业科学，2014（25）：8733-8735.

[165] 许雪燕. 模糊综合评价模型的研究及应用 [D]. 成都：西南石油大学，2011.

[166] Niavis S，Vlontzos G，Manos B. A DEA approach for estimating the agricultural energy and environmental efficiency of EU countries [J]. Renewable and Sustainable Energy Reviews，2014，40：91-96.

[167] Toloo M. An epsilon-free approach for finding the most efficient unit in DEA [J]. Applied Mathematical Modelling，2013.

[168] 王凭慧. 科学研究项目评估方法综述 [J]. 科研管理，1999，20（3）：18-24.

[169] 李军. 特尔斐法在科技研究计划管理中的应用 [J]. 甘肃中医学院学报，1994（4）：57-58.

[170] 潘皖印. 专家评分机理的研究 [J]. 科学管理研究，1997，1：33-36.

[171] 彭国甫，李树丞，盛明科. 应用层次分析法确定政府绩效评估指标权重研究 [J]. 中国软科学，2004，6：136-139.

[172] 赵利亚，孙树华. 层次分析法在财务分析中的应用 [J]. 财会通讯，2009（8）.

[173] 邓雪，李家铭，曾浩健，等. 层次分析法权重计算方法分析及其应用研究 [J]. 数学的实践与认识，2012（7）：93-100.

[174] Khiyal M S H. A Class of Explicit Fourth Order Method with Phase Lag of Order Six for Second Order Initial Value Problems [J]. Journal of Applied Sciences，2005，5（2）：292-298.

[175] 郭金玉，张忠彬，孙庆云. 层次分析法的研究与应用 [J]. 中国安全科学学报，2008，5：148-153.

[176] Thengane S K, Hoadley A, Bhattacharya S, et al. Cost-benefit analysis of different hydrogen production technologies using AHP and Fuzzy AHP [J]. International Journal of Hydrogen Energy, 2014, 39 (28).

[177] Lee J W, Kim S H. An integrated approach for interdependent information system project selection [J]. International Journal of Project Management, 2001, 19 (2): 111-118.

[178] 魏世孝. 加权优序法及其应用 [J]. 兵工学报, 1990, 1: 58-65.

[179] 宋占岭, 王亚莉. 基于加权优序数的科研项目评价 [J]. 电子设计工程, 2011 (24): 66-68.

[180] 唐炎钊, 陈锦雅. 软科学研究项目立项模糊综合评估研究 [J]. 科技管理研究, 2008 (1): 93-96.

[181] Jiang Y, Zhang Q. A Fuzzy Comprehensive Assessment System of Dam Failure Risk Based on Cloud Model [J]. Journal of Computers, 2013, 8 (4): 1043-1049.

[182] 韩一杰, 刘秀丽. 基于超效率 DEA 模型的中国各地区钢铁行业能源效率及节能减排潜力分析 [J]. 系统科学与数学, 2011 (3): 287-298.

[183] 魏权龄. 评价相对有效性的数据包络分析模型——DEA 和网络 DEA [M]. 北京: 中国人民大学出版社, 2012: 1-3.

[184] Asadzadeh S, Khoshalhan F. A DEA Based MODM Model for Designing X Control Chart [J]. IAENG International Journal of Applied Mathematics, 2008 (3).

[185] 田水承, 孟凡静. 高校投入产出效率 DEA 指标体系的探讨 [J]. 高等教育研究 (成都), 2008 (3): 19-22.

[186] 吴德胜. 数据包络分析若干理论和方法研究 [D]. 合肥: 中国科学技术大学, 2006.

[187] Toloo M. Notes on classifying inputs and outputs in data envelopment analysis: A comment [J]. European Journal of Operational Research, 2014.

[188] 杨印生, 李树根, 郝海. 数据包络分析 (DEA) 的研究进展 [J]. 吉林工业大学学报, 1994 (4): 182-183.

[189] 刘勇, 李志祥, 李静. 环境效率评价方法的比较研究 [J]. 数学的实践与认识, 2010 (1): 84-92.

[190] S S E, Skevas T, Lansink a O. Pesticide use, environmental spillovers and efficiency: A DEA risk-adjusted efficiency approach applied to Dutch arable farming [J]. European Journal of Operational Research, 2014, 737 (2): 658-664.

[191] Leleu H, Moises J, Valdmanis V G. How do payer mix and technical inefficiency affect hospital profit A weighted DEA approach [J]. Operations Research for Health Care, 2014.

[192] 吴晓东. 运用 DEA 和 SFA 法评价大型综合医院效率 [D]. 大连: 大连医科大学, 2009.

[193] Oral M, Oukil A, Malouin J-L, et al. The appreciative democratic voice of DEA: A case of faculty academic performance evaluation [J]. Socio-Economic Planning Sciences, 2013.

[194] 文庭孝, 邱均平. 科学评价中的计量学理论及其关系研究 [J]. 情报理论与实践, 2006, 29 (6): 650-656.

[195] Pavitt K. Patent statistics as indicators of innovative activities: Possibilities and problems [J]. Scientometrics, 1985, 7 (1): 77-99.

[196] GROSHBY M. Patents, Innovation and Growth [J]. Economic Record, 2000, 76 (234): 255-262.

[197] 高俊宽. 文献计量学方法在科学评价中的应用探讨 [J]. 图书情报知识, 2005 (2): 14-17.

[198] 沈律. 科技创新的一般均衡理论——关于科技成果创新度评价的科学计量学分析 [J]. 科学学研究, 2003, 21 (2): 205-209.

[199] 黄艳艳. 基于数据包络分析法的科技创新能力评价研究 [D]. 南京: 南京工业大学, 2012.

[200] 郭伟世. 区域经济增长中管理创新贡献度分析 [D]. 济南：山东大学，2012.
[201] 水体污染控制与治理科技重大专项介绍 [J]. 给水排水，2008 (2)：1-1.
[202] 水体污染控制与治理科技重大专项领导小组. 水体污染控制与治理科技重大专项实施方案 [M]. 2008：80-81.
[203] 国务院办公厅. 国家科技重大专项管理暂行规定 [M]. 2009.
[204] Yuan L-N，Tian L-N. A new DEA model on science and technology resources of industrial enterprises [M]. 2012.
[205] 刘少军，张京红，张明洁，等. DEA 模型在山洪灾害危险性评价中的应用——以海南岛为例 [J]. 自然灾害学报，2014 (4)：227-234.
[206] 孙世敏，项华录，兰博. 基于 DEA 的我国地区高校科研投入产出效率分析 [J]. 科学学与科学技术管理，2007 (7)：18-21.
[207] 杨国梁，刘文斌，郑海军. 数据包络分析方法（DEA）综述 [J]. 系统工程学报，2013 (6)：840-860.
[208] 雷伶俐，刘国庆，陈庆华. DEA 方法在科研机构综合绩效评价中的应用与实例分析. 第六届中国青年运筹与管理学者大会论文集 [C]. 2004.
[209] Lotfi F H，Jahanshahloo G R，Khodabakhshi M，et al. A Review of Ranking Models in Data Envelopment Analysis [J]. Journal of Applied Mathematics，2013.
[210] 梅桥. 基于 DEA 的科技投入产出分析与政策研究 [D]. 安徽：安徽大学，2010.
[211] 周浙闽. 日本科技评估及其对我省科技项目管理工作的启示 [J]. 情报探索，2003 (3)：27-31.
[212] Lapid K. The Evolution of Technology Research Management Systems in Japan：Government Laboratories，Private Industry and Universities [J]. Southeast Asian Journal of Social Science，1998 (1).
[213] 欧阳进良，杨云，韩军，等. 英国双重科研资助体系下的科技评估及其经验借鉴 [J]. 科学学研究，2009 (7)：1027-1034.
[214] 顾海兵，李讯. 日本科技成果评价制度及借鉴 [J]. 上饶师范学院学报（社会科学版），2005 (1)：4-7.
[215] 赵兰香，刘琢琬，张琳. 两种目标导向下的科技计划评估模式比较研究 [J]. 中国软科学，2010 (5)：65-73.
[216] 毛振芹，程桂枝，唐五湘. 部分科技发达国家科技计划项目的管理模式及启示 [J]. 武汉工业学院学报，2003 (3)：100-103.
[217] 魏海燕. 日本经产省项目立项评估程序、指标及其启示 [J]. 科技管理研究，2010 (22)：53-55.
[218] 杨冠琼，张强. 美国促进科技进步的经验及启示 [J]. 经济管理，2001 (21)：83-87.
[219] 黄向阳. 德、法科研评估方法的启示 [J]. 中国科学院院刊，2002 (6)：459-461.
[220] 陈峻锐，苏竣、林森. 美国先进技术计划（ATP）管理模式分析 [J]. 中国软科学，2002 (6)：82-86.
[221] Schmidt R L，Freeland J R. Recent progress in modeling R&D project-selection processes [J]. IEEE Transactions on Engineering Management，1992 (2).
[222] Shan Y-H，Gao X-M，Zhang W-L. A method for comprehensively evaluating the scientific and technical personnel's professional quality [M]. 2012.
[223] 胡骏红. 科技计划项目全过程管理研究 [D]. 北京：北京交通大学，2007.
[224] 田昕. 美日基础研究的资助与评估情况及对中国的启示 [J]. 大连海事大学学报（社会科学版），

2012，11（2）：43-46.

[225] Ming-Ming W，Hong-Yi D. Institutional Management of Scientific Research Projects In China：Current Situation，Problems and Countermeasures [M]. 2006：656-667.

[226] 刘晶晶. 国内外科技项目绩效考评研究及对安徽省的借鉴 [J]. 科技和产业，2014，14（10）：169-172.

[227] 鲍玉昆，张金隆，李新男. 国外科技评估实践及对我国的借鉴 [J]. 软科学，2003（2）：22-24.

[228] 陈荷生. 太湖流域湿地及保护措施 [J]. 水资源研究，2003，24（3）：27-29.

[229] Wang F，Mao Q. Scenario Simulations and Strategy of Coupling Optimization between Industrial Structure and Environmental Quality：A Case Study of the Areas along the Yellow River of Ningxia and Inner Mongolia [J]. Ecological Economy，2016.

[230] Wan Y，Dong S. Study on Interactive Coupling Mechanism of Industrial Structure and Environmental Quality：A Case Study of Gansu Province [J]. Areal Research & Development，2012.

[231] Ma B，Yu Y. Industrial structure，energy-saving regulations and energy intensity：Evidence from Chinese cities [J]. Journal of Cleaner Production，2017，141：1539-1547.

[232] Sauvé S，Bernard S，Sloan P. Environmental sciences，sustainable development and circular economy：Alternative concepts for trans-disciplinary research [J]. Environmental Development，2016，17：48-56.

[233] 王腊春，霍雨，朱继业，等. 区域经济发展与污水排放协调分析 [J]. 环境科学，2008，29（3）：593-598.

[234] 毛小苓，倪晋仁，郭雨蓉. 经济快速增长地区污水排放特征案例分析 [J]. 环境科学学报，2000，20（2）：219-224.

[235] Oketola A A，Osibanjo O. Estimating sectoral pollution load in Lagos by Industrial Pollution Projection System（IPPS）[J]. Science of the Total Environment，2007，377（2-3）：125-141.

[236] 张同斌，李金凯，程立燕. 经济结构、增长方式与环境污染的内在关联研究——基于时变参数向量自回归模型的实证分析 [J]. 中国环境科学，2016，36（7）：2230-2240.

[237] Llop M. Economic structure and pollution intensity within the environmental input-output framework [J]. Energy Policy，2007，35（6）：3410-3417.

[238] 苏琼，秦华鹏，赵智杰. 产业结构调整对流域供需水平衡及水质改善的影响 [J]. 中国环境科学，2009，29（7）：767-772.

[239] Sinuany-Stern Z，Amitai A. The post-evaluation of an engineering project via AHP；proceedings of the Technology Management ：the New International Language，F，1991 [C].

[240] 李红祥，王金南，葛察忠. 中国“十一五”期间污染减排费用-效益分析 [J]. 环境科学学报，2013，33（8）：2270-2276.

[241] 曹丽华，徐皎瑾，李勇. 基于灰色关联度的火电厂节能减排效果评价方法研究 [J]. 环境工程，2014，32（6）：140-143.

[242] Usepa. Environmental Technology Verification Program [J/OL]. 2016，https：//archive. epa. gov/nrmrl/archive-etv/web/html/.

[243] ETV Canada [J/OL]. 2016，http：//etvcanada. ca/.

[244] EU Environmental Technology Verification [J/OL]. 2016，http：//ec. europa. eu/environment/ecoap/etv/.

[245] 王凯军. 国外环境技术管理对我国的启示 [J]. 环境保护，2007（8）：34-38.

[246] 易斌，杨艳. 中国环境技术评价体系发展概况 [J]. 中国环保产业，2003 (6)：30-32.

[247] 刘平，王睿，韩佳慧，等. 我国环境技术验证评价制度建设探析 [J]. 环境保护科学，2014，40 (2)：86-89.

[248] Nwaobi G C. Emission policies and the Nigerian economy: simulations from a dynamic applied general equilibrium model [J]. Energy Economics, 2004, 26 (5): 921-936.

[249] Knutsson D, Werner S, Ahlgren E O. Short-term impact of green certificates and CO_2 emissions trading in the Swedish district heating sector [J]. Applied Energy, 2006, 83 (12): 1368-1383.

[250] 李鸣，平瑛. 基于模糊优选模型的节能减排政策综合效果评价及其应用研究 [J]. 上海管理科学，2010 (5)：32-35.

[251] 雷仲敏，杨涵，李长胜，等. 我国区域节能减排综合评价研究——区域节能减排综合评价指数及其实证分析 [J]. 兰州商学院学报，2013，29 (1)：14-30.